快速入门系列丛书

PIC® 单片机快速入门

徐 玮　沈建良　庄建清　编著

北京航空航天大学出版社

内容简介

本书是以目前流行的 PIC 系列单片机为主体,使用 C 语言来进行描述。全书分为单片机基础知识、C 程序设计知识、单片机入门基础实例、单片机高级应用实例和配套学习套件使用说明五大部分,采用理论与实践相结合的方式进行讲解。实例丰富,图文并茂,并带视频演示。本书的配套光盘中包含所有实验的源程序代码、实验过程照片、实验演示视频录像以及一些常用资料。

本书可作为单片机爱好者自学 PIC 单片机的参考用书,也可作为中等职业学校、高等职业学校、电视大学等的教学用书。

图书在版编目(CIP)数据

PIC 单片机快速入门/徐玮编著. ── 北京:北京航空航天大学出版社,2010.1
 ISBN 978-7-5124-0010-8

Ⅰ.①P… Ⅱ.①徐… Ⅲ.①单片微型计算机 Ⅳ.
①TP368.1

中国版本图书馆 CIP 数据核字(2010)第 011335 号

© 2010,北京航空航天大学出版社,版权所有。
未经本书出版者书面许可,任何单位和个人不得以任何形式或手段复制或传播本书及其所附光盘内容。
侵权必究。

PIC® 单片机快速入门

徐 玮 沈建良 庄建清 编著
责任编辑 刘 星
*
北京航空航天大学出版社出版发行
北京市海淀区学院路 37 号(100191) 发行部电话:010-82317024 传真:010-82328026
http://www.buaapress.com.cn E-mail:emsbook@gmail.com
涿州市新华印刷有限公司印装 各地书店经销
*
开本:787×1 092 1/16 印张:24 字数:614 千字
2010 年 1 月第 1 版 2010 年 1 月第 1 次印刷 印数:5 000 册
ISBN 978-7-5124-0010-8 定价:39.50 元(含光盘)

前言

当今世界科学技术飞速发展,以前需要花费大量时间和精力来搭建一个需要大量元器件的模拟电路;而现在只需要一块小小的单片机芯片,再写入相应功能的程序,便可以代替以前分立元件组成的电路了。相信读者掌握了单片机技术后,无论在今后开发或是工作上,都会带来意想不到的惊喜。

本书作者着眼于"快递入门"、"通俗易懂"、"趣味学习"、"学以致用"的指导思想,以理论与实践相结合为主线,能够使读者轻松地掌握单片机基础知识,并使读者朋友具有初步开发、设计单片机产品的能力。本书讲解风格通俗易懂,条理清晰,实例丰富,图文并茂,同时配套光盘包含各程序实例的视频演示录像,使读者的学习更为方便,查看演示效果更为直观。即使读者是一位单片机的门外汉,相信看了本书以后,也能运用单片机知识来解决一些实际问题,将知识转为生产力。

全书总共分为五大部分:单片机基础知识、C程序设计知识、单片机入门基础实例、单片机高级应用实例和配套学习套件使用说明。

(1) 单片机基础知识(第1~3章):首先,介绍单片机的发展历史,揭开它的神秘之处。相信初学者朋友最关心的一个实际问题是:单片机到底能够做哪些事?这也是我们要学习单片机技术的理由。当明确了学习目标后,肯定需要做好学习实践平台的准备,在此,我们会一一进行讲解,并给出学习单片机的有效方法与途径。其次,讲解单片机的内部结构、引脚定义、存储器、寄存器、定时器/计数器、中断系统和串行通信等相关知识,让读者对单片机有一个实质性的了解。

(2) C程序设计知识(第4~8章):经常会有人问,单片机应用开发用C语言好,还是用汇编语言好,其实这两种语言都有各自的特点。汇编语言的优点是比较灵活,但程序不易理解,对产品的升级、维护不太有利;而C语言有非常丰富的库函数供用户所使用,因为它是高级语言,程序代码的编写也非常人性化,易于阅读、理解,C语言已经成为在整个计算机界普遍应用的语言。因此,本书也是以C语言来进行描述的,介绍C语言的数据类型、运算符与表达式、分支与循环控制语句、编译预处理与位运算、数组与函数、指针、结构体与共用体等知识,使大家具有C语言程序设计的能力。

(3) 单片机入门基础实例(第10章):前面几章讲的都是理论知识内容,由于单片机是一门实践性非常强的学科,即使有再多的理论基础,也必须通过较多的实践操作才能真正学好这门技术。因此,在第10章中,先引入一系列具有趣味性且简单易懂的基础实例,如点亮一个发光管,流水灯控制,按键、蜂鸣器、数码管、继电器的操作和使用,串行通信等。在此,暂时不求技术深,只求让读者明白单片机到底如何来实现我们所需要的特定功能,又如何通过软件程序最终从硬件功能上反映出来。

(4) 单片机高级应用实例(第11章):熟悉了前面介绍的基础实例,想必读者已经对单片机有了一定程度的认识,知道自己实现怎样的功能,应该编写怎样的程序。这部分将做一些单片机高级应用实例的介绍,让读者从单片机知识学习的水平升华到产品开发的程度。实例包括步进电机控制,数字温度传感器应用,I^2C 总线和 SPI 总线原理与应用,DS1302 时钟芯片应用,A/D 转换应用,液晶显示,红外线遥控的软件解码,无线通信控制等。看完这部分内容,相信读者已经跨入了单片机世界的大门,并具有初步的产品开发能力了,剩下就是靠时间来积累实践经验了,只要发挥想象力,一定可以将单片机发挥出它更大的潜力。

(5) 配套学习套件使用说明(第 9 章):详细介绍了与本书相配套的 PIC 单片机开发套件的原理与使用方法。以增强型 PIC 实验板、PIC Pro 编程器、ICD2 PIC 仿真烧写器以及相关附件作为实践学习的平台。系统附带的众多汇编和 C 语言程序实例,可以让读者在最短的时间内,全面地了解掌握 PIC 单片机编程技术,特别适合于 PIC 单片机初学者、大中专院校学生、单片机工程师和实验室选用。本章详细说明了使用 PIC 开发套件进行学习、实验、开发和设计的全过程。

为方便广大读者的学习交流,读者可以访问我们的网站 http://www.hificat.com。同时,如果对本书中所用到的学习器材、设备有兴趣,也可以访问我们的网站查看购买方法。当然,更详细的学习资料与内容,也都会定期放到网上供大家使用。

最后,特别感谢各位同事和朋友的热心帮助,使得本书能够顺利完成,他们是徐金林、卢水英、邵磊、邵晶晶、韩珈骏、蔡东琦、孙燕、沈媛媛、徐富军、徐玲、王琴、杨青、杨丹枫、杨莺、许敏、卢剑、金向红、彭敏芳、戴倩、魏巍等。我们衷心期望本书能够对从事单片机技术工作的朋友有所帮助。

由于作者水平有限,难免会有错误与不妥之处,恳请广大读者批评指正。有兴趣的读者,可以发送电子邮件到:xu169@sina.com,与作者进一步交流;也可发送邮件到:emsbook@gmail.com 与本书策划编辑交流。

徐 玮

2010 年 1 月

目 录

第1章 什么是 PIC 单片机 ·· 1
  1.1 PIC 单片机的概念及其特点 ·· 1
    1.1.1 什么是 PIC 单片机 ·· 1
    1.1.2 PIC 单片机有什么优势 ··· 2
  1.2 单片机能够做哪些具体应用 ··· 3
  1.3 PIC 单片机学习的软、硬件实验设备 ···································· 7
    1.3.1 增强型 PIC 实验板 ·· 7
    1.3.2 PIC Pro 编程器 ·· 9
    1.3.3 ICD2 PIC 仿真烧写器 ·· 10
    1.3.4 PIC 实验附件 ·· 10
  1.4 单片机学习的有效方法与途径 ·· 12

第2章 PIC 系列单片机系统的结构和工作原理 ································ 13
  2.1 PIC 单片机概述 ·· 13
  2.2 PIC16F877 硬件系统概况 ··· 13
    2.2.1 内部结构 ·· 15
    2.2.2 指令系统 ·· 18
  2.3 I/O 端口的结构及工作原理 ·· 21
    2.3.1 I/O 端口基本特征 ·· 21
    2.3.2 PORTA 端口的特点 ·· 22
    2.3.3 PORTB 端口的特点 ·· 25
    2.3.4 PORTC 端口的特点 ·· 27
    2.3.5 PORTD 端口的特点 ·· 28
    2.3.6 PORTE 端口的特点 ·· 29
    2.3.7 PSP 并行从动端口 ··· 31
  2.4 中断系统 ·· 33
    2.4.1 中断概述 ·· 33
    2.4.2 PIC16F877 中断源 ··· 33
    2.4.3 中断寄存器 ·· 34
    2.4.4 中断处理 ·· 38
  2.5 定时器/计数器 ··· 38
    2.5.1 TMR0 主要特征 ··· 38
    2.5.2 TMR1 主要特征 ··· 39

2.5.3 TMR2 主要特征 ……………………………………………………… 42
2.6 输入捕捉/输出比较/脉宽调制 CCP ………………………………………… 45
　　2.6.1 输入捕捉模式 …………………………………………………………… 45
　　2.6.2 输出比较工作模式 ……………………………………………………… 48
　　2.6.3 脉宽调制输出工作模式 ………………………………………………… 50
2.7 片内 EEPROM 数据存储器 ………………………………………………… 53
　　2.7.1 片内 EEPROM 数据存储器概述 ……………………………………… 53
　　2.7.2 片内 EEPROM 数据存储器寄存器 …………………………………… 54
　　2.7.3 片内 EEPROM 数据存储器结构和操作原理 ………………………… 56
2.8 片内模/数转换器 ……………………………………………………………… 58
　　2.8.1 PIC16F877 的片内 ADC 模块 ………………………………………… 58
　　2.8.2 片内 ADC 模块相关寄存器 …………………………………………… 58
　　2.8.3 片内 ADC 模块结构和操作原理 ……………………………………… 61
　　2.8.4 片内 ADC 模块的转换过程 …………………………………………… 62
　　2.8.5 片内 ADC 模块时钟与参考电压的选择 ……………………………… 62
2.9 USART 通信模块及其使用 ………………………………………………… 63
　　2.9.1 USART 通信模块简介 ………………………………………………… 64
　　2.9.2 USART 通信模块寄存器 ……………………………………………… 65
　　2.9.3 USART 波特率设定 …………………………………………………… 68
　　2.9.4 USART 模块的异步通信 ……………………………………………… 69
　　2.9.5 USART 模块的同步通信 ……………………………………………… 73
2.10 主控同步串口端口 MSSP 及其应用 ……………………………………… 75
　　2.10.1 同步串行接口简介 …………………………………………………… 75
　　2.10.2 同步串行端口的 SPI 模式 …………………………………………… 76
　　2.10.3 同步串行端口的 I^2C 模式 …………………………………………… 82

第 3 章 软件集成开发环境 MPLAB-IDE …………………………………… 88
3.1 MPLAB-IDE 的组成 ………………………………………………………… 88
3.2 MPLAB-IDE 软件的获取 …………………………………………………… 89
3.3 MPLAB-IDE 软件的安装与卸载 …………………………………………… 89
3.4 PICC 编译器的安装与使用方法 …………………………………………… 93
3.5 初次使用 PICC 的设置 ……………………………………………………… 96

第 4 章 C 语言概论、数据类型、运算符与表达式 ……………………………… 98
4.1 C 语言概论 …………………………………………………………………… 98
　　4.1.1 C 语言的发展过程 ……………………………………………………… 98
　　4.1.2 C 语言的特点 …………………………………………………………… 98
　　4.1.3 C 源程序的结构特点 …………………………………………………… 98
　　4.1.4 C 语言的字符集 ………………………………………………………… 100
　　4.1.5 C 语言词汇 ……………………………………………………………… 100
4.2 数据类型、运算符与表达式 ………………………………………………… 101

	4.2.1 C语言的数据类型	101
	4.2.2 算术运算符和算术表达式	110
	4.2.3 关系运算符和表达式	113
	4.2.4 逻辑运算符和表达式	115

第5章 分支与循环控制 …… 118
- 5.1 if语句 …… 118
  - 5.1.1 程序的三种基本结构 …… 118
  - 5.1.2 if语句的三种形式 …… 119
  - 5.1.3 if语句的嵌套 …… 123
- 5.2 条件运算符和条件表达式 …… 125
- 5.3 switch语句 …… 126
- 5.4 循环控制 …… 129
  - 5.4.1 概述 …… 129
  - 5.4.2 goto语句和if语句构成循环 …… 129
  - 5.4.3 while语句 …… 130
  - 5.4.4 do-while语句 …… 131
  - 5.4.5 for语句 …… 133
  - 5.4.6 循环的嵌套 …… 135
  - 5.4.7 break和continue语句 …… 136

第6章 编译预处理与位运算预处理命令 …… 139
- 6.1 概述 …… 139
- 6.2 宏定义 …… 139
  - 6.2.1 不带参数的宏定义 …… 139
  - 6.2.2 带参数的宏定义 …… 141
- 6.3 文件包含 …… 143
- 6.4 条件编译 …… 143
- 6.5 位操作运算符 …… 145

第7章 数组与函数 …… 148
- 7.1 一维数组的定义和引用 …… 148
  - 7.1.1 一维数组的定义 …… 148
  - 7.1.2 一维数组元素的引用 …… 150
  - 7.1.3 一维数组的初始化 …… 151
  - 7.1.4 一维数组程序举例 …… 152
- 7.2 二维数组的定义和引用 …… 153
  - 7.2.1 二维数组的定义 …… 153
  - 7.2.2 二维数组元素的引用 …… 153
  - 7.2.3 二维数组的初始化 …… 155
- 7.3 字符数组 …… 155
  - 7.3.1 字符数组的定义 …… 155

        7.3.2 字符数组的初始化 ·································· 156
        7.3.3 字符数组的引用 ···································· 156
        7.3.4 字符串和字符串结束标志 ···························· 157
    7.4 函数概述 ·· 157
        7.4.1 函数定义的一般形式 ································ 157
        7.4.2 函数的参数和函数的值 ······························ 158
        7.4.3 函数的返回值 ······································ 159
        7.4.4 函数的调用 ·· 160
        7.4.5 被调用函数的声明和函数原型 ·························· 160
        7.4.6 函数的嵌套调用 ···································· 161
        7.4.7 函数的递归调用 ···································· 162
        7.4.8 数组作为函数参数 ·································· 163
    7.5 局部变量和全局变量 ······································ 165
        7.5.1 局部变量 ·· 166
        7.5.2 全局变量 ·· 167

第 8 章 指针、结构体与共用体 ···································· 169
    8.1 指针和地址 ·· 169
    8.2 指针变量和指针运算符 ···································· 169
    8.3 指针与函数参数 ·· 173
    8.4 指针、数组和字符串指针 ·································· 175
    8.5 指针数组 ·· 178
    8.6 多级指针 ·· 179
    8.7 返回指针的函数 ·· 181
    8.8 函数指针 ·· 181
    8.9 结构与联合 ·· 182
        8.9.1 结构的定义 ·· 182
        8.9.2 结构数组 ·· 184
        8.9.3 结构与函数 ·· 185
        8.9.4 结构的初始化 ······································ 187
        8.9.5 联 合 ·· 187

第 9 章 PIC 开发套件快速入门 ·································· 189
    9.1 PIC 开发套件入门说明 ···································· 189
        9.1.1 增强型 PIC 实验板 ·································· 189
        9.1.2 增强型 PIC 实验板各模块说明 ······················· 192
        9.1.3 PIC Pro 编程器 ···································· 203
        9.1.4 ICD2 PIC 仿真烧写器 ······························ 207
    9.2 如何建立第一个工程项目 ·································· 208
        9.2.1 开发环境和烧写软件的安装 ·························· 208
        9.2.2 实验电路原理分析 ·································· 208

  9.2.3 程序代码编写与工程创建 ……………………………………………… 209
  9.2.4 烧写芯片与程序验证 …………………………………………………… 211
 9.3 如何使用 ICD2 测试程序 ……………………………………………………… 212
  9.3.1 通过 ICD2 仿真程序方式执行程序 …………………………………… 212
  9.3.2 通过 ICD2 烧写程序方式执行程序 …………………………………… 216
 9.4 PIC 开发套件常见问题解答 …………………………………………………… 219

第 10 章 单片机基础实例 ……………………………………………………………… 223
 10.1 发光二极管闪动实验 ………………………………………………………… 223
  10.1.1 实例功能 ……………………………………………………………… 223
  10.1.2 器件和原理 …………………………………………………………… 223
  10.1.3 硬件电路 ……………………………………………………………… 224
  10.1.4 程序设计 ……………………………………………………………… 225
 10.2 流水灯实验 …………………………………………………………………… 226
  10.2.1 实例功能 ……………………………………………………………… 226
  10.2.2 器件和原理 …………………………………………………………… 227
  10.2.3 硬件电路 ……………………………………………………………… 228
  10.2.4 程序设计 ……………………………………………………………… 229
 10.3 按键实验 ……………………………………………………………………… 229
  10.3.1 实例功能 ……………………………………………………………… 229
  10.3.2 器件和原理 …………………………………………………………… 230
  10.3.3 硬件电路 ……………………………………………………………… 231
  10.3.4 程序设计 ……………………………………………………………… 231
 10.4 蜂鸣器实验 …………………………………………………………………… 232
  10.4.1 实例功能 ……………………………………………………………… 232
  10.4.2 器件和原理 …………………………………………………………… 233
  10.4.3 硬件电路 ……………………………………………………………… 233
  10.4.4 程序设计 ……………………………………………………………… 234
 10.5 继电器实验 …………………………………………………………………… 234
  10.5.1 实例功能 ……………………………………………………………… 234
  10.5.2 器件和原理 …………………………………………………………… 235
  10.5.3 硬件电路 ……………………………………………………………… 236
  10.5.4 程序设计 ……………………………………………………………… 237
 10.6 数码管实验 …………………………………………………………………… 237
  10.6.1 实例功能 ……………………………………………………………… 238
  10.6.2 器件和原理 …………………………………………………………… 238
  10.6.3 硬件电路 ……………………………………………………………… 240
  10.6.4 程序设计 ……………………………………………………………… 240
 10.7 串行口实验 …………………………………………………………………… 242
  10.7.1 实例功能 ……………………………………………………………… 242

	10.7.2	器件和原理	244
	10.7.3	硬件电路	246
	10.7.4	程序设计	246

第 11 章 单片机高级应用实例 248

11.1	步进电机应用实例		248
	11.1.1	步进电机简介	248
	11.1.2	步进电机的控制	256
	11.1.3	步进电机的软、硬件设计	258
11.2	单总线数字温度传感器 DS18B20 应用实例		260
	11.2.1	单总线技术简介	260
	11.2.2	单总线温度传感器 DS18B20 简介	261
11.3	24CXX 系列存储器应用实例		276
	11.3.1	I²C 总线简介	276
	11.3.2	I²C 总线器件工作原理及时序	278
	11.3.3	AT24C 系列存储器的软、硬件设计	282
11.4	93CXX 系列存储器应用实例		290
	11.4.1	SPI 总线简介	291
	11.4.2	93C46 存储器的软、硬件设计	293
11.5	DS1302 时钟芯片应用实例		304
	11.5.1	实时时钟简介	304
	11.5.2	DS1302 时钟芯片简介	305
	11.5.3	DS1302 的软、硬件设计	308
11.6	A/D 转换应用实例		314
11.7	1602 字符型 LCD 应用实例		319
	11.7.1	液晶显示简介	320
	11.7.2	1602 字符型 LCD 简介	321
	11.7.3	1602 字符型 LCD 的软、硬件设计	326
11.8	12864 点阵型 LCD 应用实例		331
	11.8.1	点阵 LCD 的显示原理	331
	11.8.2	12864 点阵型 LCD 简介	332
	11.8.3	12864 点阵型 LCD 软、硬件设计	338
11.9	红外遥控软件解码应用实例		348
	11.9.1	红外遥控概述	348
	11.9.2	6121 红外接收的软件解码应用实例	354
11.10	无线通信模块应用		363
	11.10.1	无线通信概述	363
	11.10.2	PT2262/2272 无线模块简介	364
	11.10.3	无线模块的软、硬件设计	369

参考文献 374

第1章
什么是 PIC 单片机

1.1 PIC 单片机的概念及其特点

1.1.1 什么是 PIC 单片机

PIC 单片机(Peripheral Interface Controller)是一种用来开发控制外围设备的集成电路(IC),一种具有分散作用(多任务)的 CPU。与人类相比,CPU 就是大脑,PIC 共享的部分相当于人的神经系统。

PIC 单片机有计算功能和记忆内存,像 CPU 并由软件控制执行。然而,它的处理能力和存储器容量却很有限,这主要取决于 PIC 的类型。此系列单片机最高工作频率都在 20 MHz 左右,用做写程序的存储器容量约为 1~4 KB。

时钟频率与扫描程序的时间和执行程序指令的时间有关系,但不能仅以时钟频率来判断程序处理能力,它还会随处理装置的体系结构而改变。当体系结构相同时,时钟频率较高的处理能力会较强。

这里用字来解释程序容量,用一个指令表示一个字。通常用字节来表示存储器容量。一个字节有 8 位,每位由 1 或 0 组成。PIC16F84A 单片机的指令由 14 位构成。1K 字转换成位:$1×1024×14=14336$ 位,再转换为字节:$14336/(8×1024)=1.75$ KB。在计算存储器的容量时,规定:1 GB=1024 MB,1 MB=1024 KB,1 KB=1024 B。它们不是以 1000 为倍数,因为这是用二进制计算。

据统计,我国的单片机年产量已达 1~3 亿片,且每年以 16% 左右的速度增长,然而相对于世界市场我国的占有率还不到 1%。这从一个侧面也说明单片机应用在我国才刚刚起步,有着非常广阔的前景,培养单片机应用人才,在工程技术人员中普及单片机知识有着重要的现实意义。

当今单片机厂商琳琅满目,产品性能各异。针对具体情况,应选何种型号呢?首先,需要弄清两个概念:集中指令集(CISC)和精简指令集(RISC)。采用 CISC 结构的单片机数据线和指令线分时复用,即冯·诺伊曼结构。它的指令丰富,功能较强,但取指令和取数据不能同时进行,速度受限,价格也高。采用 RISC 结构的单片机数据线和指令线分离,即哈佛结构,这使得取指令和取数据可同时进行,且由于一般指令线宽于数据线,使其指令较同类 CISC 单片机指令包含更多的处理信息,执行效率更高,速度也更快。同时,这种单片机指令多为单字节,程序存储器的空间利用率大大提高,有利于实现超小型化。

属于 CISC 结构的单片机有 Intel8051 系列、Freescale 的 M68HC 系列、Atmel 的 AT89 系列、台湾 Winbond(华邦)W78 系列、NXP 的 PCF80C51 系列等;属于 RISC 结构的有 Microchip 公司的 PIC 系列、Zilog 的 Z86 系列、Atmel 的 AT90S 系列、韩国三星公司的 KS57C 系列 4 位单片机、台湾义隆的 EM-78 系列等。一般来说,控制关系较简单的小家电,可以采用 RISC 型单片机;控制关系较复杂的场合,如通信产品、工业控制系统应采用 CISC 单片机。不过,随着 RISC 单片机的不断完善,其高端产品在控制关系复杂的场合也毫不逊色。

根据程序存储方式的不同,单片机可分为 EPROM、OTP(一次可编程)及 QTP(掩膜)三种。我国一开始都采用 ROMless 型单片机(片内无 ROM,需片外配 EPROM),对单片机的普及起了很大作用,但这种强调接口的单片机无法广泛应用,甚至走入了误区,如单片机的应用一味强调接口、外接 I/O 及存储器,失去了单片机的特色。目前单片机大都将程序存储体置于其内,给应用带来了极大的方便。

1.1.2 PIC 单片机有什么优势

因为 PIC 单片机可以把计算部分、内存、输入和输出等都做在一个芯片内,所以它工作起来效率很高,功能也可以自由定义,还可以灵活地适应不同的控制要求,而不必去更换 IC,这样电路才有可能做得很小巧。PIC 单片机主要优势如下:

① PIC 最大的特点是不搞单纯的功能堆积,而是从实际出发,重视产品的性能与价格比,靠发展多种型号来满足不同层次的应用要求。就实际而言,不同的应用对单片机功能和资源的需求也是不同的。比如,一个摩托车的点火器需要一个 I/O 较少、RAM 及程序存储空间不大、可靠性较高的小型单片机,若采用 40 脚且功能强大的单片机,投资大不说,使用起来也不方便。PIC 系列从低到高有几十个型号,可以满足各种需要。其中,PIC12C508 单片机仅有 8 个引脚,是世界上最小的单片机,该型号有 512 字节 ROM、25 字节 RAM、1 个 8 位定时器、1 根输入线、5 根 I/O 线,市面售价为 3～6 元,这样一款单片机在像摩托车点火器这样的应用中无疑是非常适合。PIC 的高档型号,如 PIC16C74(尚不是最高档型号)有 40 个引脚,其内部资源为 4 KB ROM、192 字节 RAM、8 路 A/D、3 个 8 位定时器、2 个 CCP 模块、3 个串行口、1 个并行口、11 个中断源、33 个 I/O 脚,它可以和其他品牌的高档型号单片机相媲美。

② 精简指令使其执行效率大为提高。PIC 系列 8 位 CMOS 单片机具有独特的 RISC 结构,数据总线和指令总线分离的哈佛总线(Harvard)结构使指令具有单字长的特性,且允许指令码的位数可多于 8 位,这与传统的采用 CISC 结构的 8 位单片机相比,可以达到 2∶1 的代码压缩,速度提高 4 倍。

③ 产品上市零等待(zero time to market)。采用 PIC 的低价 OTP 型芯片,可使单片机在其应用程序开发完成后立刻使该产品上市。

④ PIC 有优越的开发环境。OTP 单片机开发系统的实时性是一个重要的指标,普通 51 单片机的开发系统大都采用高档型号仿真低档型号,其实时性不尽理想。PIC 在推出一款新

型号的同时推出相应的仿真芯片,所有的开发系统由专用的仿真芯片支持,实时性非常好。就个人的经验来看,还没有出现过仿真结果与实际运行结果不同的情况。

⑤ 引脚具有防瞬态能力,通过限流电阻可以接至 220 V 交流电源,可直接与继电器控制电路相连,无须光电耦合器隔离,给应用带来极大方便。

⑥ 彻底的保密性。PIC 以保密熔丝来保护代码,用户在烧入代码后熔断熔丝,别人再也无法读出,除非恢复熔丝。目前,PIC 采用熔丝深埋工艺,恢复熔丝的可能性极小。

⑦ 自带看门狗定时器,可以用来提高程序运行的可靠性。

⑧ 睡眠和低功耗模式。虽然 PIC 在这方面已不能与新型的 TI MSP430 相比,但在大多数应用场合还是能满足需要的。

1.2 单片机能够做哪些具体应用

目前,单片机已渗透到人们工作、生活的各个领域,几乎很难找到哪个领域没有单片机的踪迹。导弹的飞行控制装置靠的是单片机,网络数据传输通信、工业自动化控制、智能 IC 卡系统及各类家用电器的控制都离不开单片机。单片机的特点是体积小,再增加一些外围电路后,就能成为一个完整的应用系统。日常生活中所用的数字电子秤,其内部就有一块单片机芯片,再加上传感器、液晶屏和一些附加电路,就形成了一个完整的应用系统。由此可见,单片机的可扩展性是不错的,应用也相当灵活。

太复杂的先不涉及,下面先来看一下本书中将要介绍的一些单片机应用实例,由浅入深,希望能给初学者带来一些感性的认识,让大家知道单片机到底能够干什么,做哪些具体的应用。

【例 1.1】如图 1.1 所示,电路板左上角显示"666666"数字字样,此图片是黑白的,故看不清,实际演示时是可以看清的,其显示部件叫"七段数码管",它在家电及工业控制中有着很广泛的应用,比如:用来显示温度、数量、质量、日期、时间等,具有显示醒目、直观的优点。如果弄明白了数码管显示的基本原理知识,做一些电子钟、计数器之类的应用系统将不成问题。

图 1.1 数码管显示实例

【例 1.2】如图 1.2 所示,这是一个液晶显示的应用实例,1602 型液晶屏是一种用 5×7 点阵图形来显示字符的液晶显示器。根据显示的容量可以分为 1 行 16 个字、2 行 16 个字、2 行 20 个字等,常用的为 2 行 16 个字,它可以通过单片机在液晶屏上显示网址和电话号码。液晶显示与数码管相比,显得更为专业、漂亮。液晶屏以其低功耗、体积小、显示内容丰富及超薄轻巧的诸多优点,在袖珍式仪表和低功耗系统中(如 IC 卡电话机、液晶电子表等各类显示设备)得到越来越广泛的应用。

图 1.2　1602 液晶显示实例

【例 1.3】如图 1.3 所示,这是一个温度测试及控制的应用实例。液晶屏实时显示温度值,通过按键设置温度报警上下限数值。当实际温度超过上下限额定温度值时,继电器产生触发动作,蜂鸣器报警。人工设定的温度报警值自动存入 DS18B20 温度传感器的 EEPROM 中,可永久保存。每次开机时自动从温度传感器的 EEPROM 中读出温度报警值,这样就不用重复设置额定值了。图 1.4 为 DS18B20 温度传感器的实物图片。

图 1.3　温度测试实例　　　　　　　　图 1.4　DS18B20 温度传感器

【例 1.4】如图 1.5 所示,通过软件改变步进电机各相电压使其转动,并通过设置相应的延时值来达到调速的目的。步进电机与传统玩具电机有所不同,它是一种将电脉冲转化为角位移的执行机构。通俗一点讲:当步进驱动器接收到一个脉冲信号,它就驱动步进电机按设置的方向转动一个固定的角度。可以通过控制脉冲个数来控制角位移量,从而达到准确定位的目的;同时可以通过控制脉冲频率来控制电机转动的速度和加速度,从而达到调速的目的。步进电机技术的应用也非常广泛,如打印机喷头的移动、安防系统中视频摄像头的转动等都是通过它来控制的。

图 1.5 步进电机控制实例

【例 1.5】如图 1.6 所示,利用单片机来做液晶显示。与例 1.2 不同之处在于,这里使用的是 12864 的液晶屏,它可显示各种字符及图形,可与 CPU 直接接口,具有 8 位标准数据总线、6 条控制线及电源线,采用 KS0107 控制 IC。通过取模软件,可以用来显示任何中文汉字、各种图形等。

图 1.6 12864 液晶显示实例

【例 1.6】红外线遥控是目前使用最广泛的一种通信和遥控手段。由于红外线遥控装置具有体积小、功耗低、功能强、成本低等特点,因而,继彩电、录像机之后,在录音机、音响设备、空调机以及玩具等其他小型电器装置上也纷纷采用红外线遥控。工业设备中,在高压、辐射、有毒气体、粉尘等环境下,采用红外线遥控完全可靠且能有效地隔离电气干扰。如图 1.7 所示,通过按遥控器上的各个按键,实验板完成解码功能,并通过数码管显示其相应的键值。当然,用户也可以改写程序,让红外线遥控器来控制实验板上的继电器,或者通过红外线遥控器来让实验板上的蜂鸣器唱歌。这些并非难事,只要发挥想象力,就可以想出各种控制方法。

图1.7　红外线遥控数码管显示实例

【例1.7】红外线遥控的缺点在于其具有方向性,即遥控发射器需要对准遥控接收头才能起到控制作用;但无线电遥控的方式就克服了这个缺点,它没有方向性,如在图1.8中所看到的是200 m无线遥控器控制增强型PIC实验板数码管显示的应用程序运行结果。人体距离实验板的最大距离为200 m。当然,如果换成1 000 m的发射器,就可以进行1 000 m的无线遥控了。通过这样的原理,可以进行各种无线遥控类的产品开发。

图1.8　无线电遥控应用程序实例

【例1.8】在工业控制和智能化仪表中,通常由微型单片机进行实时控制及实时数据处理。单片机所加工的信息总是数字量,而被控制或被测量的有关参量往往是连续变化的模拟量,如温度、速度、压力等,与此对应的电信号是模拟信号。模拟量的存储和处理比较困难,不适合用于远距离传输且易受干扰。在一般的工业应用系统中,传感器把非电量信号变成与之对应的模拟信号,然后经模拟(Analog)到数字(Digital)转换电路将模拟信号转成对应的数字信号送往单片机处理,这就是一个完整的信号链。模拟到数字的转换需要用到ADC(Analog to Digital Convert)电路。如图1.9所示是用PIC16F877A芯片自带的模/数转换电路实现数字电压表的演示,设定最大测量值为 5.000 V。图中调节电位器的输出电压为 4.926 V。

图 1.9　数字电压表数码管显示实例

【例 1.9】在很多单片机系统中都要求带有实时时钟电路,如最常见的数字钟、钟控设备和数据记录仪表。这些仪表往往需要采集带时标的数据,同时一般它们也会有一些需要保存起来的重要数据。有了这些数据,会便于用户后期对数据进行观察、分析。DS1302 是美国 DALLAS 公司推出的一款高性能、低功耗和带内部 RAM 的实时时钟芯片(RTC),也就是一种能够为单片机系统提供日期和时间的芯片。如图 1.10 所示是 DS1302 数字显示时钟程序的演示,通过按键可以设置年份、日期、时间值。

图 1.10　DS1302 数字显示时钟程序实例

1.3　PIC 单片机学习的软、硬件实验设备

1.3.1　增强型 PIC 实验板

增强型 PIC 实验板是一款性价比较高的 PIC 单片机学习使用的开板板,可与 PIC Pro 编程器、ICD2 仿真烧写器配套使用,实验操作对象为 PIC16F87X(A)单片机以及其他 PIC 中高

档28PIN/40PIN器件。系统附带的众多汇编和C语言程序实例,可以让读者在最短的时间内,全面地了解掌握单片机编程技术,特别适合于单片机初学者、大中专院校学生、单片机工程师和实验室选用,可用于单片机知识的学习与生产开发领域,其主机实物如图1.11所示。

图 1.11 增强型 PIC 实验板

增强型 PIC 实验板板载资源及可做实验如下进行介绍。

① 6位 LED 数码管:可以仿真各种计数器、数字显示;用单片机做电子钟等仿真,如计数器、秒表、电子钟等。

② LED 流水灯:可以完成正反流水灯、花样灯、交通指示等实验。

③ 6 个直控键盘:共 6 个键位,非常实用,通过简捷的程序即可完成键盘输入控制;编程方面更不需要像矩阵键盘那样绞尽脑汁。

④ 音乐输出蜂鸣器喇叭:可以完成各种奏乐、报警等发声音类实验。

⑤ 继电器实验:有了它就可以知道怎么来做一个以弱控强的系统;以弱控强器件是工控中最常用器件之一,与其他驱动器件相比明显的优点是抗过载能力强和强弱端隔离能力强。

⑥ 1 路模拟 A/D 输入:通过板载电位器进行调压。

⑦ I^2C 串行 EEPROM 24C02:用来做 I^2C 通信实验。

⑧ SPI EEPROM 93C46:SPI 总线接口,用来做 SPI 通信实验。

⑨ 160X 液晶屏:2 行,每行 16 个字符。自带字符库、带背光,经典的液晶显示器件通过液晶屏显示用户想要的信息,比发光管、数码管显示更为漂亮、专业化。

⑩ 128×64 图形液晶接口:可以用来显示中文和图形。

⑪ 红外接收头接口:可以做红外线解码实验、红外线遥控器等。配合遥控器完成遥控解码和红外遥控实验,如按遥控器上的按键,即可点亮实验板上相应的发光管。当然,也可以通过改动程序来达到红外遥控其他资源的目的。

⑫ 串行时钟芯片 DS1302:一种比较常见的 SPI 串行时钟芯片。

⑬ 温度传感器 DS18B20 接口:通过这个接口连好 18B20 后,可以实现对温度的高精确测量;通过多个 DS18B20 传感器也可以做一个多点的温度采集系统。它属于工业环境中常见的

一种高精度温度传感器。

⑭ 串口通信电路:单片机和 PC 机完成联机通信的接口。

⑮ 步进电机智能驱动接口:可以非常方便地接上步进电机,完成步进电机的各类实验,如电机的正、反转等;其取电电路的特殊设计,使它可支持功率更大的电机。

⑯ 在线电路串行下载 ICSP 接口:可与任何 ICSP 烧写器、调试器配合,实现实验板"在电路编程"和"在电路调试"。

⑰ 板载 28PIN 与 40PIN 的多功能锁紧座:可实验 PIC16/PIC18 中的大部分 28PIN 或 40PIN 的 PIC 单片机。

⑱ 芯片引脚提供外扩展端口:有利于外扩更多的功能,外扩实验的功能没有限制,完全由用户决定。

⑲ 支持 USB 转 RS232 转接线:通过 USB 口完成虚拟串口通信,可以直接用于只有 USB 口的笔记本计算机或台式计算机。

1.3.2 PIC Pro 编程器

编程器的作用是把编译好的机器码文件写入到单片机的程序存储器中,这个设备的作用就好比给一个没有记忆的人灌输记忆。通过程序被写入,单片机中就被灌输了设计者的设计思想或者是某种控制流程。编程器和单片机可以支持的文件是十六进制的,文件属性一般为 *.HEX 或者 *.BIN,它们的本质是二进制,也就是 1 和 0。编程器只是一种写入设备,而源程序还是要由设计者来编写。

在此,介绍一款 PIC Pro 编程器,如图 1.12 所示,它支持大部分流行的 PIC 芯片烧写、读出、加密等功能,无需电源适配器,通信和供电仅一条 USB 线完成,具有性能稳定、烧录速度快、性价比高等优点。它支持 10 系列、12C 系列、12F 系列、16C 系列、16F 系列、18 系列等芯片,特别适合于渴望学习 PIC 单片机又想尽量减小学习投入的朋友。

图 1.12　PIC Pro 编程器

1.3.3　ICD2 PIC 仿真烧写器

仿真器是做什么的呢？它的作用是调试程序。比如程序有 200 行，假设代表了 10 个驱动硬件的动作，这时候如果有仿真器的话，就可以让这 10 个动作逐个执行；同时能够观察到在执行这 10 个动作的过程中，单片机内部的各单元状态是什么样的，也就是可以细致地分析一下整个程序在硬件中的具体工作过程，这样就可以了解程序中是不是有问题存在，所以叫做仿真。

仿真分为硬件仿真和软件仿真两种。软件仿真是完全虚拟的，比较抽象，初学者理解起来比较困难；硬件仿真方面，如果硬件仿真器连接了目标设备，就可以看到驱动硬件的效果，还是比较实用的。在此，介绍一款"ICD2 PIC 仿真烧写器"，如图 1.13 所示，它是一个功能强大、低成本、高运行速度的开发工具。它利用 Flash 工艺芯片的程序区自读/写功能，使用芯片来实现仿真调试功能，使用 USB2.0 高速接口（最高可达 12 Mb/s），工作电压范围为 2.0～5.5 V。此仿

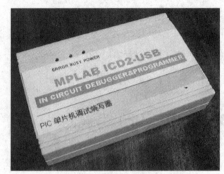

图 1.13　ICD2 PIC 仿真烧写器

真烧写器可烧写约 270 种芯片、仿真约 250 种芯片、无限升级，Microchip 公司将不断更新 MPLAB IDE 软件，是 PIC 单片机初学者与专业设计人员的最佳选择。

1.3.4　PIC 实验附件

实验附件包括 1602LCD 液晶屏、6121 码红外线遥控器、步进电机、DS18B20 温度传感器和 200 m 无线收发模块。

1. 1602LCD 液晶屏

1602 字符型液晶屏由 5×7 点阵字符位组成，可以用来显示数字、字母及各类符号，显示的容量为 2 行 16 个字。液晶屏带有绿色背光照明，显示效果清晰美观。图 1.14 和图 1.15 为 1602 液晶屏外观照片。

图 1.14　1602LCD 液晶屏正面

图 1.15　1602LCD 液晶屏反面

2. 6121码红外线遥控器

如图 1.16 所示为超薄型 6121 红外线遥控器实物图。

UPD6121G 产生的遥控编码是连续的 32 位二进制码组,其中前 16 位为用户识别码,能区别不同的电器设备,防止不同机种遥控码互相干扰。该芯片的用户识别码固定为十六进制 01H;后 16 位为 8 位操作码(功能码)及其反码。UPD6121G 最多有 128 种不同组合的编码。

遥控器在按键被按下后,周期性地发出同一种 32 位二进制码,周期约为 108 ms。一组码本身的持续时间随它包含的二进制 0 和 1 的个数不同而不同,大约为 45~63 ms。

3. 步进电机

如图 1.17 所示为微型步进电机实物图。步进电机是一种将电脉冲转化为角位移的执行机构。在没有超出负载的情况下,步进电机的转动速度、停止的位置只取决于电机输入脉冲信号的频率和脉冲数,而不会受到负载变化的影响,比如给步进电机输入一个脉冲信号,电机则转过一个步距角。

图 1.16 超薄型 6121 红外线遥控器

4. DS18B20 温度传感器

DS18B20 是 DALLAS 公司生产的单总线式数字温度传感器,如图 1.18 所示。它具有微型化、低功耗、高性能、抗干扰能力强、易配处理器等优点,特别适用于构成多点温度测控系统,可直接将温度转化成串行数字信号(提供 9 位二进制数字)给单片机处理,且在同一总线上可以挂接多个传感器芯片。它具有 3 引脚 TO-92 小体积封装形式,温度测量范围为 -55~+125 ℃,

图 1.17 微型步进电机

可编程为 9~12 位 A/D 转换精度,测温分辨率可达 0.0625 ℃,被测温度用符号扩展的 16 位数字量方式串行输出,其工作电源既可在远端引入,也可采用寄生电源方式产生。多个 DS18B20 可以并联到 3 根或 2 根线上,CPU 只需 1 根端口线就能与多个 DS18B20 通信,占用单片机的端口较少,可节省大量的引线和逻辑电路。以上特点使 DS18B20 非常适用于远距离多点温度检测系统。

5. 200 m 无线收发模块

200 m 四键遥控模块,常用于报警器设防、车库门遥控、摩托车、汽车的防盗报警等,遥控模块价格低廉,发射机手柄体积小巧、外观精致,耗电低,工作稳定可靠,采用优质塑料外壳,带保险盖,防止误碰按键,天线拉出时长 13 cm,遥控器只有 20 g。

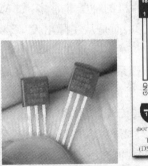

图 1.18 DS18B20 温度传感器实物

无线遥控接收板，接收模块有 7 个引脚，分别为 V_{cc}、D3、D2、D1、D0、GND、VT，其中 V_{cc} 为 5 V 供电端，GND 为接地端，VT 端为解码有效输出端，D3、D2、D1、D0 为 4 位数据锁存输出端，有信号时能输出 5 V 左右的高电平，驱动电流约 2 mA，与发射器上的 4 个按键一一对应，天线是一根长度为 23 cm 软导线。无线发射器和接收模块如图 1.19 所示。

图 1.19　200 m 遥控无线发射器和无线接收模块

1.4　单片机学习的有效方法与途径

学习单片机是否会很困难呢？经常听到有人说，自己看了很多书，理论知识也灌了不少，但就是还不知道单片机是怎么回事，更谈不上去用它，感觉一团迷雾。其实，对于已经具有电子电路基础，尤其是数字电路基础知识的人来说，是不会有太大困难的，假如读者对 PC 机有一定的基础，学习单片机就会更容易些，毕竟很些原理还是相通的。但学好单片机最有效的方法与途径关键还是在于能否将理论与实践相结合地去学习，边看书，边动手，边实践，这样才能对所说的理论知识得以深刻的理解与掌握。

目前，PC 机的普及大大提高了单片机学习的系统环境，只要接上相应的开发设备，如仿真器、编程器，就能进行编程学习及产品的开发。配上实验板进行实验，通过眼睛看到及耳朵听到的，更能给人一种直观的认识与体会，知道自己应该如何去编程以及编写怎样的程序才能转化为所需要的电信号去控制各类电子产品。

目前单片机的种类非常多，如 MCS-51、AVR、PIC 等。PIC 单片机最大的特点是不搞单纯的功能堆积，而是从实际出发，重视产品的性能与价格比，靠发展多种型号来满足不同层次的应用要求。就实际而言，不同的应用对单片机功能和资源的需求也是不同的。本书所讲的内容是以 PIC 系列单片机为例，实验中用到的烧写芯片为 Microchip 公司的 PIC16F877A 单片机，该单片机的性价比高。

本书突破传统教科书"教条式"的学习模式，根据作者的一些相关经验，采用边学理论、边实践验证的学习模式，按深入浅出、删繁就简、理论联系实际的原则，让读者逐步对单片机基础知识及各方面的应用有所了解与掌握，一步一步伴读者跨入单片机技术的大门。

如需本书配套的实验器材设备，可以访问网站 http://www.hificat.com 了解详细信息或与我们取得联系，联系电话：13185018567。网站上有大量的实验实例、视频演示录像供读者朋友学习参考，并且定期不断更新。

第 2 章
PIC 系列单片机系统的结构和工作原理

2.1 PIC 单片机概述

PIC 系列单片机是美国 Microchip 公司生产的单片机,硬件资源丰富、设计简捷、指令系统设计精炼,是目前主流单片机中比较容易学习掌握的一种。

在众多的 PIC 单片机中,PIC16F877A 是 PIC 系列中很有特色的一款单片机,除了具有 PIC 系列单片机大部分优点之外,片内还带有 EEPROM、A/D 转换器等,很适合初学者入门与提高。本书也以 PIC16F877A 为硬件平台,介绍其相关内容。

2.2 PIC16F877 硬件系统概况

PIC 单片机采用了 RISC 结构,其高速度、低电压、低功耗、大电流 LCD 驱动能力和低价位 OTP 技术等都体现出单片机产业的新趋势。PIC16F877 是 Microchip 公司于 1998 年底推出的一款特色鲜明的新产品,片内资源丰富、使用方便等诸多优点使其在应用领域中越来越受用户喜爱。它的主要特点如下:
- 具有高性能 RISC CPU;
- 仅有 35 条单字指令;
- 除程序分支指令为两个周期外,其余均为单周期指令;
- 运行速度:DC 20 MHz 时钟输入,DC 200 ns 指令周期;
- 8K×14 字 Flash 程序存储器,368×8 字节数据存储器(RAM),256×8 字节 EEPROM 数据存储器;
- 引脚输出与 PIC16C73B/74B/76/77 兼容;
- 中断能力(达到 14 个中断源);
- 8 级深度的硬件堆栈;
- 直接、间接和相对寻址方式;
- 上电复位(CPOR);
- 上电定时器(PWRT)和振荡启动定时器(OST);

- 监视定时器(WDT)，它有片内可靠运行的 RC 振荡器；
- 可编程的代码保护；
- 低功耗睡眠方式；
- 可选择的振荡器；
- 低功耗、高速 CMOS Flash/EEPROM 工艺；
- 全静态设计；
- 在线串行编程(ICSP)；
- 单独 5 V 的内部电路串行编程(ICSP)能力。
- 处理机读/写访问程序存储器；
- 运行电压范围 2.0～5.5 V；
- 高吸入/拉出电流 25 mA；
- 商用、工业用温度范围；
- 低功耗：在 5 V、4 MHz 时典型值小于 2 mA；在 3 V、32 kHz 时典型值小于 20 μA；典型的稳态电流值小于 1 μA。

外围特征如下：
- TMR0：带有预分频器的 8 位定时器/计数器；
- TMR1：带有预分频器的 16 位定时器/计数器，在使用外部晶体振荡时钟时，Sleep 期间仍能工作；
- TMR2：带有 8 位周期寄存器、预分器和后分频器的 8 位定时/计数器；
- 2 个捕捉器(16 位，最大分辨率为 12.5 ns)，比较器(16 位，最大分辨率为 200 ns)，PWM 模块(最大分辨率为 10 位)；
- 10 位多通道 A/D 转换器；
- 带有 SPI(主模式)和 I^2C(主/从)模式的 SSP；
- 带有 9 位地址探测的通用同步异步接收/发送器(USART/SCI)；
- 带有 RD、WR 和 CS 控制(只 40/44 引脚)8 位宽的并行从端口；
- 带有降压复位的降压检测电路。

PIC16F877 单片机主要有 3 种封装形式，本书介绍使用最普遍的 DIP40 封装形式，其外部引脚分布如图 2.1 所示。

PIC16F877 位单片机系列和 MCS-51 系列单片机一样，其引脚除电源 V_{DD}、V_{SS} 为单一功能外，其余的信号引脚常是多个功能，即引脚的复用功能。常见的引脚符号和主要功能如下：

① $\overline{MCLR}/V_{PP}$　清除(复位)输入/编程电压输入。其中 $\overline{MCLR}$ 为低电平时，对芯片复位。该引脚上的电压不能超过 V_{DD}，否则会进入测试方式。V_{PP} 代表编程电压。

② OSC1/CLKIN　振荡器晶体/外部时钟输入端。

③ OSC2/CLKOUT　振荡器晶体输出端。在晶体振荡方式接晶体，在 RC 方式输出 OSC1 频率的 1/4 信号 CLKOUT。

④ T0CKI　TMR0 计数器输入端。如不用，为了减少功能应接地或 V_{DD}。

⑤ T1CKI　TMR1 时钟输入端。

⑥ T1OSI　TMR1 的振荡输入端。

⑦ T1OSO　TMR1 的振荡输出端。

第 2 章　PIC 系列单片机系统的结构和工作原理

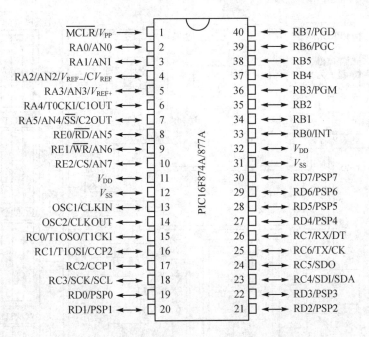

图 2.1　DIP40 封装形式的 16F877 引脚图

⑧ $\overline{RD}$、$\overline{WR}$ 和 $\overline{CS}$　分别代表并行口读信号、写信号和片选控制线。

⑨ AN0～AN7　A/D 转换的模拟量输入端。AN0～AN7 分别表示通道的个数。

⑩ CCP　捕捉/比较/脉宽调制等功能端。CCP 是 Capture/Compare/PWM 的缩写。有的 PIC 芯片内有两个 CCP 部件，其引脚用符号 CCP1 和 CCP2 表示。

⑪ SCK/SCL　同步串行通信时钟输入端。

⑫ TX/CK　异步通信发送端/SCI 同步传输的时钟端。

⑬ SDI/SDA　SPI 通信数据输入端。

⑭ SDO　SPI 通信数据输出端。

⑮ RD0/PSP0～RD7/PSP7　D 口，双向可编程，亦可作为并行口。作并行口时为 TTL 输入，作 I/O 口时为施密特输入。

2.2.1　内部结构

PIC16F877 内部结构的功能框图如图 2.2 所示。

PIC16F87X 系列单片机的内部结构大同小异，并且都类似于图 2.2 中的结构，以 CPU 为中心的核心区域几乎完全相同；不同的仅是 Flash、RAM、EEPROM 的容量以及外围设备模块配置的种类和数量。

对于 PIC 系列单片机来说，内核是唯一必不可少的，而外围模块种类和数量，完全可以由厂家根据单片机的设计目标灵活拼装和增减。下面先对 PIC16F877 的内核及其他内部模块进行简单介绍。

PIC16F877 内核主要包括以下几部分。

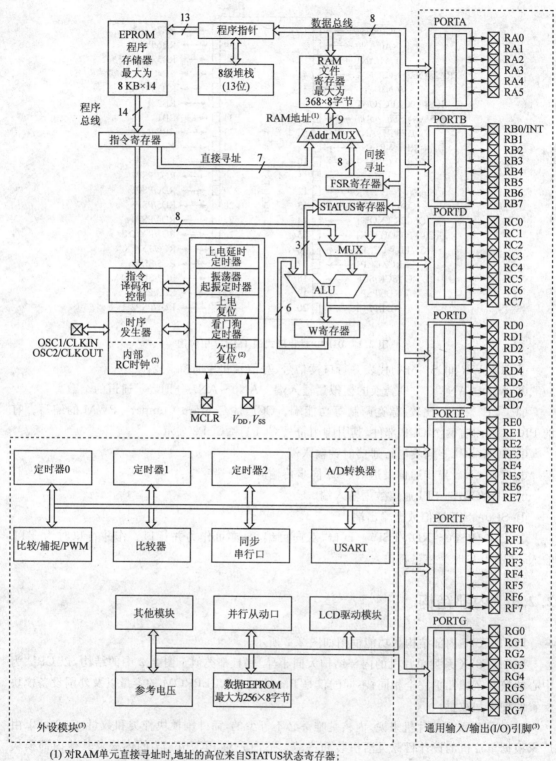

(1) 对RAM单元直接寻址时,地址的高位来自STATUS状态寄存器;
(2) 有些器件有该模块,请参考器件的数据手册;
(3) 许多通用I/O引脚都复用了一种或多种外设功能,不同的器件有不同的复用关系。

图 2.2　PIC16F877 内部结构功能框图

第 2 章 PIC 系列单片机系统的结构和工作原理

(1) 运算器 ALU 及工作寄存器

运算器 ALU 是一个通用算术、逻辑运算单元,用它可以对工作寄存器 W 和任何通用寄存器中的两个数进行算术(如加、减、乘、除等)和逻辑运算(如与、或、异或等)。在 8 位单片机中,ALU 的字长是 8 位。在有两个操作数的指令中,典型的情况是一个操作数在工作寄存器 W 中,而另一个操作数是在通用寄存器中或是一个立即数。在只有一个操作数的情况下,该数不在工作寄存器 W 中,就在通用寄存器中。W 寄存器是一个专用于 ALU 操作的寄存器,它是不可寻址的。根据所执行的指令,ALU 还可能会影响图 2.2 中状态寄存器 STATUS 的进位标志 C、全零标志 Z 等。

(2) 程序存储器

存放由用户预先编制好的程序和一些固定不变的数据。单片机内存放程序指令的存储器称为程序存储器。PIC16F877 的所有指令字长为 14 位,所以程序存储器的各存储单元是 14 位。一个存储单元存放一条指令。这些程序存储器都是由 EEPROM 构成的。

(3) 程序计数器

产生并提供对程序存储器进行读出操作所需要的 13 位地址码,初始状态为全零,每执行一条指令地址码自动加 1。程序计数器包括 PCL 和 PCLATH。程序计数器(PC)是对程序进行管理的计数器。

(4) 数据存储器

在 PIC16F877 单片机中,除了有存放程序的程序存储器外,还有数据存储器。单片机在执行程序过程中,往往需要随时向单片机输入一些数据,而且有些数据还可能随时改变,在这种情况下就需用数据存储器。数据存储器不但要能随时读取存放在其各个单元内的数据,而且还需随时写进新的数据或改写原来的数据,因此,数据存储器需由随机存储器 RAM 构成。RAM 存储器在断电时,所存数据随即丢失,这在实际应用中有时会带来不便。但是,16F877 单片机中有 EEPROM 数据存储器,存放在 EEPROM 中的数据在断电时不会丢失。

(5) 状态寄存器 STATUS

状态寄存器 STATUS 含有算术逻辑单元 ALU 运算结果的状态(如有无进位等)、复位状态及数据存储体选择位。

(6) 间接寻址 INDF 和 FSR 寄存器

INDF 寄存器不是一个物理寄存器,而是一个逻辑功能的寄存器,地址为 00H 或 80H。当对 INDF 寄存器进行寻址时,实际上是访问 FSR 寄存器内容所指的单元,即把 FSR 寄存器作为间接寄存器使用。FSR 称为寄存器选择寄存器,地址为 04H 或 84H。对 INDF 寄存器本身进行间接寻址访问,将读出 FSR 寄存器的内容,每当 FSR=00H 时,间接寻址读出 INDF 的数据将为 00H。用间接寻址方式写入 INDF 寄存器时,虽然写入操作可能会影响 STATUS 中的状态字,但写入的数据是无效的。

(7) I/O

单片机作为一个控制器件必定有数据输入和输出。输入可能是温度、压力、转速等,而输出可能是开关量和数据,以保证受控过程在规定的范围内运行。数据的输入/输出都需通过单片机内部有关电路,再与引脚构成输入/输出(I/O)端口。

(8) 堆　栈

单片机执行程序时,常常要执行调用子程序。这样就产生了一个问题:如何记忆是从何处调用的子程序,以便执行子程序之后正确返回。此外,在程序执行过程中,还可能会发生中断,转而执行中断子程序,这时,又如何记忆从何处中断,以便返回呢?满足上述功能的方法就是堆栈技术。

堆栈是一个用来保存临时数据的栈区。当主程序调用子程序时,单片机执行到 CALL 指令或发生中断时,就自动将下一条指令的地址压栈保存到栈区。当子程序结束,单片机执行返回指令时,就自动地把栈区的内容弹出,作为下步指令执行的新地址。

(9) 定时器/计数器

PIC16F877 单片机中有 3 个定时器,这些定时器也可用于计数,因此称为定时器/计数器,符号为 TMR。TMR 可用于定时控制、延时、对外部事件计数和检测等场合。定时器所用的时钟源可以是内部系统时钟(OSC/4,即 4 倍振荡周期),也可以是外部时钟。TMR 对内部系统时钟的标准脉冲系列进行计数时,就成为定时器;对外部脉冲进行计数时 TMR 就成为计数器。

(10) 复 位

复位是单片机的初始化操作,其主要功能是把程序计数器 PCL 初始化为 000H,可使单片机从 000H 单元开始执行程序。

PIC16F877 单片机有下列 4 种不同的复位方式:

① 芯片上电复位 POR。
② 正常工作状态下通过外部 MCLR 引脚加低电平复位。
③ 省电休眠状态下通过外部 MCLR 引脚加低电平复位。
④ 监视定时器 WDT 超时溢出复位。

PIC16F877 单片机片内集成有上电复位 POR 电路,对于一般应用,只要把 MCLR 引脚接高电位即可。在正常工作或休眠状态下用 MCLR 复位,只需在 MCLR 引脚上加一按键瞬间接地即可。单片机 16F877 复位操作对其他一些寄存器会有影响,所有内容回到初始值。

(11) 监视定时器

单片机系统常用于工业控制,在操作现场通常会有各种干扰,可能会使执行程序弹飞进入死循环,从而导致整个单片机控制系统瘫痪。如果操作者在场,就可进行人工复位,摆脱死循环。但操作者不能一直监视着系统,即使监视着系统,也往往是引起不良后果后才进行人工复位。PIC16F877 单片机中具有程序运行自动监视系统,即监视定时器 WDT(Watch Dog Time),直译为"看门狗"定时器。这好比是主人养了一条狗,主人在正常干活时总不忘每隔一段时间就给狗喂食,狗就保持安静,不影响主人干活。如果主人打瞌睡,不干活了,到一定时间,狗饿了,发现主人还没有给它吃东西,就会大叫起来,把主人唤醒。用户就是应用了这个功能,必要时对 CPU 进行复位处理,防止单片机死机。

2.2.2　指令系统

在实际应用中要对单片机进行汇编编程,在编程之前必须先学会该单片机的指令。指令就是人们用来指挥 CPU 按要求完成每一项基本操作的命令。指令也是单片机编程的一种语法规范。一种单片机所能识别的全部指令的集合,就称为该单片机的指令系统或指令集。不同厂家生产的单片机,或基于不同 CPU 内核的单片机,其指令系统也不同。

第2章 PIC系列单片机系统的结构和工作原理

在为单片机编写程序之前,必须先熟练掌握该单片机指令系统的每条指令。一般情况下,为了便于学习和掌握,每一条语句都用指向性很强的英文单词或缩写来表示。例如,MOVWF就是由Move W to F的英文语句缩写而成,一般理解为把工作寄存器W里的内容移动到文件寄存器F单元中。因此,通常将代表一条指令的一个字符串称为助记符。

PIC16F87X共有35条指令,都是单字节指令,且长度都是14位。PIC系列单片机的指令一般可以分为字节操作指令、位操作指令、立即数操作指令、控制操作指令等。在各指令码中所用到的主要描述符号如表2.1所列。

表2.1 各指令码中用到的主要描述符号

符号	说明
W	工作寄存器(累加器)
F	用大写F表示7位文件寄存器单元地址,最多可区分128个单元($2^7=128$)
B	用大写B表示某一位在一个寄存器内部8位数据中的位置(即位地址),由3位组成($2^3=8$),所以$0 \leqslant B \leqslant 7$
K	用大写K表示8位数据常数,也可表示11位地址常数
f	用小写f表示文件寄存器7位地址码F中的一位地址
k	用小写k表示常数或地址码K中的一位
b	用小写b表示文件寄存器中某一位数据的3位地址码B中的一位
d	用小写d表示目标寄存器:d=0,目标寄存器为W;d=1,目标寄存器为F
→	表示运算结果送入目标寄存器
∧	表示逻辑与运算符
∨	表示逻辑或运算符
⊕	表示逻辑异或运算符

本书以C语言为主要开发工具,所以下面仅将这些基本指令作一简单介绍。
① 字节操作类指令。
面向字节操作类指令的说明如表2.2所列。

表2.2 面向字节操作类指令

助记符		操作说明	影响标志位
ADDWF	F,d	F+W→d	C,DC,Z
INCF	F,d	F+1→d	Z
SUBWF	F,d	F−W→d	C,DC,Z
DECF	F,d	F−1→d	Z
ANDWF	F,d	F∧W→d	Z
IORWF	F,d	F∨W→d	Z
XORWF	F,d	F⊕W→d	Z
COMF	F,d	F取反→d	Z
CLRF	F	0→F	Z

续表 2.2

助记符		操作说明	影响标志位
CLRW	—	0→W	Z
MOVF	F,d	F→d	Z
MOVWF	F	W→F	—
INCFSZ	F,d	F+1→d,结果为 0 则跳一步	—
DECFSZ	F,d	F−1→d,结果为 0 则跳一步	—
RLF	F,d	F 带 C 左移→d	C
RRF	F,d	F 带 C 右移→d	C
SWAPF	F,d	F 半字节交换→d	—

② 位操作类指令,如表 2.3 所列。

表 2.3 位操作类指令

助记符		操作说明	影响标志位
BCF	F,B	将 F 中第 B 位清零	—
BSF	F,B	将 F 中第 B 位置 1	—
BTFSC	F,B	F 中第 B 位为 0,则跳一步	—
BTFSS	F,B	F 中第 B 位为 1,则跳一步	—

③ 立即数操作类指令,如表 2.4 所列。

表 2.4 立即数操作类指令

助记符		操作说明	影响标志位
MOVLW	K	K→W	—
ADDLW	K	K+W→W	C,DC,Z
SUBLW	K	K−W→W	C,DC,Z
IORLW	K	K∨W→W	Z
ANDLW	K	K∧W→W	Z
XORLW	K	K⊕W→W	Z

④ 控制操作类指令,如表 2.5 所列。

表 2.5 控制操作类指令

助记符		操作说明	影响标志位
GOTO	K	无条件跳转	—
CALL	K	调用子程序	—
RETURN	—	从子程序返回	—
RETLW	W	W 带参数子程序返回	—
RETFIE	—	从中断服务子程序返回	—
CLRWDT	—	0→WDT	TO,PD
SLEEP	—	进入睡眠方式	TO,PD

指令的一个重要组成部分就是操作数,它指定参与运算的数据或数据所在地址。"寻址"就是寻找操作数的存放地址。由此可知,所谓寻址方式就是寻找操作数或操作数所在地址的方法,也就是给操作数定位的过程。

在PIC16F87X的指令系统中,根据操作数来源的不同,设计了4种寻址方式:立即寻址、直接寻址、间接寻址及位寻址。下面简单介绍一下这4种寻址方式的特点。

① 立即寻址:在这种寻址方式中,指令码中携带着实际操作数(即立即数);换言之,操作数可以在指令码中立即获得,而不用到别处去寻觅。

② 直接寻址:采用直接寻址方式的指令,可以直接获取任何一个寄存器单元的地址,即指令码中包含着被访问寄存器的单元地址。

③ 间接寻址:操作数的地址事先存放在某个工作寄存器中,寄存器间接寻址方式是把指定寄存器的内容作为地址,由该地址所指定的单元内容作为操作数。

④ 位寻址:位寻址就是可以对任何一个寄存器中的任何一位直接寻址访问,即指令码中既包含着被访问寄存器的地址,又包含着该寄存器中的位地址。

2.3 I/O端口的结构及工作原理

任何一个单片机要控制外部电路就一定要通过I/O口来实现。不同的单片机都有用于输入和输出的引脚,但数量的多少会有些差别。PIC16F87X系列单片机有36个I/O口。不同芯片上I/O引脚数量不一样,但基本特性和使用方法是一致的。

2.3.1 I/O端口基本特征

单片机中一个I/O口可以看作单片机最小的一个外围功能模块。有了这个外围模块,单片机可以检测外部电信号或控制外部其他电路与器件。PIC系列单片机的一个典型I/O引脚内部逻辑结构如图2.3所示。

PIC系列单片机的一个典型I/O既可以设置成数字信号输出,又可以作为数字信号输入,是一个标准的双向端口。作为输出时,可以提供很强的负载驱动能力,高电平输出时的电流和低电平的灌入电流都有可以达到25 mA;作为输入时,端口呈现极高的输入阻抗,由端口引入的输入漏电流不超过1 μA,对输入的信号来说此端口基本可视为开路或浮空状态。这种输入/输出的状态选择完全是由用户软件自由设定的,且每一个引脚都可以各自独立设定,互不影响。

正因为PIC系列单片机每个I/O都可以设成输入或输出,所以在使用前应该要明确是作为输入还是输出,这可以通过软件设定其方向寄存器来实现。PIC单片机的每一个I/O端口PORTx,都有一个对应的方向控制寄存器TRISx,其中x是表示A、B、C、D等端口名称,根据不同单片机资源而定。TRISx寄存器中的每一位都对应于端口的输入或输出状态。例如TRISx中的数据位为1,则这一位的功能为输入;当数据位为0时,则这一位的功能为输出。

从图2.3可以看到,I/O口输入/输出方向的设定结果是被锁存的,一旦设定就会保持,直到软件改变寄存器内容为止。由此可知,在程序运行过程中的任何时刻都可以通过指令读到端口当前的状态,即TRISx寄存器的值。除此之外,有些I/O引脚和单片机内部的某些功能

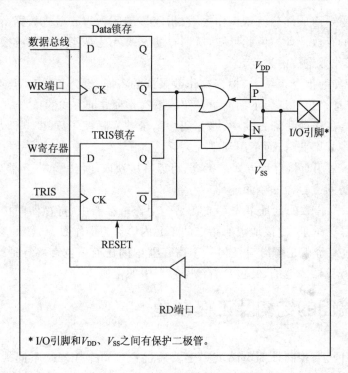

图 2.3 I/O 引脚内部逻辑结构图

部件或其他外围模块的外接信号线进行了复用,这些 I/O 具有两种功能,既可以当作普通 I/O 使用,也可以作为某些功能的专用外接引脚。

在 PIC 系列单片机数据寄存器的 bank 分组中,所有端口寄存器 PORTx 都在 bank0,而所有方向控制寄存器 TRISx 都在 bank1。设定输入/输出状态时必须注意 bank 的选择。所有 I/O 引脚在任何条件复位后,将自动回到高阻状态(TRISx 寄存器内所有数据为 1),也就意味着 PIC 单片机在上电或其他复位后引脚可以有一个确定的电平,只要在引脚外接上拉或下拉电阻即可得到确定的高或低电平。这个特性在一些复位后要确保安全的应用设计中非常重要。

PIC16F87X 系列单片机主要有 5 个 I/O 口,各个端口的主要特点概括如下:

RA 端口　兼备 5 条数/模转换器的模拟量输入通道。
RB 端口　具有电平变化中断和弱上拉功能。
RC 端口　复合的功能多,3 种串行通信接口的外接引脚都通过这个端口实现。
RD 端口　兼作并行从动端口的 8 位数据吞吐引脚。
RE 端口　兼作并行从动端口的 3 条控制信号引脚以及 3 条数/模转换器的模拟量输入通道。

下面对以上各端口特点作一简单介绍。

2.3.2　PORTA 端口的特点

在 PIC16F87X 单片机中,RA 端口有 5 个。这 5 个端口除了普通数字 I/O 的基本功能外,在有 ADC 或模拟比较器模块的芯片上,模拟信号的输入将通过 PORTA 的这些引脚复用来实现,如图 2.4 所示。

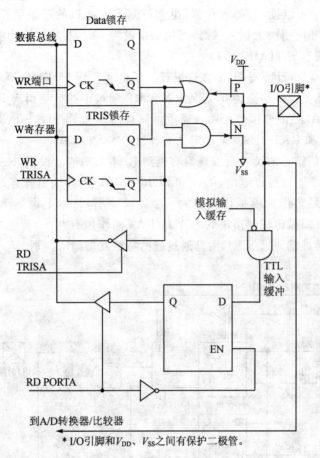

图 2.4 RA0~RA3、RA5 内部结构图

从图 2.1 可以看出,RA 端口的引脚都有两种或以上功能。当用作普通 I/O 时,请参考前文所述的寄存器设置方法来实现即可。若要用它的其他功能,则要设置其他寄存器来实现,RA 端口相关寄存器如表 2.6 所列。

表 2.6 RA 端口相关寄存器

寄存器名称	寄存器符号	寄存器地址	寄存器内容							
			Bit7	Bit6	Bit5	Bit4	Bit3	Bit2	Bit1	Bit0
A 口数据寄存器	PORTA	05H	—	—	RA5	RA4	RA3	RA2	RA1	RA0
A 口方向寄存器	TRISA	85H	—	—	6 位方向控制数据					
ADC 控制寄存器 1	ADCON1	9FH	ADFM	—	—	—	PCFG3	PCFG2	PCFG1	PCFG0

(1) A 口数据寄存器(PORTA)

PORTA 是一个可读/写的寄存器,也是一个用户软件与外接电路交换数据的接口。由于 RA 端口只有 6 条外接引脚,所以与之对应的数据寄存器也就只有低 6 位有效,最高两位保留位读出时将返回 0。

(2) A 口方向寄存器(TRISA)

TRISA 也是一个可以读/写的寄存器,由它控制 RA 端口的每条引脚的数据传送方向。当把某位设为 1 时,相应引脚为输入状态;当把某位设为 0 时,相应引脚为输出状态。

(3) ADC 控制寄存器 1(ADCON1)

ADCON1 寄存器是可读/写的,但在这里只用了低 4 位,用于定义 ADC 模块输入引脚的功能分配。复位时低 4 位状态全为 0,定义 RA 和 RE 端口中的 8 个引脚 RE2~RE0、RA5 和 RA3~RA0 全部为 ADC 的模拟信号输入通道。只有当定义 PCFG3~PCFG0＝011x 时才会使 RE2~RE0、RA5 和 RA3~RA0 全部定义为普通数字 I/O 口。

描述到这里,相信细心的读者会发现没有提到 RA4 的功能。没错,RA4 相对来说比较特殊,从图 2.1 的引脚图上也可以看出,RA4 和 PORTA 端口的其他引脚有点不同,它没有被复用成模拟信号输入,最多作为模拟比较器的一个比较输出,基本上也属于数字信号范畴,如图 2.5 所示。在没有模拟比较器模块的芯片上,RA4 的作用有两个:普通数字 I/O 和定时器 TMR0 的外部计数脉冲输入 T0CKI,内部通过施密特触发型门限判别。

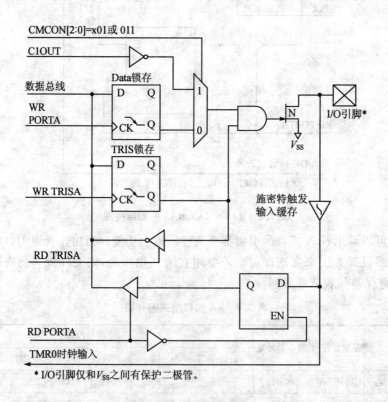

图 2.5　RA4 内部结构图

RA4 作为普通数字 I/O 时,输入和其他端口一样是高阻抗,但没有上钳位二极管做限压保护;RA4 作为输出时与其他端口有所区别,当它输出低电平时与其他端口一样,但用于输出高电平时只是漏极开路性质,因为它没有上拉场效应驱动管,所以要输出 1 时用户最好自己加个上拉电阻。

2.3.3 PORTB 端口的特点

PORTB 在绝大多数 PIC 单片机中都是 8 位的双向 I/O 端口，它的输入/输出方向控制由寄存器 TRISB 负责。PORTB 的功能比较单一，大多数情况下都是以普通数字 I/O 的功能存在。一般情况下只有 RB6 和 RB7 这两个引脚有复用功能，复用功能也都是在芯片编程和在线调试时作为专用通信口使用。在 PIC16F87X 中，RB0～RB3 的内部结构如图 2.6 所示，RB4～RB7 内部结构如图 2.7 所示。

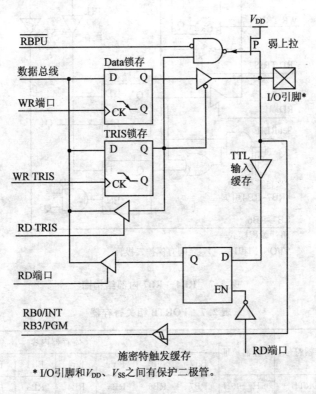

* I/O 引脚和 V_{DD}、V_{SS} 之间有保护二极管。

图 2.6 RB0～RB3 内部结构图

虽然 PORTB 的基本功能就是普通数字 I/O，但它在这方面还是有其他引脚所不具备的特点。PORTB 的每一个引脚在作为输入时，内部有一个弱上拉电阻可用，PORTB 上的 8 个上拉电阻由一个公共的控制位来实现使能或禁止，该控制位是 OPTION_REG 寄存器的第 7 位 RBPU。当 $\overline{RBPU}=0$ 时，所有设成输入状态的引脚内部都使能上拉，但这个弱上拉不会加在那些设成输出模式的引脚上；当 $\overline{RBPU}=1$ 时，所有弱上拉被禁止。与 PORTB 相关的寄存器如表 2.7 所列。

(1) B 口数据寄存器(PORTB)

PORTB 寄存器是一个可读/写的寄存器，也是一个用户程序与外接电路交换数据的接口。

(2) B 口方向控制寄存器(TRISB)

TRISB 寄存器也是一个可读/写的寄存器，由它控制端口 RB 的每一条引脚的数据传送方向。当把某一位设置为 1 或 0 时,则相应端口被定义成输入或输出功能。

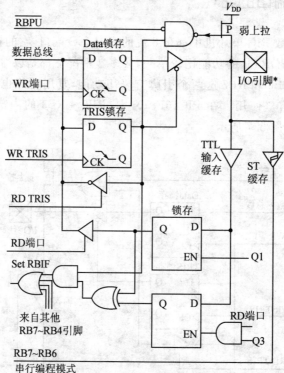

图 2.7 RB4~RB7 内部结构图

表 2.7 PORTB 相关寄存器

寄存器名称	寄存器符号	寄存器地址	寄存器内容							
			Bit7	Bit6	Bit5	Bit4	Bit3	Bit2	Bit1	Bit0
B 口数据寄存器	PORTB	06H/106H	RB7	RB6	RB5	RB4	RB3	RB2	RB1	RB0
B 口方向寄存器	TRISB	86H/186H	8 位方向控制数据							
选项寄存器	POTION_REG	81H/181H	RBPU	INTEDG	T0CS	T0SE	PSA	PS2	PS1	PS0
中断控制寄存器	INTCON	0BH/8BH	GIE	PEIE	T0IE	INTE	RBIE	T0IF	INTF	RBIF

(3) 选项寄存器(POTION_REG)

POTION_REG 寄存器也是一个可读/写的寄存器,是一个与其他模块共用的寄存器。引脚 RB0 和外部中断 INT 共用一个引脚,与该引脚有关的两个控制位定义如下:

① INTEDG 外部中断 INT 触发信号边沿选择位。INTEDG=1,选择 INT 上升沿触发有效;INTEDG=0,选择 INT 下降沿触发有效。

② RBPU RB 端口弱上拉电路的公共使能控制位。RBPU=1,RB 端口弱上拉电路全部禁止;RBPU=0,RB 端口弱上拉电路全部使能。

(4) 中断控制寄存器(INTCON)

INTCON 寄存器也是一个可读/写的寄存器,与 RB 端口有关的只有 3 位,其功能可参考中断部分内容。

2.3.4 PORTC 端口的特点

PORTC 端口除了具有普通数字 I/O 功能外,绝大部分的片内外围功能模块的输入/输出引脚将在此端口上复用,除了 RC0 和 RC1 可以被复用成定时器 TMR1 内部振荡器的晶体输入引脚外,其他被复用的功能都属于数字信号,它的控制应用与其他端口类似。

PORTC 的每个引脚都有两种或以上功能,从内部结构图来看,RC3 与 RC4 与其他端口有所不同,RC0～RC2、RC5～RC7 内部结构如图 2.8 所示,RC3 与 RC4 内部结构如图 2.9 所示。

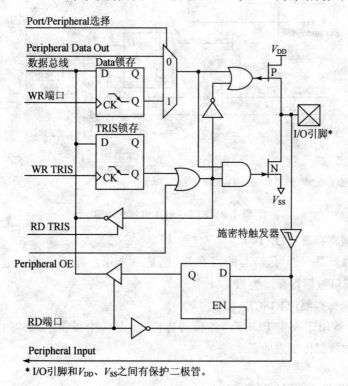

* I/O引脚和V_{DD}、V_{SS}之间有保护二极管。

图 2.8 RC0～RC2、RC5～RC7 内部结构图

从图 2.8 可知,RC3、RC4 多了个类似于 NXP 公司提出的 I^2C 总线功能。
PORTC 端口相关寄存器如表 2.8 所列。

表 2.8 PORTC 端口相关寄存器

寄存器名称	寄存器符号	寄存器地址	寄存器内容							
			Bit7	Bit6	Bit5	Bit4	Bit3	Bit2	Bit1	Bit0
C 口数据寄存器	PORTC	07H	RC7	RC6	RC5	RC4	RC3	RC2	RC1	RC0
C 口方向寄存器	TRISC	87H	8 位方向控制数据							

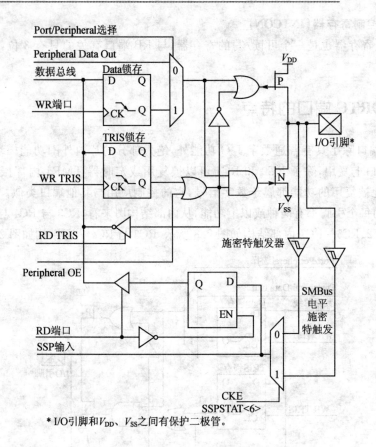

图 2.9 RC3～RC4 内部结构图

(1) C 口数据寄存器(PORTC)

PORTC 寄存器是一个可读/写的寄存器,也是一个用户程序与外接电路交换数据的接口,功能与其他端口数据寄存器类似。

(2) C 口方向寄存器(TRISC)

TRISC 寄存器用于设定 PORTC 各位的方向,也是一个可读/写的寄存器,由它控制着 RC 端口每一位的数据传输方向。

2.3.5 PORTD 端口的特点

在 PIC16F87X 系列单片机中,只有 40 脚封装的型号才具备 RD 端口。它也是一个 8 位双向 I/O 端口,在基本输入/输出功能的基础上,复合了并行从动端口。在作为普通 I/O 引脚使用时,是经过施密特触发器输入的;而工作在并行从动端口时则是经过 TTL 缓冲器输入。

因为 RD 端口各引脚所复合功能完全相同,所以各引脚的内部结构也就完全一致,其内部结构如图 2.10 所示。

与 RD 端口相关的寄存器有 3 个,各功能如表 2.9 所列。

(1) D 口数据寄存器(PORTD)

PORTD 是一个可读/写的寄存器,也是用户程序与外接电路交换数据的接口。

第 2 章 PIC 系列单片机系统的结构和工作原理

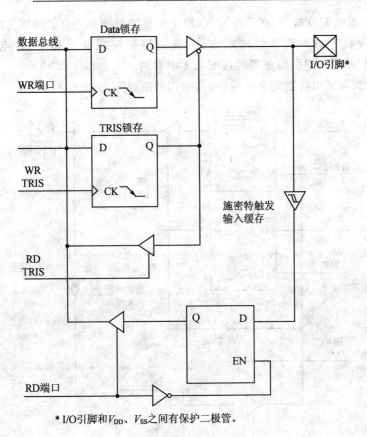

* I/O 引脚和 V_{DD}、V_{SS} 之间有保护二极管。

图 2.10 RD 端口内部结构图

表 2.9 与 RD 端口相关寄存器

寄存器名称	寄存器符号	寄存器地址	寄存器内容							
			Bit7	Bit6	Bit5	Bit4	Bit3	Bit2	Bit1	Bit0
D 口数据寄存器	PORTD	08H	RD7	RD6	RD5	RD4	RD3	RD2	RD1	RD0
D 口方向寄存器	TRISD	88H	8 位方向控制数据							
E 口方向寄存器	TRISE	89H	IBF	OBF	IBOV	PSPMODE	—	3 位方向控制数据		

(2) D 口方向寄存器(TRISD)

TRISD 是一个可读/写的寄存器,由它控制端口 RD 的每一个引脚的数据传送方向。

(3) E 口方向寄存器(TRISE)

TRISE 不是一个完全可读/写的寄存器。与 RD 端口相关的只有一个 PSPMODE 控制位,当 PSPMODE 为 1 时,RD 工作于并行从动端口方式;当该位清 0,RD 工作于通用 I/O 端口模式。

2.3.6 PORTE 端口的特点

RE 端口和 RD 端口都只在 40 脚封装的 PIC16F87X 系列单片机中才有。PORTE 是一个只有 3 个引脚的双向 I/O 端口,在基本输入/输出功能的基础上复合了两项功能,除此之外,每个引脚内部都设置了两种输入缓冲器方式:施密特触发缓冲器和 TTL 电平缓冲器。在 PIC16F87X 系列单片机中引脚排列可在图 2.1 中看到。

RE 端口各引脚复用功能完全一样,内部结构框图如图 2.11 所示。

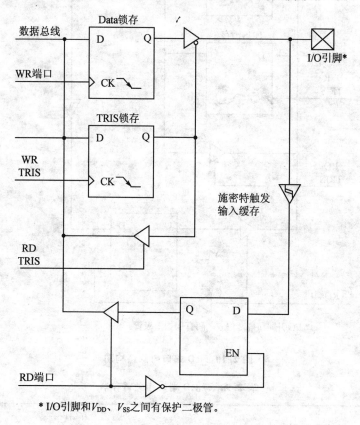

* I/O 引脚和 V_{DD}、V_{SS} 之间有保护二极管。

图 2.11 RE 引脚内部结构图

与 RE 端口相关的寄存器有 3 个,各功能如表 2.10 所列。

表 2.10 与 RE 端口相关寄存器

寄存器名称	寄存器符号	寄存器地址	寄存器内容							
			Bit7	Bit6	Bit5	Bit4	Bit3	Bit2	Bit1	Bit0
E 口数据寄存器	PORTE	09H	—	—	—	—	—	RE2	RE1	RE0
E 口方向寄存器	TRISE	89H	IBF	OBF	IBOV	PSPMODE	—	3 位方向控制数据		
ADC 控制寄存器 1	ADCON1	9FH	ADFM	—	—	—	PCFG3	PCFG2	PCFG1	PCFG0

(1) E 口数据寄存器(PORTE)

PORTE 是一个可读/写的寄存器,也是用户程序与外接电路交换数据的接口。但它只有 3 位有效位。

(2) E 口方向寄存器(TRISE)

TRISE 寄存器是一个部分可读/写的寄存器,由它的低 3 位控制端口 RE 的 3 个引脚的数

据传送方向。除了3个方向控制位之外,与RE引脚作为并行从动端口PSP控制信号时有关的高3位,其各位功能如下:

① IBF,输入缓冲器已满状态位。IBF=1,输入缓冲器已经收到了外来数据并且等待读取;IBF=0,输入缓冲器未收到数据或数据已经被取走。

② OBF,输出缓冲器已满状态位。OBF=1,输出缓冲器先前由程序写入的数据尚未被对方处理器取走;OBF=0,输出缓冲器先前由程序写入的数据已经被对方处理器取走。

③ IBOV,输入缓冲器溢出标志位。IBOV=1,前一次送来的数据还没被程序读取,对方处理器又一次发来数据(必须用软件清0);IBOV=0,正常,未发生溢出现象。

(3) ADC 控制寄存器 1(ADCON1)

该寄存器不是一个完全可读/写的寄存器,其内容见 2.3.2 小节 PORTA 寄存器部分。

2.3.7 PSP 并行从动端口

在PIC16F87X系列单片机的中,40脚封装的部分单片机有PSP模块,因为PSP模块需要11个外接引脚来配合才能实现,一般与RD和RE引脚合用。PSP之所以称为从动并行端口,是因为单片机在利用并行端口与外界处理器进行通信时,读、写控制信号以及片选控制信号都是由对方处理器负责提供,也就是说,PIC上所带的PSP模块作为一个从器件在工作。

PSP模块工作时,必须要占用RD和RE全部端口引脚,引脚功能分配如表 2.11 所列。

表 2.11 PSP 模块引脚功能分配

名 称	位 序	输入缓冲器类型	功能说明
RD0/PSP0	Bit0	ST/TTL	并行从动端口的 Bit0
RD1/PSP1	Bit1	ST/TTL	并行从动端口的 Bit1
RD2/PSP2	Bit2	ST/TTL	并行从动端口的 Bit2
RD3/PSP3	Bit3	ST/TTL	并行从动端口的 Bit3
RD4/PSP4	Bit4	ST/TTL	并行从动端口的 Bit4
RD5/PSP5	Bit5	ST/TTL	并行从动端口的 Bit5
RD6/PSP6	Bit6	ST/TTL	并行从动端口的 Bit6
RD7/PSP7	Bit7	ST/TTL	并行从动端口的 Bit7
RE0/$\overline{RD}$	Bit0	ST/TTL	并行从动端口方式下读控制信号输入
RE1/$\overline{WR}$	Bit1	ST/TTL	并行从动端口方式下写控制信号输入
RE2/$\overline{CS}$	Bit2	ST/TTL	并行从动端口方式下片选控制信号输入

PSP模块相关的寄存器功能如表 2.12 所列。

正如前文所述,PSP模块的PSPMODE控制位置1时,RD和RE端口就共同配合一起工作于PSP模式下,电路被自动组织成图 2.12 所示样式。

表 2.12 PSP 模块相关寄存器

寄存器名称	寄存器符号	寄存器地址	寄存器内容							
			Bit7	Bit6	Bit5	Bit4	Bit3	Bit2	Bit1	Bit0
D 口数据寄存器	PORTD	08H	RD7	RD6	RD5	RD4	RD3	RD2	RD1	RD0
E 口数据寄存器	PORTE	09H	—	—	—	—	—	RE2	RE1	RE0
E 口方向寄存器	TRISE	89H	IBF	OBF	IBOV	PSPMODE	—	3 位方向控制数据		
AD 控制寄存器 1	ADCON1	9FH	ADFM	—	—	—	PCFG3	PCFG2	PCFG1	PCFG0
第一外设中断标志寄存器	PIR1	0CH	PSPIF	ADIF	RCIF	TXIF	SSPIF	CCP1IF	TMR2IF	TMR1IF
第一外设中断使能寄存器	PIE1	8CH	PSPIE	ADIE	RCIE	TXIE	SSPIE	CCP1IE	TMR2IE	TMR1IE
中断控制寄存器	INTCON	0BH/8BH/10BH/18BH	GIE	PEIE	T0IE	INTE	RBIE	T0IF	INTF	RBIF

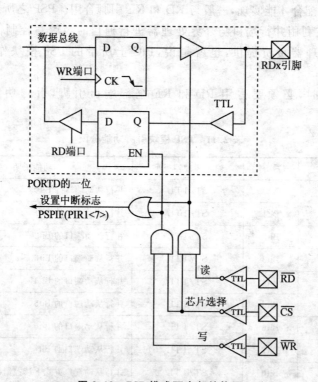

图 2.12 PSP 模式下内部结构图

在该模式下，RD 端口的 8 个引脚被用作 8 位数据通道，RE 端口的 3 个引脚则充当了读、写和片选控制信号输入端。

PSP 可以直接与外部处理器的 8 位数据总线进行接口，一般也可将外部处理器称为"上位机"，可以将 PSP 当作一个受控数据锁存器来进行操作。

2.4 中断系统

什么是中断？对初学者来说，中断这个概念比较抽象，其实单片机的处理系统与人的一般思维有着许多相似。举个很贴切的例子，在日常生活和工作中有很多类似的情况，假如你正在写文章，这时候电话响了，你在文稿上做个记号，然后与对方通电话，通话完毕，继续写你的文章。这就是生活中的"中断"现象，就是正常的工作过程被外部的事件打断了。

2.4.1 中断概述

单片机的中央处理器处理事情也是和人们写文章、接电话一样，单片机中只有一个CPU，但在同一时间内可能会面临着处理很多任务的情况，如一边要运行主程序同时还会面临数据的输入/输出、定时器/计数器溢出及一些外部的更重要的中断请求要先处理，此时也得有像人的思维一样停下某一样（或几样）工作先去完成一些紧急任务的中断方法。

仔细研究一下生活中的中断，对于学习单片机的中断很有好处。首先，什么引起中断？生活中很多事件可以引起中断：有人按了门铃、电话铃响了、你的闹钟响了等诸如此类的事件，把可以引起中断的事件称之为中断源。单片机中也有一些可以引起中断的事件。

由此可知，单片机的中断是指CPU在执行某一程序的过程中，由于系统内、外的某种原因而必须中止原程序的执行，转去执行相应的处理程序，待处理结束之后，再回来继续执行被中止的原程序的过程。这样类似的处理方法上升到计算机理论，就是一个资源面对多项任务的处理方式，由于资源有限，面对多项任务同时要处理时，就会出现资源竞争的现象。中断技术就是为了解决资源竞争的一个可行方法，采用中断技术可使多项任务共享一个资源，所以有些文献也称中断技术是一种资源共享技术。

2.4.2 PIC16F877 中断源

PIC系列单片机属于精简指令集微控制器，具有丰富的中断功能，其中功能强大的中、高档型号的中断源多达18种。本书所介绍的PIC16F87X系列单片机具有14种中断。PIC系列单片机与其他单片机中断最大的区别是：PIC系列单片机中断矢量只有一个，且各中断源之间没有优先级之分，不具备非屏蔽中断。因此，用户在应用过程中要注意这个特点。PIC16F87X系列单片机各中断源如表2.13所列。

表2.13 PIC16F87X系列单片机中断源

中断源种类	中断源标志位	中断源屏蔽位	873/876 (14种)	874/877 (13种)	870 (10种)	871 (11种)	872 (10种)
外部触发中断	INTF	INTE	√	√	√	√	√
TMR0溢出中断	T0IF	T0IE	√	√	√	√	√
RB端口电平变化中断	RBIF	RBIE	√	√	√	√	√
TMR1溢出中断	TMR1IF	TMR1IE	√	√	√	√	√

续表 2.13

中断源种类	中断源标志位	中断源屏蔽位	873/876(14种)	874/877(13种)	870(10种)	871(11种)	872(10种)
TMR2 中断	TMR2IF	TMR2IE	√	√	√	√	√
CCP1 中断	CCP1IF	CCP1IE	√	√	—	√	√
CCP2 中断	CCP2IF	CCP2IE	√	√	—	√	—
SCI 同步发送中断	TXIF	TXIE	√	√	—	√	—
SCI 同步接收中断	RCIF	RCIE	√	√	—	√	—
SSP 中断	SSPIF	SSPIE	√	√	—	√	—
SSP I²C 总线冲突中断	BCLIF	BCLIE	√	√	—	—	√
并行端口中断	PSPIF	PSPIE	—	√	—	√	—
A/D 转换中断	ADIF	ADIE	√	√	√	√	√
EEPROM 中断	EEIF	EEIE	√	√	√	√	√

由此可见，各中断源基本上与各个外围模块相对应，大多数的外围模块对应一个中断源，但也有个别外围模块对应两个中断源，如 USART 模块则对应两个中断源。用户应用时可以查询上表。

2.4.3 中断寄存器

正如其他模块一样，PIC 系列单片机的中断也由相关寄存器来控制。与中断相关的寄存器共有 6 个，分别是选项寄存器 OPTION_REG、中断控制寄存器 INTCON、第一外围设备中断标志寄存器 PIR1、第一外围设备中断屏蔽寄存器 PIE1、第二外围设备中断标志寄存器 PIR2 及第二外围中断屏蔽寄存器 PIE2。这 6 个寄存器在 RAM 数据存储器中有统一的编码地址，PIC 单片机可以把这 6 个特殊寄存器当作普通寄存器来访问。下面分别对这 6 个寄存器作简单介绍。

(1) 选项寄存器 OPTION_REG

选项寄存器是一个可读/写的寄存器，如表 2.14 所列。该寄存器包含与定时器/计数器 TMR0、分频器和端口 RB 有关的控制位。端口引脚和外部中断 INT 共用。

表 2.14 选项寄存器各位描述

寄存器名称	寄存器符号	寄存器地址	寄存器内容							
			Bit7	Bit6	Bit5	Bit4	Bit3	Bit2	Bit1	Bit0
选项寄存器	OPTION_REG	81H/181H	RBPU	INTEDG	T0CS	T0SE	PSA	PS2	PS1	PS0

INTEDG 位用来控制外部中断触发信号边沿选择位。INTEDG=1，选择 RB0/INT 上升沿触发有效；INTEDG=0，选择 RB0/INT 下降沿触发有效。

(2) 中断控制寄存器 INTCON

中断控制寄存器 INTCON 也是一个可读/写的寄存器，如表 2.15 所列。

第2章 PIC系列单片机系统的结构和工作原理

表 2.15 INTCON 寄存器各位描述

寄存器名称	寄存器符号	寄存器地址	寄存器内容							
			Bit7	Bit6	Bit5	Bit4	Bit3	Bit2	Bit1	Bit0
中断控制寄存器	INTCON	0BH/8BH/10BH/18BH	GIE	PEIE	T0IE	INTE	RBIE	T0IF	INTF	RBIF

各位功能如下：

GIE：全局中断屏蔽位。GIE=1，允许 CPU 响应所有中断源产生的中断请求；GIE=0，禁止 CPU 响应所有中断源产生的中断请求。

PEIE：外设中断屏蔽位。PEIE=1，允许 CPU 响应来自第二梯队的中断请求；PEIE=0，禁止 CPU 响应来自第二梯队的中断请求。

T0IE：TMR0 溢出中断屏蔽位。T0IE=1，允许 TMR0 溢出后产生中断；T0IE=0，禁止 TMR0 溢出后产生中断。

INTE：外部 INT 引脚中断屏蔽位。INTE=1，允许外部 INT 引脚产生中断；INTE=0，禁止外部 INT 引脚产生中断。

RBIE：端口 RB 的引脚 RB4～RB7 电平变化中断屏蔽位。RBIE=1，允许 RB 口产生中断；RBIE=0，禁止 RB 口产生中断。

T0IF：TMR0 溢出中断标志位。T0IF=1，TMR0 已经发生了溢出（必须用软件清零）；T0IF=0，TMR0 未发生溢出。

INTF：外部 INT 引脚中断标志位。INTF=1，外部 INT 引脚有中断触发信号（必须用软件清零）；INTF=0，外部 INT 引脚无中断触发信号。

RBIF：端口 RB 的引脚 RB4～RB7 电平变化中断标志位。RBIF=1，RB4～RB7 已经发生了电平变化（必须用软件清零）；RBIF=0，RB4～RB7 尚未发生电平变化。

(3) 第一外设中断标志寄存器 PIR1

第一外设中断标志寄存器 PIR1 也是一个可读/写的寄存器见表 2.16。

表 2.16 PIR1 寄存器各位描述

寄存器名称	寄存器符号	寄存器地址	寄存器内容							
			Bit7	Bit6	Bit5	Bit4	Bit3	Bit2	Bit1	Bit0
第一外设中断标志寄存器	PIR1	0CH	PSPIF	ADIF	RCIF	TXIF	SSPIF	CCPIF	TMR2IF	TMR1IF

该寄存器包含第一批扩展的外设模块的中断标志位，各位的含义如下：

PSPIF：并行端口中断标志位，只有 40 脚封装的型号才具备，对于 28 脚封装型号内容为 0。PSPIF=1，并行端口发生了读/写中断请求；PSPIF=0，并行端口未发生读/写中断请求。

ADIF：A/D 转换中断标志位。ADIF=1，发生了 A/D 转换中断；ADIF=0，未发生 A/D 转换中断。

RCIF：串行通信接口（SCI）接收中断标志位。RCIF=1，接收完成，即接收缓冲区满；RCIF=0，正在准备接收，即接收缓冲区空。

TXIF：串行通信接口(SCI)发送中断标志位。TXIF＝1，发送完成，即发送缓冲器空；TXIF＝0，正在发送，即发送缓冲器未空。

SSPIF：同步串行端口(SSP)中断标志位。SSPIF＝1，发送/接收完毕产生的中断请求(必须用软件清零)；SSPIF＝0，等待发送/接收。

CCP1IF：输入捕捉/输出比较/脉宽调制 CCP1 模块中断标志位。

① 输入捕捉模式下：CCP1IF＝1，发生了捕捉中断请求(必须用软件清零)；CCP1IF＝0，未发生捕捉中断请求。

② 输出比较模式下：CCP1IF＝1，发生了比较输出中断请求(必须用软件清零)；CCP1IF＝0，未发生比较输出中断请求。

③ 脉宽调制模式下：无用。

TMR2IF：定时器/计数器 TMR2 模块溢出中断标志位。TMR2IF＝1，发生了 TMR2 溢出(必须用软件清零)；TMR2IF＝0，尚未发生 TMR2 溢出。

TMR1IF：定时器/计数器 TMR1 模块溢出中断标志位。TMR1IF＝1，发生了 TMR1 溢出(必须用软件清零)；TMR1IF＝0，尚未发生 TMR1 溢出。

(4) 第一外设中断屏蔽寄存器 PIE1

第一外设中断屏蔽寄存器 PIE1 也是一个可读/写的寄存器，见表 2.17。

表 2.17　PIE1 寄存器各位描述

寄存器名称	寄存器符号	寄存器地址	寄存器内容							
			Bit7	Bit6	Bit5	Bit4	Bit3	Bit2	Bit1	Bit0
第一外设中断屏蔽寄存器	PIE1	8CH	PSPIE	ADIE	RCIE	TXIE	SSPIE	CCP1IE	TMR2IE	TMR1IE

该寄存器包含第一批扩展的外设模块的中断标志位，各位的含义如下：

PSPIE：并行端口中断屏蔽位，只有 40 脚封装的型号才具备，对于 28 脚封装型号内容为 0。PSPIE＝1，开放并行端口读/写发生的中断请求；PSPIE＝0，屏蔽并行端口读/写发生的中断请求。

ADIE：模拟/数字转换中断屏蔽位。ADIE＝1，开放 A/D 转换器的中断请求；ADIE＝0，屏蔽 A/D 转换器的中断请求。

RCIE：串行通信接口(SCI)接收中断屏蔽位。RCIE＝1，开放 SCI 接收中断请求；RCIE＝0，屏蔽 SCI 接收中断请求。

TXIE：串行通信接口(SCI)发送中断屏蔽位。TXIE＝1，开放 SCI 发送中断请求；TXIE＝0，屏蔽 SCI 发送中断请求。

SSPIE：同步串行端口(SSP)中断屏蔽位。SSPIE＝1，开放 SSP 模块产生的中断请求；SSPIE＝0，屏蔽 SSP 模块产生的中断请求。

CCP1IE：输入捕捉/输出比较/脉宽调制 CCP1 模块中断屏蔽位。CCP1IE＝1，开放 CCP1 模块产生的中断请求；CCP1IE＝0，屏蔽 CCP1 模块产生的中断请求。

TMR2IE：定时器/计数器 TMR2 模块溢出中断屏蔽位。TMR2IE＝1，开放 TMR2 溢出发生的中断；TMR2IE＝0，屏蔽 TMR2 溢出发生的中断。

第2章 PIC系列单片机系统的结构和工作原理

TMR1IE：定时器/计数器 TMR1 模块溢出中断屏蔽位。TMR1IE=1，开放 TMR1 溢出发生的中断；TMR1IE=0，屏蔽 TMR1 溢出发生的中断。

(5) 第二外设中断标志寄存器 PIR2

第二外设中断标志寄存器 PIR2 也是一个可读/写的寄存器，见表 2.18。

表 2.18 PIR2 寄存器各位描述

寄存器名称	寄存器符号	寄存器地址	寄存器内容							
			Bit7	Bit6	Bit5	Bit4	Bit3	Bit2	Bit1	Bit0
第二外设中断标志寄存器	PIR2	0DH	—	—	—	EEIF	BCLIF	—	—	CCP2IF

该寄存器包含第二批扩展的外设模块的中断标志位，各位的含义如下：

EEIF：EEPROM 写操作中断标志位。EEIF=1，写操作已经完成（必须用软件清零）；EEIF=0，写操作未完成或尚未开始进行。

BCLIF：I^2C 总线冲突中断标志位。当同步串行端口 MSSP 模块被配置成 I^2C 总线的主控模式时。BCLIF=1，发生了总线冲突；BCLIF=0，未发生总线冲突。

CCP2IF：输入捕捉/输出比较/脉宽调制 CCP2 模块中断标志位。

① 输入捕捉模式下：CCP2IF=1，发生了捕捉中断请求（必须用软件清零）；CCP2IF=0，未发生捕捉中断请求。

② 输出比较模式下：CCP2IF=1，发生了输出比较中断请求（必须用软件清零）；CCP2IF=0，未发生输出比较中断请求。

③ 脉宽调制模式下：无用。

(6) 第二外设中断屏蔽寄存器 PIE2

第二外设中断屏蔽寄存器 PIE2 也是一个可读/写的寄存器，见表 2.19。

表 2.19 PIE2 寄存器各位描述

寄存器名称	寄存器符号	寄存器地址	寄存器内容							
			Bit7	Bit6	Bit5	Bit4	Bit3	Bit2	Bit1	Bit0
第二外设中断屏蔽寄存器	PIE2	8DH	—	—	—	EEIE	BCLE	—	—	CCP2IE

该寄存器包含第二批扩展的外设模块的中断标志位，各位的含义如下：

EEIE：EEPROM 写操作中断屏蔽位。EEIE=1，开放 EEPROM 写操作产生的中断请求；EEIE=0，屏蔽 EEPROM 写操作产生的中断请求。

BCLIE：总线冲突中断屏蔽位。BCLIE=1，开放总线冲突产生的中断请求；BCLIE=0，屏蔽总线冲突产生的中断请求。

CCP2IE：输入捕捉/输出比较/脉宽调制 CCP2 模块中断屏蔽位。CCP2IE=1，开放 CCP2 模块产生的中断请求；CCP2IE=0，屏蔽 CCP2 模块产生的中断请求。

2.4.4 中断处理

单片机在上电或复位后,由硬件自动对全局中断屏蔽位进行清零,即 GIE=0,此时将屏蔽所有的中断源;当执行完中断服务程序的返回指令 RETFIE 后,硬件会自动置位全局中断屏蔽位,即 GIE=1,重新开放中断。不管各种中断屏蔽位和全局中断屏蔽位 GIE 处于何种状态,某一中断源的中断条件满足时,都会发出中断请求,相应的中断标志位也都会置位。但是并不是每个中断请求都可以得到响应,要根据该中断源所涉及的中断屏蔽位的状态而定。

CPU 响应中断后,由硬件自动对全局中断屏蔽位进行清零,屏蔽所有中断源,以免重复发生中断响应,然后由硬件自动把当前的程序计数器 PC 值(即程序断点地址)压入堆栈,并且把 PC 寄存器置以中断向量地址(0004H),从而转向并开始执行中断服务子程序。进入中断服务子程序后有些标志位要软件来清零,以免中断返回时再次引起中断。中断服务子程序最后必须有一条 RETFIE 指令,执行这条指令后不仅可以重新开中断,还可以由硬件自动将保留在堆栈顶部的断点地址弹出,并放回到程序计数器 PC 中,使 CPU 返回和继续执行被中断的主程序。由此可知,中断的处理过程是:保护现场→执行中断服务程序→中断返回。

2.5 定时器/计数器

随着单片机技术的不断发展,定时器/计数器已经成为单片机内部的标准配置资源。在 PIC16F87X 中档系列单片机中有 TMR0、TMR1、TMR2 三个具有代表性的定时器。有了定时器/计数器模块,单片机可以帮助用户完成很多与计时相关的工作,减少了 CPU 占用率。

2.5.1 TMR0 主要特征

TMR0 是所有 PIC 单片机都具有的一个标准定时器/计数器资源。TMR0 的基本特点如下:
① 它是一个具有 8 位宽度的定时器/计数器。
② 定时寄存器的当前计数值可读/写。
③ 可以附带一个 8 位宽度的预分频器。
④ 可以选择内部指令周期计数或外部输入脉冲计数。
⑤ 以递增方式计数,当计数值从 FFH 溢出变回 00H 时产生溢出标志,触发中断。
⑥ 当设为外部脉冲计数时,可以选择是上升沿计数还是下降沿计数。
⑦ 它是一个在文件寄存器区域统一编址的寄存器,地址为 01H 或 101H。
定时器/计数器 TMR0 模块的内部结构如图 2.13 所示。

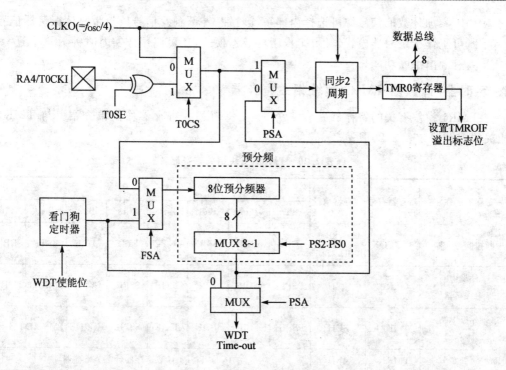

图 2.13 TMR0 内部结构图

2.5.2 TMR1 主要特征

定时器/计数器 TMR1 为 16 位,附带一个 2 位的可编程预分频器和一个可选的低功耗低频晶体振荡器。TMR1 的主要用途如下:

① TMR1 可以像 TMR0 一样,用作时间定时器和事件计数器。

② 可以借助自带的低频晶体振荡器,用来实现记录和计算真实的年、月、日、时、分、秒的实时时钟 RTC 功能。

③ 在硬件结构上,TMR1 还可以与 CCP 模块配合使用,实现输入捕捉和输出比较功能。

TMR1 是由两个 8 位的寄存器 TMR1H 和 TMR1L 所组成的 16 位定时器/计数器,是软件可读/写的。这两个寄存器都在 RAM 中具有统一编码地址。TMR1 寄存器对 TMR1H 和 TMR1L 从 0000H 递增到 FFFFH,之后再返回到 0000H 时,会产生高位溢出,并且同时将溢出中断标志位 TMR1IF 设置为 1。如果此前相关的中断使能控制位都被使能,还会引起 CPU 的中断响应。通过对中断使能位 TMR1IE 置 1 或清 0,可以允许或禁止 CPU 响应 TMR1 的溢出中断。

定时器/计数器 TMR1 的特征归纳如下:

① 核心是一个 16 位的由时钟信号上升沿触发的循环累加器计数寄存器对 TMR1H 和 TMR1L;

② TMR1H 和 TMR1L 也是在 RAM 中统一编址的寄存器,地址为 0EH 和 0FH;

③ 可用软件方式直接读/写 TMR1 寄存器对的内容;

④ 具有一个可选用的 2 位可编程预分频器;

⑤ 用于累加计数的信号源可选择内部系统时钟、外部触发信号或自带晶体振荡器信号；
⑥ 既可工作于定时器模式，又可工作于计数器模式，还可以用作实时时钟 RTC；
⑦ 具有溢出中断功能。

1. 定时器/计数器 TMR1 模块相关寄存器

与 TMR1 模块有关的寄存器共有 6 个，下文将对相关寄存器作简单介绍。与 TMR1 模块相关的寄存器如表 2.20 所列。

表 2.20 TMR1 模块相关寄存器

寄存器名称	寄存器符号	寄存器地址	寄存器内容							
			Bit7	Bit6	Bit5	Bit4	Bit3	Bit2	Bit1	Bit0
中断控制寄存器	INTCON	0BH/8BH/10BH/18BH	GIE	PEIE	T0IE	INTE	RBIE	T0IF	INTF	RBIF
第一外设中断标志寄存器	PIR1	0CH	PSPIF	ADIF	RCIF	TXIF	SSPIF	CCPIF	TMR2IF	TMR1IF
第一外设中断屏蔽寄存器	PIE1	8CH	PSPIE	ADIE	RCIE	TXIE	SSPIE	CCP1IE	TMR2IE	TMR1IE
TMR1 低字节	TMR1L	0EH	16 位 TMR1 计数寄存器低字节寄存器							
TMR1 高字节	TMR1H	0FH	16 位 TMR1 计数寄存器高字节寄存器							
TMR1 控制寄存器	T1CON	10H	—	—	T1CKPS1	T1CKPS0	T1OSCEN	T1SYNC	TMR1CS	TMR1ON

与中断相关的寄存器在此不多作介绍，下面将介绍一下 TMR1 本身相关的寄存器各位功能。

TMR1 控制寄存器（T1CON）各位描述见表 2.21。

表 2.21 T1CON 寄存器各位描述

寄存器名称	寄存器符号	寄存器地址	寄存器内容							
			Bit7	Bit6	Bit5	Bit4	Bit3	Bit2	Bit1	Bit0
TMR1 控制寄存器	T1CON	10H	—	—	T1CKPS1	T1CKPS0	T1OSCEN	T1SYNC	TMR1CS	TMR1ON

T1CON 寄存器只用到低 6 位，最高 2 位没有用到，读出时返回为 0，其余各位含义如下介绍。

① T1CKPS1～T1CKPS0：分频器分频比选择位，如表 2.22 所列。

表 2.22 TMR1 分频器分频比选择

T1CKPS1～T1CKPS0	分频比	T1CKPS1～T1CKPS0	分频比
00	1:1	10	1:4
01	1:2	11	1:8

② T1OSCEN：TMR1 自带振荡器使能位。1＝允许 TMR1 振荡器起振；0＝禁止 TMR1 振荡器起振，令非门的输出端呈高阻态。

③ T1SYNC：TMR1 外部输入时钟与系统时钟同步控制位。
- TMR1 工作于计数器方式（TMR1CS＝1 时）：1＝TMR1 外部输入时钟与系统时钟不保持同步；0＝TMR1 外部输入时钟与系统时钟保持同步。
- TMR1 工作于定时器方式（TMR1CS＝0 时）：该位不起作用。

④ TMR1CS：时钟源选择位。1＝选择外部时钟源，即时钟信号来源于外部引脚或自带振荡器；0＝选择内部时钟源（$f_{osc}/4$）。

⑤ TMR1ON：TMR1 使能控制位（这一点优于不能被关闭的 TMR0）。1＝启用 TMR1，使 TMR2 进入活动状态；0＝关闭 TMR1，使 TMR2 退出活动状态，以降低能耗。

2. 定时器/计数器 TMR1 模块的电路结构

定时器/计数器 TMR1 模块的内部结构如图 2.14 所示。

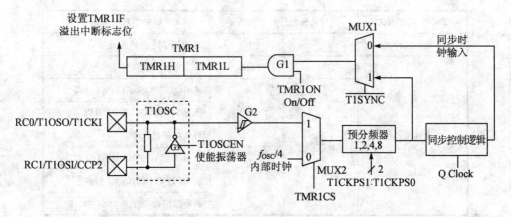

图 2.14　TMR1 内部结构图

TMR1 包含 8 个组成部分。下面分析各个部分的功能和组成关系。

① 核心部分是一个由寄存器对 TMR1H 与 TMR1L 构成的 16 位累加计数器，其初值可以是 0000H（默认状态），或是 0000H～FFFFH 范围内由用户设定一个值。

② 一个 2 输入端与门 G1，对于送入计数器的时钟脉冲或触发信号，起到是否允许通过的控制作用。

③ 一个信号复用器 MUX1，允许输入时钟途经两个不同的路径。

④ 同步控制逻辑，将经过外部引脚送入的触发信号（有时统称为时钟信号，即数字电路中泛称的时钟概念，而不是用作计时的时钟）与单片机内部的系统进行同步，实际是一个上升沿检测电路。

⑤ 3 位宽的预分频器，允许选择 4 种不同的分频比（1:1、1:2、1:4 或 1:8）。

⑥ 另一个信号复用器 MUX2，允许输入时钟信号有两个不同的来源：一个是由内部系统时钟产生的指令周期；另一个是取自外部引脚的触发信号或自带振荡器。

⑦ 一个施密特触发器 G2，用于对来自外部引脚的触发信号或自带振荡器产生的时钟信号进行整形。

⑧ 一个由受控三态门 G3 构成的独立的低频低功耗晶体振荡器，用来为 TMR1 提供独立于系统时钟的时间基准信号。只有当使能端 T1OSCEN 设置为高电平时，振荡器才能够工作；而当 T1OSCEN 端送来低电平时，不仅振荡器不能工作，而且非门 G3 的输出端还要呈现高阻

状态。在这种情况下,工作于计数器方式的 TMR1 需要的触发信号可以从 T1OSO 端输入。

3. 定时器/计数器 TMR1 模块的工作原理

TMR1 有两种工作方式:定时器方式和计数器方式。其中计数器方式又分为同步计数器工作方式和异步计数器工作方式。TMR1 的时钟信号或触发信号共有 4 种获取方式:

① 由内部系统时钟 4 分频后获取,即取自指令周期;
② 从 RC0/T1OSO/T1CKI 引脚获取;
③ 从 RC1/T1OSI/CCP2 引脚获取;
④ 自带振荡器产生。

TMR1 各种工作方式之间的相互关系如表 2.23 所列。

表 2.23 TMR1 各种工作方式间的关系

TMR1 工作方式		与系统时钟同步关系	时钟信号的来源
禁止工作		—	时钟信号路径被关闭
允许工作	定时器	自动同步	取自指令周期信号
	计数器	同步	从 RC0/T1OSO/T1CKI 引脚
			从 RC1/T1OSI/CCP2 引脚
			自带振荡器产生
		异步	从 RC0/T1OSO/T1CKI 引脚
			从 RC1/T1OSI/CCP2 引脚
			自带振荡器产生

TMR1 的工作方式由 TMR1CS 控制位来决定。当 TMR1 工作于定时器方式时,TMR1 内部的 16 位计数器在每个指令周期到来时增量;当 TMR1 工作于计数器方式时,TMR1 内部的 16 位计数器在每个外部时钟输入的上升沿到来时增量。

一旦 TMR1 自带的振荡器被使能(T1OSCEN=1),RC1/T1OSI/CCP2 和 RC0/T1OSO/T1CKI 两引脚就被自动地设定为专用引脚。这就是说,此时 TRISC 方向寄存器位 1~0 的值将被忽视。

2.5.3 TMR2 主要特征

TMR2 为 8 位,附带一个 4 位的可编程预分频器、一个 4 位的可编程后分频器及一个可编程的 8 位周期寄存器 PR2,其主要用途如下:

① TMR2 可以用作时间定时器,但是不能用作事件计数器;
② 可以为主同步串行端口 MSSP 模块(SPI 模式)提供波特率时钟;
③ 在硬件结构上,TMR2 还可以与 CCP 模块配合使用,来实现脉宽调制 PWM 功能。

TMR2 模块的核心是一个 8 位计数器,也是软件可读/写的。TMR2 按递增规律计数,从某一起始值(可由程序设置,默认为 00H)开始递增,到与周期寄存器 PR2 内容匹配为止,之后在下一次递增时则返回到 00H,并且会产生高位溢出信号。该溢出信号将作为后分频器的计数脉冲。在后分频器产生溢出时,才会将溢出中断标志位 TMR2IF 置 1。如果此前把相关的中断使能位都置 1,还会引起 CPU 响应中断。通过对中断使能位 TMR2IE 的置 1 或清 0,即可允许或禁止 CPU 响应 TMR2 产生的中断请求。

定时器 TMR2 的特性归纳如下:
① 核心是一个 8 位的累加计数寄存器 TMR2;
② TMR2 在 RAM 空间内有统一的编址,地址为 11H;
③ 可以用软件方式直接读/写 TMR2 的内容;
④ 具有一个可选用的、分频比有 3 种值的可编程 2 位预分频器;
⑤ 具有一个可选用的、分频比可连续编程的 4 位后分频器;
⑥ 自带一个 8 位周期寄存器;
⑦ 用于累加计数的信号源只能选择内部系统时钟,因此只能工作于定时器模式;
⑧ 具有溢出次数经过分频的溢出中断功能;
⑨ 可以被用户软件关闭,以使其退出工作状态。

1. 定时器/计数器 TMR2 模块相关寄存器

与 TMR2 模块有关的寄存器共有 6 个,这 6 个寄存器中的前 3 个寄存器的功能及各位作用在前文已有介绍。这里对 TMR2 控制寄存器 T2CON 作全面介绍。与 TMR2 相关的寄存器如表 2.24 所列。

表 2.24 TMR2 模块相关寄存器

寄存器名称	寄存器符号	寄存器地址	寄存器内容							
			Bit7	Bit6	Bit5	Bit4	Bit3	Bit2	Bit1	Bit0
中断控制寄存器	INTCON	0BH/8BH/10BH/18BH	GIE	PEIE	T0IE	INTE	RBIE	T0IF	INTF	RBIF
第一外设中断标志寄存器	PIR1	0CH	PSPIF	ADIF	RCIF	TXIF	SSPIF	CCPIF	TMR2IF	TMR1IF
第一外设中断屏蔽寄存器	PIE1	8CH	PSPIE	ADIE	RCIE	TXIE	SSPIE	CCP1IE	TMR2IE	TMR1IE
TMR2 工作寄存器	TMR2	11H	8 位 TMR2 计时寄存器							
TMR2 控制寄存器	T2CON	12H	—	TOUTPS3	TOUTPS2	TOUTPS1	TOUTPS0	TMR2ON	T2CKPS1	T2CKPS0
TMR2 周期寄存器	PR2	92H	TMR2 定时周期寄存器							

TMR2 控制寄存器(T2CON)各位描述如表 2.25 所列。

表 2.25 T2CON 寄存器各位描述

寄存器名称	寄存器符号	寄存器地址	寄存器内容							
			Bit7	Bit6	Bit5	Bit4	Bit3	Bit2	Bit1	Bit0
TMR2 控制寄存器	T2CON	12H	—	TOUTPS3	TOUTPS2	TOUTPS1	TOUTPS0	TMR2ON	T2CKPS1	T2CKPS0

T2CON 是一个只用到低 7 位的可读/写寄存器,最高位没有使用,读出返回为 0,其余各位含义如下描述。

① TOUTPS3～TOUTPS0：TMR2 后分频器分频比选择位，功能见表 2.26。

表 2.26　TMR2 后分频器分频比选择

TOUTPS3～TOUTPS0	后分频器分频比	TOUTPS3～TOUTPS0	后分频器分频比
0000	1∶1	0011	1∶4
0001	1∶2	…	…
0010	1∶3	1111	1∶16

② TMR2ON：TMR2 使能控制位（这一点优于不能被关闭的 TMR0）。1＝启用 TMR2；0＝关闭 TMR2，可以降低功耗。

③ T2CKPS1～T2CKPS0：预分频器分频比选择位，功能见表 2.27。

表 2.27　TMR2 预分频器分频比选择

T2CKPS1～T2CKPS0	预分频器分频比	T2CKPS1～T2CKPS0	预分频器分频比
00	1∶1	10	1∶16
01	1∶1	11	1∶16

2. 定时器 TMR2 模块的电路结构

定时器/计数器 TMR2 模块的内部结构如图 2.15 所示。

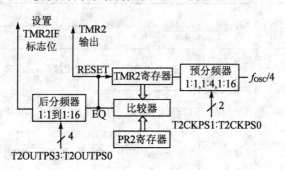

图 2.15　TMR2 的内部结构图

TMR2 各个部分的功能和组成关系如下：

① 核心部分是一个 8 位计数器 TMR2。其初始值默认是 00H，也可以在 00H～FFH 范围内由用户设定一个初始值。

② 2 位预分频器，对于进入 TMR2 的时钟信号进行预分频，允许 3 种不同的分频比。

③ 周期寄存器 PR2 也是一个 8 位可读/写寄存器，用来预置作为 TMR2 循环计数的循环周期值。芯片复位后 PR2 寄存器被自动设置为全 1。

④ 比较器是一个 8 位的按位比较逻辑电路。只有当参加比较的两组数据完全相同时，匹配输出端才会输出高电平，其他情况下该输出端均保持低电平。

⑤ 4 位后分频器。对于比较器输出信号进行后续分频，允许连续选择 16 种分频比。

⑥ 因为 TMR2 的工作是可控的，所以还应包含一个控制门。只有当 TMR2 使能位 TMR2ON 置 1，TMR2 才能进入活动状态。

定时器 TMR2 模块,只有一种工作方式——定时器方式,其时钟信号也只有一种获取方式:由内部系统时钟 4 分频后获取,即取自指令周期信号 $f_{osc}/4$。

2.6 输入捕捉/输出比较/脉宽调制 CCP

CCP 是英文单词 Capture(捕捉)、Compaer(比较)和 PWM(脉宽调制)的缩写。在低档 PIC 系列单片机中没有配置,在中档 PIC 系列单片机中的部分型号配置了一个,而在高档 PIC 系列单片机中的部分型号还配置了多个 CCP,具体请参考数据手册。虽然不同芯片内 CCP 个数不同,但它们的工作原理和使用方法相同,如下所示。

① 捕捉,即捕捉一个事件发生时的时间值。在单片机中所谓的事件即为外部电平变化,也就是输入引脚上的上升沿或下降沿。当引脚输入信号发生沿跳变时,CCP 模块的捕捉功能就能马上把此时 TMR1 的 16 位计数值记录下来。

② 比较,即当 TMR1 在运行计数时,与事先设定的一个值来进行比较,当两者相等时就会立即通过引脚向外输出一个设定的电平或触发一个特殊事件。

③ 脉宽调制,即输出频率固定但占空比可调的矩形波。

CCP 模块中包含一个 16 位可读/写寄存器,这个寄存器既作为 16 位输入捕捉寄存器,又作为 16 位输出比较寄存器,还可作为脉宽调制 PWM 输出信号的占空比设置主、从寄存器。

PIC16F877 内部自带两个 CCP 模块。CCP1 和 CCP2 两个模块的结构、功能以及操作方法基本一样,区别仅在于各自有独立的外接引脚,有独立的 16 位寄存器 CCPR1 和 CCPR2,且寄存器地址也不相同,最重要的是只有 CCP2 模块可以被用于触发启动数/模转换器 ADC。

CCP1 模块的 16 位寄存器 CCPR1 由两个 8 位寄存器 CCPR1H 和 CCPR1L 组成;而 CCP2 模块的 16 位寄存器 CCPR2 由另外两个 8 位寄存器 CCPR2H 和 CCPR2L 构成。以上这 4 个寄存器都可以单独读/写。CCP 模块的 3 种工作模式都与定时器有关,其与定时器模块之间的关系如表 2.28 所列。

表 2.28 CCP 工作模式和定时器关系

CCP 模块工作模式	时钟源
捕捉器	TMR1
比较器	TMR1
脉宽调制器	TMR2

从表 2.28 可以看出,当 CCP 模块工作在捕捉器模式和比较器模式时要靠 TMR1 的支持;而当工作在脉宽调制器时需要 TMR2 的支持。

因为 CCP1 和 CCP2 两个模块基本一样,所以下面仅对 CCP1 模块进行介绍。

2.6.1 输入捕捉模式

输入捕捉模式适合用于测量引脚输入的周期性方波信号的周期、频率和占空比等,也适合用于测量引脚输入的非周期性矩形脉冲信号的宽度、到达时刻或消失时刻等参数。当 CPP 模块工作于输入捕捉模式、下列事件出现时,TMR1 定时器中的 16 位计数值将会立即被复制到 CCPRxH、CCPRxL 寄存器中:

● 输入信号的每个上升沿;
● 输入信号的每个下降沿;

- 输入信号每隔 4 个上升沿;
- 输入信号每隔 16 个上升沿。

具体是哪个事件触发 CCPR1 的捕捉功能,由 CCP1 的控制寄存器设定。当一个捕捉事件发生后,硬件自动将 CCP1 的中断标志位 CCP1IF 置 1,表示产生了一次 CCP1 捕捉中断,CCP1IF 必须用软件来清零。当 CCPR1 寄存器中的值还没被程序读取,而下一个新的捕捉事件发生时,原来的值将被新的值覆盖。

与 CCP 模块捕捉模式有关的寄存器共有 15 个,这些寄存器大部分已经在前文有所介绍。表 2.29 列出与 CCP 模块相关的全部寄存器。

表 2.29 与 CCP 模块相关的寄存器

寄存器名称	寄存器符号	寄存器地址	寄存器内容							
			Bit7	Bit6	Bit5	Bit4	Bit3	Bit2	Bit1	Bit0
中断控制寄存器	INTCON	0BH/8BH/10BH/18BH	GIE	PEIE	T0IE	INTE	RBIE	T0IF	INTF	RBIF
第一外设中断标志寄存器	PIR1	0CH	PSPIF	ADIF	RCIF	TXIF	SSPIF	CCPIF	TMR2IF	TMR1IF
第二外设中断标志寄存器	PIR2	0DH	—	—	—	EEIF	BCLIF	—	—	CCP2IF
第一外设中断屏蔽寄存器	PIE1	8CH	PSPIE	ADIE	RCIE	TXIE	SSPIE	CCP1IE	TMR2IE	TMR1IE
第二外设中断屏蔽寄存器	PIE2	8DH	—	—	—	EEIE	BCLE	—	—	CCP2IE
RC 口方向寄存器	TRISC	87H	TRISC7	TRISC6	TRISC5	TRISC4	TRISC3	TRISC2	TRISC1	TRISC0
TMR1 低字节	TMR1L	0EH	16 位 TMR1 计数寄存器低字节寄存器							
TMR1 高字节	TMR1H	0FH	16 位 TMR1 计数寄存器高字节寄存器							
TMR1 控制寄存器	T1CON	10H	—	—	T1CKPS1	T1CKPS0	T1OSCEN	T1SYNC	TMR1CS	TMR1ON
CCP1 低字节	CCPR1L	15H	16 位 CCP1 寄存器低字节寄存器							
CCP1 高字节	CCPR1H	16H	16 位 CCP1 寄存器高字节寄存器							
CCP1 控制寄存器	CCP1CON	17H	—	—	CCP1X	CCP1Y	CCP1M3	CCP1M2	CCP1M1	CCP1M0
CCP2 低字节	CCPR2L	1BH	16 位 CCP2 寄存器低字节寄存器							
CCP2 高字节	CCPR2H	1CH	16 位 CCP2 寄存器高字节寄存器							
CCP2 控制寄存器	CCP2CON	1DH	—	—	CCP2X	CCP2Y	CCP2M3	CCP2M2	CCP2M1	CCP2M0

从表 2.29 可以看出,大部分寄存器前文都已有介绍,所以,此处重点介绍 CCP1CON 寄存器。

CCP1CON 寄存器只被 CCP 模块用到了低 6 位,最高 2 位为保留位,读出时返回为 0。Bit4 和 Bit5 在该模式下不用,下文再进行介绍。CCP1M3~CCP1M0 在捕捉模式下各位的含义如下:

- 0000 关闭 CCP1 模块；
- 0100 捕捉模式,捕捉 CCP1 脚送入的每一个脉冲下降沿；
- 0101 捕捉模式,捕捉 CCP1 脚送入的每一个脉冲上升沿；
- 0110 捕捉模式,捕捉 CCP1 脚送入的每 4 个脉冲下降沿；
- 0111 捕捉模式,捕捉 CCP1 脚送入的每 16 个脉冲下降沿；
- 10xx 比较模式,在比较器模式下作进一步介绍；
- 11xx 脉宽调制 PWM 模式,低 2 位不起作用。

其中 CCP1M3、CCP1M2 为工作模式粗选位,分别是禁止(00)、捕捉(01)、比较器(10)和脉宽调制(11)4 种之一；CCP1M1～CCP1M0 为工作模式细选位,分别在捕捉器和比较器模式下再细选出 4 种情况之一。

CCP1 工作于捕捉模式时的内部结构如图 2.16 所示。

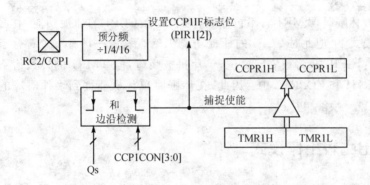

图 2.16 CCP1 模块输入捕捉模式内部结构图

CCP1 工作在捕捉模式时其各部件工作流程如下：

① 核心是一个 16 位宽的寄存器 CCPR1(对应 CCPR1H 和 CCPR1L),可以通过内部数据总线读/写。用它来转载或获取定时器 TMR1 的 16 位累加计数器值,受控于捕捉使能信号。

② TMR1 定时器的 16 位累加计数寄存器 TMR1(对应 TMR1H 和 TMR1L),也可以通过内部数据总线来读/写,为 CCP1 提供抓取的计数值。

③ 16 位并行受控三态门。各个门的控制端复连在一起,由捕捉使能信号统一控制。一般它们处于截止状态,只有当捕捉使能信号输出高电平时,16 个三态门一起打开,将此时的 TMR1 累计值获取到 CCPR1 中。

④ 4 位预分频器。允许用户选择不同的分频比,即 1、4、16 分频,其值由 CCP1CON 控制寄存器的低 4 位设定。

⑤ 正/负边沿检测电路。可以通过设定 CCP1CON 寄存器的低 4 位来设定输入脉冲的极性。

同步控制电路将外部引脚 CCP1 送入的脉冲边沿与系统时钟脉冲 Q 的边沿对齐。

输入捕捉模式下工作时应注意以下几种情况：

① CCP1 引脚设定。

在捕捉模式下,RC2/CCP1 引脚必须由相应方向控制寄存器 TRISC[2]设定为输入方式。当该引脚设置成输出方式时,每个写该端口的操作都会构成一次捕捉条件。

② TMR1 工作方式设定。

当 CCP 需要工作在输入捕捉模式时,TMR1 必须设定为定时器工作方式或同步计数器方式。如果 TMR1 工作在异步计数器方式,则 CCP 在捕捉模式下就不能进行正常操作。

③ 软件中断。

当 CCP 模块从捕捉模式改变成其他工作模式时,可能会产生一次错误的捕捉中断。因此,用户在改变捕捉模式之前必须清除 CCP1IE 中断使能位来屏蔽 CCP1 的中断请求,并且在捕捉模式改变之后将中断标志位 CCP1IF 清零,以免引起 CPU 的错误响应。

④ 预分频器。

通过 CCP1 控制寄存器 CCP1M3~CCP1M0 的设置,可以选择几种不同的分频比以及设定不同的边沿检测方式。如果 CCP 模块被关闭或设定为非捕捉模式时,其预分频计数器被清零。用任何方式对单片机复位都将使预分频器复位清零。

⑤ 休眠时进行唤醒。

当芯片进入休眠时,TMR1 将不再计数,为了配合 CCP1 的捕捉功能,它必须工作在定时器或同步计数模式下,但此时 CCP1 的捕捉功能仍然有效。一旦有一个符合条件的事件出现在 CCP1 引脚上,CCP1IF 将被立即置位,单片机被唤醒,但 TMR1 的计数值不会被复制到捕捉寄存器 CCPR1H 和 CCPR1L 中。因此,在休眠时单片机捕捉到事件对应的时间值没有太大意义,其作用就是唤醒单片机。

2.6.2 输出比较工作模式

输出比较模式一般适用于从单片机引脚上输出不同宽度的矩形正脉冲、负脉冲、延时驱动信号、可控硅驱动信号、步进电机驱动信号等。

输出比较模式的寄存器与输入捕捉模式几乎完全一样,只是 CCP1 控制寄存器 CCP1CON 的低 4 位设置方法不一样,见表 2.30。

表 2.30 CCP1CON 寄存器各位描述

寄存器名称	寄存器符号	寄存器地址	寄存器内容							
			Bit7	Bit6	Bit5	Bit4	Bit3	Bit2	Bit1	Bit0
CCP1 控制寄存器	CCP1CON	17H	—	—	CCP1X	CCP1Y	CCP1M3	CCP1M2	CCP1M1	CCP1M0

CCP1CON 的低 4 位(CCP1M3~CCP1M0)在输出比较模式下的含义如下:

- 0000 关闭 CCP1 模块;
- 01xx 捕捉模式,在捕捉模式已有介绍;
- 1000 比较模式,如果匹配,CCP1 引脚输出高电平,CCP1IF 置位。
- 1001 比较模式,如果匹配,CCP1 引脚输出低电平,CCP1IF 置位。
- 1010 比较模式,如果匹配,CCP1 引脚不变,CCP1IF 置位,产生软件中断。
- 1011 比较模式,如果匹配,CCP1 引脚不变,CCP1IF 置位,触发特殊事件:CCP1 将复位 TMR1;CCP2 将复位 TMR1 和启动 ADC(若 ADC 已被使能)。
- 11xx 脉宽调制 PWM 模式,低 2 位不起作用。

第 2 章　PIC 系列单片机系统的结构和工作原理

其中 CCP1M3～CCP1M2 为模式粗选位；CCP1M1～CCP1M0 为模式细选位，在比较模式下再细选 4 种情况之一。

CCP1 模块输出比较模式工作原理如图 2.17 所示。这时，通过软件先在 CCPR1H 和 CCPR1L 寄存器中设定一个 16 位的数值，TMR1 在计数过程中将与这个设定值进行对比，一旦两者相同就通过 CCP 模块内部硬件电路产生如下动作：
- 输出高电平；
- 输出低电平；
- 电平不发生变化，触发内部事件。

CCP1 引脚上输出何种状态将由 CCP1M3～CCP1M0 这 4 个控制位来决定，但不管设定为何种输出状态，在比较一致时都置位 CCP1IF 中断标志。与捕捉模式一样，此时 TMR1 也必须工作在内部定时器或同步计数器模式，不然将无法与 CCP 模块配合。

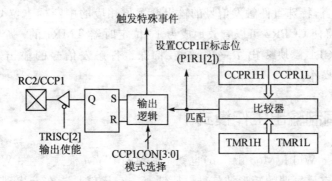

图 2.17　CCP1 模块输出比较模式工作原理图

CCP1 工作在输出比较模式时其各部件工作流程如下：

① 核心还是一个 16 位寄存器 CCPR1，用它来设定一个参与比较的 16 位时间基准值。

② 定时器的 16 位累加器 TMR1，为 CCP1 提供一个参与比较的 16 位、自由递增的计时值。

③ 比较器是一个 16 位按位比较逻辑电路。只有当参与比较的两组数据完全相同时，匹配输出端才会输出高电平，其他情况下该输出端均保持低电平。

④ 输出逻辑控制电路。用于选择比较器结果匹配时的行为类型，允许有 4 种不同类型的选择，由 CCP1CON 控制寄存器的低 4 位设定。

⑤ R-S 触发器。用于设定输出引脚的电平状态，S 输入端上的有效信号使能，Q 输出端呈高电平；R 输入端上的有效信号将使 Q 输出端呈低电平。

⑥ 受控三态门。受控于 RC 端口方向位 TRISC[2]。当该位清零时接通，反之则截止。

输出比较模式下工作时应注意以下几种情况：

① CCP1 引脚的设定。

在比较模式下，RC2/CCP1 引脚必须设为输入方式，即 TRISC[2] 设为 1，以便作为比较器的输出端使用。

② TMR1 工作方式设定。

当需要 CCP 工作在比较模式时，TMR1 必须设定为定时器方式或同步计数器方式。如果 TMR1 工作在异步计数器工作方式，则 CCP 在比较工作模式下就不能进行正常操作。

③ 产生软件中断方式。

当 CCP1M3～CCP1M0＝1010 时，CCP1 模块被设定在 4 种比较模式之一的软件中断方式。这时，如果比较器出现匹配，则引脚 CCP1 不受影响，而 CCP1IF 被置位。如果该中断标志位不受屏蔽，则会引起一次 CPU 的中断响应。

④ 触发特殊事件方式。

当 CCP1M3～CCP1M0＝1011 时，CCP1 模块被设定在 4 种比较模式之一的触发特殊事件方式。这时，如果比较器出现匹配，将会产生一个内部硬件触发信号，可以用它来启动一项特殊操作。

对 CCP1 模块而言，特殊事件触发信号的输出会置位相应中断标志位 CCP1IF，还会自动复位 TMR1，这将使得 CCPR1 可以有效地成为 16 位定时器 TMR1 的一个 16 位可编程周期寄存器。

对于 CCP2 而言，特殊事件触发信号的输出会置位相应的中断标志位 CCP2IF，也会自动复位 TMR1，这也将使 CCPR2 可以有效地成为 16 位定时器 TMR1 的一个 16 位可编程周期寄存器；另外，比 CCP1 模块多出了一项功能，特殊事件触发信号的输出，还可以启动一次 ADC 的数/模转换操作。

2.6.3 脉宽调制输出工作模式

脉宽调制(Pulse Width Modulation)也就是简称的 PWM 模式。在 PWM 模式下，单片机相关引脚能输出占空比可调的矩形波信号。所谓有占空比就是指在一串理想的脉冲序列中，正脉冲的持续时间与脉冲总周期的比值。PIC 单片机的 CCP 模式产生 PWM 时必须由 TMR2 配合实现，在这个模式下 TMR2 负责控制脉冲的周期，占空比的调整则由 CCPRxH 和 CCPRxL 寄存器来实现。

在编写程序时，按照下面的操作步骤，一般都能实现所需的 PWM 波形输出：

① 设定 PR2 寄存器，决定 PWM 方波的周期；
② 设定 DCxB[9:0]，决定 PWM 输出的高电平占空比；
③ 将相关 TRISx 寄存器的控制位清零，使 CCPx 引脚设为输出状态；
④ 设定 TMR2 的预分频系数并通过设定 T2CON 寄存器启动 TMR2 工作；
⑤ 配置 CCPx 模块使其进入 PWM 工作模式。

与 CCP 模块 PWM 模式有关的寄存器共有 15 个，见表 2.31，其中大部分与输入捕捉模式下的相同。

表 2.31 中大部分寄存器已在前文有所介绍，在此只对 CCP1 和 CCP2 模块工作在 PWM 模式下相关的一些位进行介绍，以便应用时查询。因为 CCP1CON 和 CCP2CON 寄存器的各位作用相同，所以只介绍 CCP1CON 寄存器，如表 2.32 所列。

CCP1CON 的各位在 PWM 模式下的含义如下：

① CCP1X～CCP1Y：CCP1 脉宽寄存器低端补充位。在 PWM 模式作为其脉宽寄存器的低 2 位，高 8 位在 CCPR1L 中。

② CCP1M3～CCP1M0：CCP1 工作模式选择位。0000，关闭 CCP1 模块，降低 CPU 功耗；11xx，脉宽调制 PWM 模式，低 2 位不起作用。

第 2 章 PIC 系列单片机系统的结构和工作原理

表 2.31 与 CCP 模块 PWM 模式相关的寄存器

寄存器名称	寄存器符号	寄存器地址	寄存器内容							
			Bit7	Bit6	Bit5	Bit4	Bit3	Bit2	Bit1	Bit0
中断控制寄存器	INTCON	0BH/8BH/10BH/18BH	GIE	PEIE	T0IE	INTE	RBIE	T0IF	INTF	RBIF
第一外设中断标志寄存器	PIR1	0CH	PSPIF	ADIF	RCIF	TXIF	SSPIF	CCPIF	TMR2IF	TMR1IF
第二外设中断标志寄存器	PIR2	0DH	—	—	—	EEIF	BCLIF	—	—	CCP2IF
第一外设中断屏蔽寄存器	PIE1	8CH	PSPIE	ADIE	RCIE	TXIE	SSPIE	CCP1IE	TMR2IE	TMR1IE
第二外设中断屏蔽寄存器	PIE2	8DH	—	—	—	EEIE	BCLE	—	—	CCP2IE
RC 口方向寄存器	TRISC	87H	TRISC7	TRISC6	TRISC5	TRISC4	TRISC3	TRISC2	TRISC1	TRISC0
TMR2 工作寄存器	TMR2	11H	8 位 TMR2 计时寄存器							
TMR2 周期寄存器	PR2	92H	TMR2 定时周期寄存器							
TMR2 控制寄存器	T2CON	12H	—	TOUTPS3	TOUTPS2	TOUTPS1	TOUTPS0	TMR2ON	T2CKPS1	T2CKPS0
CCP1 低字节	CCPR1L	15H	16 位 CCP1 寄存器低字节寄存器							
CCP1 高字节	CCPR1H	16H	16 位 CCP1 寄存器高字节寄存器							
CCP1 控制寄存器	CCP1CON	17H	—	—	CCP1X	CCP1Y	CCP1M3	CCP1M2	CCP1M1	CCP1M0
CCP2 低字节	CCPR2L	1BH	16 位 CCP2 寄存器低字节寄存器							
CCP2 高字节	CCPR2H	1CH	16 位 CCP2 寄存器高字节寄存器							
CCP2 控制寄存器	CCP2CON	1DH	—	—	CCP2X	CCP2Y	CCP2M3	CCP2M2	CCP2M1	CCP2M0

表 2.32 CCP1CON 寄存器各位描述

寄存器名称	寄存器符号	寄存器地址	寄存器内容							
			Bit7	Bit6	Bit5	Bit4	Bit3	Bit2	Bit1	Bit0
CCP1 控制寄存器	CCP1CON	17H	—	—	CCP1X	CCP1Y	CCP1M3	CCP1M2	CCP1M1	CCP1M0

在 PWM 模式下,TMR2 在计数过程中将同步进行两次比较:TMR2 和 CCPR1H 比较一致将使 RS 触发器的 R 端有效,从而使 CCP1 引脚输出低电平;TMR2 和 PR2 比较一致后使 RS 触发器的 S 端有效,从而使 CCP1 引脚输入高电平。值得注意的是:TMR2 自身只是 8 位计数,10 位分辨率的高电平宽度调整要利用单片机 1 个指令周期中的 4 个相位计数(2 位)配合实现。正是通过这两次计数值的比较实现了 PWM 高低电平的输出。

与比较输出模式类似,PWM 输出高低电平并非来自普通端口寄存器的输出锁存,而是直接由 CCP 模块输出,但要求 CCP1 引脚对应的端口方向控制寄存器相关数据位设为输出。CCP1 模块工作在 PWM 模式下的电路结构如图 2.18 所示。

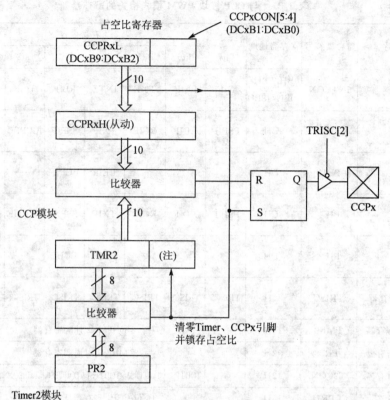

图 2.18 CCP1 模块 PWM 模式工作原理图

(1) PWM 信号的周期

PWM 的周期由 PR2 寄存器决定。TMR2 和 PR2 的比较只是 8 位的,所以 PWM 周期调整分辨率也只有 8 位。PWM 波形周期计算公式如下:

$$T_{PWM}=(PR2+1)\times 4\times T_{OSC}\times 预分频值(TMR2)$$

其中 T_{OSC} 为单片机的振荡周期。一般的应用都是为了得到特定周期输出方波,反过来求 PR2 的值,如以 4 MHz 振荡频率工作的单片机(一个振荡周期为 0.25 μs)需要产生 38 kHz 的方波(一个周期为 26.3 μs),取 TMR2 的预分频为 1:1,则有:

$$26.3\ \mu s=(PR2+1)\times 4\times 0.25\ \mu s\times 1$$

可以得到 PR2=25,此时输出方波频率误差为 1.2%。

当 TMR2 计数值等于 PR2 寄存器设定值后,下一个计数脉冲的到来将发生如下 3 个事件:

- TMR2 被清零;
- CCP1 引脚被置为高电平(当 PWM 占空比为 0 时例外);
- 新的 PWM 占空比设定值从 CCPR1L 被复制到 CCPR1H 中(共 10 位)。

PIC 中档系列单片机中多个 CCP 模块被同时配置成 PWM 工作模式时,由于内部有且只有一个 TMR2 定时器和 PR2 寄存器,所以所有 PWM 输出将都是相同的频率。

第 2 章　PIC 系列单片机系统的结构和工作原理

(2) PWM 信号的占空比

PWM 的占空比可以通过对寄存器 CCPR1L 和 CCP1CON[5:4]总共 10 位数据得到。其中 CCPR1L 为高 8 位数据,CCP1CON[5:4]为低 2 位数据。在很多应用中,如果只要 8 位分辨率的占空比,则只要简单地设置 CCPR1L 寄存器,CGP1CON[5:4]两位固定为 0 即可。PWM 脉宽的计算公式如下:

$$\text{PWM 脉宽} = (\text{CCPR1L:CCP1CON}[5:4]) \times T_{OSC} \times \text{预分频值(TMR2)}$$

其中 CCPR1L:CCP1CON[5:4]代表两个寄存器组合得到的 10 位数据；T_{OSC} 为系统时钟周期；TMR2 预分频可以是 1、4 或 16。

(3) PWM 信号占空比调整的绝对分辨率

调整占空比时,最小的时间宽度调整步距取决于 TMR2 的预分频设定值。表 2.33 列出了可能的几种设定。

表 2.33　预分频值设定

预分频值	T2CKPS1:T2CKPS0	最小时间宽度调整步距
1	00	T_{OSC}
4	01	T_{CY}
16	1x	$4T_{CY}$

注：T_{CY} 为 1/4 时钟周期。

由此可知,要提高占空比的调整精度,尽量使 TMR2 的预分频系数为 1。

2.7　片内 EEPROM 数据存储器

在实际工程应用中,用户经常要求掉电后也能保存当前运行过程中的数据,以便后期分析或进行贸易结算。要完成这个功能,通常要靠 EEPROM 器件来实现。一般常见的 EEPROM 有片外独立 EEPROM 和单片机自带 EEPROM。对于片外独立 EEPROM 常见的有 I^2C 和 SPI 结构,这将在后面章节介绍,本节重点介绍 PIC16F87X 片内自带 EEPROM 的使用方法。

2.7.1　片内 EEPROM 数据存储器概述

PIC16F87X 单片机内部有两种存储器,分别是用于存储数据的 EEPROM 和用于固化程序的 Flash。对于这些片内存储器的读/写操作方式有两种,也就是烧写和读出的途径有两种:

第一种是通过单片机的专用引脚或端口,借助于外部主控设备进行单片机内部 EEPROM 和 Flash 存储器的读/写操作。在读/写过程中不使用目标单片机中的 CPU,也就是说,读/写内部存储器时,目标单片机中的 CPU 处于静止状态,不执行任何程序。采用这种读/写方式时,操作方法有两种:一是需要把单片机芯片插入专用烧写器中,烧写完毕再放回电路中；二是在单片机装入目标板之后直接采用下载电缆进行烧写,称为在线编程(ISP、ICP 或 ICSP),这种方法不用将单片机拔离电路板,可以直接在电路板上烧写,方便用户使用。

第二种是单片机自身作为主控器件,通过执行预先固化其内的监控程序中的读/写专用程序段,操控对自身内部 EEPROM 和 Flash 存储器部分空间的读/写操作过程。自然读/写过程需要目标单片机中 CPU 的支持,所以与目标单片机中的 CPU 是有关的。这种方式属于应用中编程技术(IAP),借助于这种新兴的技术在产品出厂之后投入运行的过程中,随时可以对单片机软件进行遥控修改与版本升级。

以上第一种方法对目前任何一种单片机都适用;而第二种方法只有采用 IAP 技术的单片机才具备。对于 PIC16F87X 单片机内部的 EEPROM,它允许字节读/写操作而不影响 CPU 正常工作。当 CPU 访问 EEPROM 时,EEADR 存放指向某一单元的 8 位地址;EEDATA 存放 8 位读/写数据或者已经被读出的 8 位数据。在 PIC16F87X 内部的 EEPROM 容量为 256×8 位,因此对 EEPROM 内可以容纳的 8 位地址码被全部用到,即 $2^8=256$。

2.7.2 片内 EEPROM 数据存储器寄存器

在 PIC16F87X 单片机中与 EEPROM 相关的功能寄存器共有 7 个,还有 1 个系统配置字,它们在 RAM 中地址及各位功能如表 2.34 所列。

表 2.34 与 EEPROM 相关的寄存器和系统配置字

寄存器名称	寄存器符号	寄存器地址	寄存器内容							
			Bit7	Bit6	Bit5	Bit4	Bit3	Bit2	Bit1	Bit0
中断控制寄存器	INTCON	0BH/8BH/10BH/18BH	GIE	PEIE	T0IE	INTE	RBIE	T0IF	INTF	RBIF
EEPROM 地址寄存器	EEADR	10DH	A7	A6	A5	A4	A3	A2	A1	A0
EEPROM 数据寄存器	EEDATA	10CH	D7	D6	D5	D4	D3	D2	D1	D0
EEPROM 读/写控制第 1 寄存器	EECON1	18CH	EEPGD	—	—	—	WRERR	WREN	WR	RD
EEPROM 写控制 2 寄存器	EECON2	18DH	EEPROM 控制寄存器(不是一个物理存在的寄存器)							
第 2 外设中断标志寄存器	PIR2	0DH	—	—	—	EEIF	BCLIF	—	—	CCP2IF
第 2 外设中断使能寄存器	PIE2	8DH	—	—	—	EEIE	BCLIE	—	—	CCP2IE
系统配置字	Config Word	20007H	WRTBIT9	CPDBIT8	LVPBIT7	CP1BIT5	CP0BIT4	…	FOSC1	FOSC0

(1) EEPROM 地址寄存器 EEADR

EEADR 是一个可读/写寄存器。作为访问 EEPROM 某一指定单元的地址寄存器,也就是将要访问的单元地址内容先放入该寄存器。

(2) EEPROM 数据寄存器 EEDATA

EEDATA 是一个可读/写寄存器。它暂存即将烧写到 EEPROM 某一指定单元的数据,或者暂存已经从EEPROM某一指定单元读出的数据。

(3) EEPROM读/写控制第1寄存器EECON1

EECON1是一个用于设置读/写操作和启动读/写操作的控制寄存器。对于EEPROM和Flash读/写操作的控制需由多个状态位和控制位来实现。

对于读操作仅用一个控制位RD即可,原因是读操作对系统安全性的影响不大。一旦用户程序将该位置1,那么地址寄存器所指定的某一单元的内容,就被自动复制到数据寄存器。该控制位只能由软件置位,不能由软件清零,而硬件在一次读操作完成之后自动清0,所以说RD位又兼作读操作完成状态位。对EEPROM进行读操作时,RD被置位后,数据就立刻传送到EEDATA中。

对于写操作,将会用到两个控制位WR和WREN以及两个状态位WRERR和EEIF。WREN用于控制写操作是否被允许。在执行一次写操作之前,必须先对WREN控制位置1,从而有利于提高系统的安全性。因为写操作会对系统的安全性构成很大的威胁,所以多设置了几道关卡。此后,一旦用户程序将WR置1,那么数据寄存器EEDATA里的数据就被自动复制到地址寄存器EEADR所指定的某一单元中。该控制位只能由软件置位,不能由软件清零,而硬件在一次写操作完成后自动清零,所以说WR位又兼写操作完成状态位。

对EEPROM数据存储进行写操作时,一旦WREN和WR被置位,EEADR寄存器中地址码所指定的单元先被删除,然后才将EEDATA寄存器的内容烧写到该单元中。EEPROM的写操作可以与CPU并行工作,即在写操作的同时不影响CPU执行用户程序。只是在写操作完成后,状态位EEIF被硬件自动置位,EEIF可以用来判断写操作是否完成,此位必须在WR置位之前软件清零。

WREER状态位用于记录在正常写操作期间,单片机是否发生过复位。在初始化上电复位之后,该位将被硬件自动清零。因此,应该在任何其他方式的复位之后检查这一位。在进行正常写操作期间,当发生MCLR复位或WDT超时溢出复位时,WRERR位都将被置位,所以,在这些复位操作发生之后,用户程序必须检查这一位。如果WRERR为1,则要重新烧写。但是,在正常写操作期间发生MCLR复位和WDT复位时,数据寄存器、地址寄存器和EEPGD控制位的值保持不变,这就便于恢复原先的写操作。

EECON1寄各位的含义如下:

① EEPGD:设定是数据存储器还是程序存储器作为访问对象的选择位。值得注意的是,在读/写操作正在进行时,这位不可改变。EEPGD=1,选择Flash程序存储器;EEPGD=0,选择EEPROM数据存储器。

② WRERR:EEPROM写操作过程出错标志位。WRERR=1,一次写操作没有执行完毕,发生了MCLR复位或WDT复位;WRERR=0,一次写操作被完成或没有发生错误。

③ WREN:EEPROM写操作使能控制位。WREN=1,允许写操作;WREN=0,禁止写操作。

④ WR:EEPROM一次写操作启动控制位兼状态位。用软件只能置位,不能清零。WR=1,启动一次写操作,在一次写操作完成后由硬件清零;WR=0,一次写操作已经完成或没有启动写操作。

⑤ RD:EEPROM一次读操作启动控制位兼状态位。用软件只能置位,不能清零。RD=1,启动一次读操作,在一次读操作完成后由硬件自动清零;RD=0,未启动读操作或一次读操

作已完成。

(4) EEPROM 写控制第 2 寄存器 EECON2

EECON2 寄存器不是一个物理存在的寄存器,它被专门用在写操作的安全控制上,以避免意外写操作,实际上就是将该寄存器单元的地址给专用化了。访问它时,就相当于启动内部一个写操作硬件口令验证电路,确保写操作万无一失。

(5) 第 2 外围设备中断标志寄存器 PIR2

PIR2 是一个可读/写的寄存器,包含第 2 批扩展外围模块的中断标志位,不过在此只关注与 EEPROM 有关的中断标志位。EEIF:EEPROM 写操作中断标志位。EEIF=1,写操作已经完成(必须用软件清零);EEIF=0,写操作未完成或未开始。

(6) 第 2 外围设备中断使能寄存器 PIE2

PIE2 也是一个可读/写的寄存器,包含第 2 批扩展外围模块的中断使能位,不过在此只介绍与 EEPROM 相关的中断使能位。EEIE:EEPROM 写操作中断使能位。EEIE=1,允许 EEPROM 写操作产生的中断请求;EEIE=0,禁止 EEPROM 写操作产生的中断请求。

(7) 系统配置字 Config Word

这不是一个用户程序可读/写的寄存器。它只能在用烧写器给单片机烧写程序时进行定义。在此仅关注与 EEPROM 数据存储器保护有关的两位。

- Bit8:CPD,用于 EEPROM 数据存储器中的数据保护。

  Bit8=1,数据保护功能放弃,内容可以从片外读/写;

  Bit8=0,EEPROM 数据存储器中的数据被保护,不能从片外读/与。

- Bit7:LVP,用于低电压烧写编程使能。

  Bit7=1,RB3/PGM 引脚具有 PGM 功能,低电压编程被使能,V_{DD} 接该脚;

  Bit7=0,RB3 为普通 I/O 数字引脚,烧写编程高电压必须加到 MCLR 引脚,用于编程。

2.7.3 片内 EEPROM 数据存储器结构和操作原理

因为 PIC16F87X 内部自带 EEPROM,所以对于它的操作与其他外设模块是一样的。PIC16F87X 片内 EEPROM 模块如图 2.19 所示,该模块与单片机内部总线之间,利用地址寄存器 EEADR 和数据寄存器 EEDATA 作为活动窗口。从图中可以看出,以两个寄存器为分界,其左边在工作寄存器 W 和两个寄存器之间经过内部数据总线的数据传送,是由 CPU 执行用户程序分两次来完成的,一次传送地址,一次传送数据。而右边在两个寄存器与 EEPROM 之间的数据传送则是靠硬件自动实现。单片机向 EEPROM 烧写的数据,可以来自外部,经过端口模块与外界通信并得到数据,然后写入 EEPROM。

1. 对 EEPROM 的读操作

为了读取 EEPROM 数据存储器的内容,用户程序必须事先把指定单元的地址送入 EEADR 寄存器,并将 EEPGD 控制位清零,然后把读操作控制位 RD 置位。在下一个指令周期里,数据寄存器 EEDATA 的数据才是有效的,因此,可以接下来安排指令读取数据到 W。EEDATA 中的数据可以被一直保留,直到下一次读操作开始或由软件送入其他数据。

第 2 章　PIC 系列单片机系统的结构和工作原理

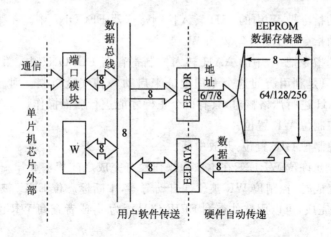

图 2.19　EEPROM 模块结构图

读取 EEPROM 数据存储器的操作流程如下：

① 把地址写入到地址寄存器 EEADR。注意该地址不能超过所用单片机内部 EEPROM 的实际容量。

② 把控制位 EEPGD 清零，以选定读取对象为 EEPROM 数据存储器。

③ 把控制位 RD 置位，启动本次读操作。

④ 读取已经反馈到 EEDATA 寄存器中的数据。

2. 对 EEPROM 的写操作

向 EEPROM 写数据的过程实质上是一个烧写的过程，不仅需要高电压，还需要较长的时间。向 EEPROM 烧写数据的时间在毫秒级（典型时间为 4～8 ms）。安全起见，向 EEPROM 中烧写数据远比读取数据复杂和麻烦。一次向 EEPROM 写操作过程需要以下步骤才能完成：必须先把地址和数据放入 EEADR 和 EEDATA 中，将 EEPGD 位清零，再把 WREN 写允许位置位，最后将 WR 写启动位置位。除了正在对 EEPROM 进行写操作之外，平时 WREN 位必须保护为 0。WREN 和 WR 的置位操作绝对不能在一条指令中同时完成，必须安排两条指令，即只有在前一次操作中把控制位 WREN 置位，后面的操作才能把控制位 WR 置位。在一次写操作完成之后，WREN 由软件清零。在一次写操作尚未完成之前，如果用软件清除 WREN 位，则不会停止本次写操作过程。

写 EEPROM 数据存储器的操作流程如下：

① 确保目前的 WR＝0；如果 WR＝1，表明一次写操作正在进行，需要查询等待。

② 把地址送入 EEADR 中，并确保地址不会超出目标单片机内部 EEPROM 的最大地址范围。

③ 把准备烧写的 8 位数据送入 EEDATA 中。

④ 清除控制位 EEPGD 以指定 EEPROM 作为烧写对象。

⑤ 把写使能位 WREN 置位，允许后面进行写操作。

⑥ 清除全局中断控制位 GIE，关闭所有中断请求。

⑦ 执行专用的"5 指令系列"，这 5 条指令是厂家规定的固定搭配，用户不能更改。

● 用一条移动指令把 55H 写入到 W。

- 用一条移动指令把 W 中的 55H 转入控制寄存器 EECON2 中。
- 用一条移动指令把 AAH 写入到 W。
- 用一条移动指令把 W 中的 AAH 转入控制寄存器 EECON2 中。由于 EECON2 物理上不存在,只是利用访问这个专用地址来启动一种安全机制。对于两次送入的口令 55H 和 AAH 进行严格核对,只有口令正确才能进行后面操作。
- 把写操作控制位 WR 置位。

⑧ 全局中断控制位 GIE 置位,开放中断。
⑨ 清除写操作允许位 WREN,在本次写操作没有完成之前禁止重开一次写操作。
⑩ 当写操作完成时,控制位 WR 被硬件自动清零,中断标志位 EEIF 被硬件自动置 1。如果本次写操作没有完成,可以用软件查询 EEIF 位是否为 1,或者查询 WR 位是否为 0,来判断写操作是否结束。

2.8 片内模/数转换器

很多的系统设计中要求提供模拟信号的输入和检测功能,这就要模/数转换电路(ADC)把输入的连续变化的模拟电压信号转换成单片机能够识别的数字信号。随着生产工艺技术的不断提高,很多厂家已经把普通独立的 ADC 和 DAC 器件集成到单片机内部,作为单片机自身的一个外围模块,使得单片机朝着普及化、专业化、系统单元化等方向不断发展。

2.8.1 PIC16F877 的片内 ADC 模块

在 PIC 系列单片机家族中,具备片内 ADC 模块的型号有很多,这里以 PIC16F87X 为例。PIC16F87X 内部带有 10 位 ADC,28 脚封装的芯片内有 5 通道 ADC,40 脚封装的芯片内有 8 通道 ADC。

2.8.2 片内 ADC 模块相关寄存器

与 ADC 模块有关的寄存器共有 11 个,这些寄存器中有 7 个在前面已经介绍过,在此,只对与 ADC 本身有关的寄存器作主要介绍。与 ADC 相关的寄存器见表 2.35。

表 2.35 与 ADC 相关的寄存器

寄存器名称	寄存器符号	寄存器地址	寄存器内容							
			Bit7	Bit6	Bit5	Bit4	Bit3	Bit2	Bit1	Bit0
中断控制寄存器	INTCON	0BH/8BH/10BH/18BH	GIE	PEIE	T0IE	INTE	RBIE	T0IF	INTF	RBIF
第一外设中断标志寄存器	PIR1	0CH	PSPIF	ADIF	RCIF	TXIF	SSPIF	CCPIF	TMR2IF	TMR1IF
第一外设中断屏蔽寄存器	PIE1	8CH	PSPIE	ADIE	RCIE	TXIE	SSPIE	CCP1IE	TMR2IE	TMR1IE

第2章 PIC系列单片机系统的结构和工作原理

续表2.35

寄存器名称	寄存器符号	寄存器地址	寄存器内容							
			Bit7	Bit6	Bit5	Bit4	Bit3	Bit2	Bit1	Bit0
A口数据寄存器	PORTA	05H	—	—	RA5	RA4	RA3	RA2	RA1	RA0
A口方向寄存器	TRISA	85H			6位方向控制数据					
E口数据寄存器	PORTE	09H						RE2	RE1	RE0
E口方向寄存器	TRISE	89H	IBF	OBF	IBOV	PSPMODE	—	E口方向寄存器		
ADC结果寄存器H	ADRESH	1EH	ADC转换结果寄存器高位							
ADC结果寄存器L	ADRESL	9EH	ADC转换结果寄存器低位							
ADC控制寄存器0	ADCON0	1FH	ADCS1	ADCS0	CHS2	CHS1	CHS0	GO/DONE	—	ADON
ADC控制寄存器1	ADCON1	9FH	ADFM				PCFG3	PCFG2	PCFG1	PCFG0

ADC模块专用的有4个完整的寄存器：ADC控制寄存器0 ADCON0、ADC控制寄存器1 ADCON1、ADC结果高字节寄存器 ADRESH 和 ADC结果低字节寄存器 ADRESL。下面对这4个寄存器作简要介绍。

(1) ADC控制寄存器0——ADCON0

ADCON0 各位描述见表 2.36。

表 2.36 ADCON0 各位描述

寄存器名称	寄存器符号	寄存器地址	寄存器内容							
			Bit7	Bit6	Bit5	Bit4	Bit3	Bit2	Bit1	Bit0
ADC控制寄存器0	ADCON0	1FH	ADCS1	ADCS0	CHS2	CHS1	CHS0	GO/DONE	—	ADON

各位含义如下：

① ADCS1～ADCS0：A/D 转换时钟及频率选择位。00＝选择系统时钟，频率为 $f_{OSC}/2$；01＝选择系统时钟，频率为 $f_{OSC}/8$；10＝选择系统时钟，频率为 $f_{OSC}/32$；00＝选择自带阻容RC振荡器，频率为 f_{rc}。

② CHS2～CHS0：A/D 模拟通道选择位，以 40 脚封装的型号为例，见图 2.20。000＝选择通道 0，RA0/AN0；001＝选择通道 1，RA1/AN1；010＝选择通道 2，RA2/AN2；011＝选择通道 3，RA3/AN3；100＝选择通道 4，RA5/AN4；101＝选择通道 5，RE0/AN5；110＝选择通道 6，RE1/AN6；111＝选择通道 7，RE2/AN7。

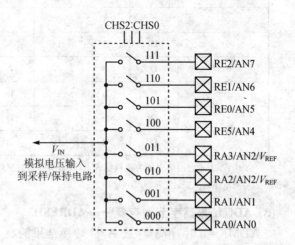

图 2.20 A/D模拟通道选择位(40脚封装)

③ GO/DONE：A/D 转换启动控制位兼作状态位。在 ADON＝1 的前提下，1＝启动 A/D

转换过程或表明 A/D 转换正在进行;0＝A/D 转换已经完成(自动清零)或表示未进行 A/D 转换。

④ ADON:A/D 转换器开关位。1＝启用 ADC,使其进入工作状态;0＝关闭 ADC,使其退出工作状态。

(2) ADC 控制寄存器 1——ADCON1

ADCON1 各位描述见表 2.37。

表 2.37　ADCON1 各位描述

寄存器名称	寄存器符号	寄存器地址	寄存器内容							
			Bit7	Bit6	Bit5	Bit4	Bit3	Bit2	Bit1	Bit0
ADC 控制寄存器 1	ADCON1	9FH	ADFM	—	—	—	PCFG3	PCFG2	PCFG1	PCFG0

主要用于控制相关引脚的功能选择。对于 RA 和 RE 端口的各引脚功能进行设置,它们可以被设置成模拟输出、参考电压输入或者通用数字 I/O 引脚。只有 ADCON1 寄存器的最高位和最低 4 位是可读/写的。

① ADFM:A/D 转换结果格式选择位。1＝结果右对齐,ADRESH 寄存器高 6 位读作 0;0＝结果左对齐,ADRESL 寄存器低 6 位读作 0。

② PCFG3～PCFG0:A/D 模块引脚功能配置位。这 3 个位决定了功能复用的引脚哪些作为普通数字 I/O,哪些作为 A/D 转换时的电压信号输入。在 8 位分辨率的 A/D 转换模块中其组合控制模式见表 2.38。

表 2.38　8 位分辨率的 A/D 模块引脚功能配置

PCFG2～PCFG0	AN7	AN6	AN5	AN4	AN3	AN2	AN1	AN0
000	A	A	A	A	A	A	A	A
001	A	A	A	A	V_{REF}	A	A	A
010	D	D	D	A	A	A	A	A
011	D	D	A	A	V_{REF}	A	A	A
100	D	D	D	D	A	A	A	A
101	D	D	D	D	V_{REF}	A	A	A
11x	D	D	D	D	D	D	D	D

注:A 表示对应的引脚为模拟输入,D 表示引脚为数字信号输入/输出,V_{REF} 表示引脚为 A/D 转换时的基准电压输入。

(3) ADC 结果高字节寄存器——ADRESH

当 ADMF＝0 时,用于存放 A/D 转换结果的高 8 位;当 ADMF＝1 时,用于存放 A/D 转换结果的高 2 位,此时寄存器高 6 位读作 0。

(4) ADC 结果低字节寄存器——ADRESL

当 ADMF＝1 时,用于存放 A/D 转换结果的低 8 位;当 ADMF＝0 时,用于存放 A/D 转换结果的低 2 位,此时寄存器低 6 位读作 0。

2.8.3 片内 ADC 模块结构和操作原理

ADC 模块的内部结构包含 4 个组成部分:8 选 1 选择开关(对于 28 脚封装的型号只有一个 5 选 1 的选择开关)、双刀双掷切换开关、A/D 转换电路和采样/保护电路。

PIC16F87X 的 ADC 内部结构示意图如图 2.21 所示。

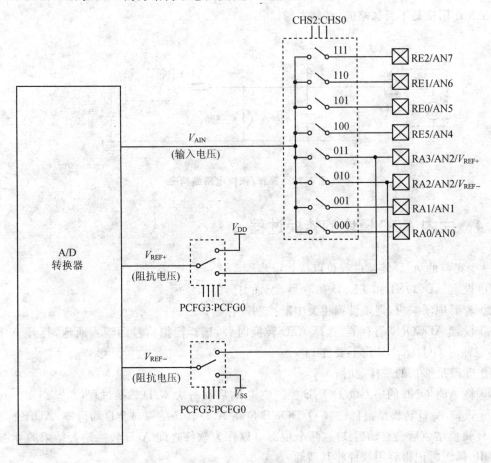

图 2.21　ADC 内部结构图

ADC 各部分功能和组成关系如下:

① 8 选 1 选择开关——由控制寄存器 ADCON0 中的 CHS2～CHS0 位控制,用于在引脚 AN0～AN7 中选择将要进行转换的输入模拟通道,选中者与内部采样/保持电路接通。

② 双刀双掷切换开关——由控制寄存器 ADCON1 中的 PCFG3～PCFG0 位控制,用于选择 A/D 转换器所需的参考电压源的获取途径。该参考电压有正、负两个接入端 V_{REF+} 和 V_{REF-},正端既可以选择片内正电源电压 V_{DD},也可以选择从引脚 RA3/AN3/V_{REF+} 接入的外部基准电压;负端既可以选择片内的负电源电压 V_{SS},也可以选择从引脚 RA2/AN2/V_{REF-} 接入的外部基准电压。在一定的电压范围之内,可以通过压缩 V_{REF+} 和 V_{REF-} 之间的电压差值来提高转换器分辨率。当选择外部参考电压方式时,就需要在单片机外部电路中增加一个精度高、温度漂移小的电压专用芯片。

③ A/D 转换电路——用来实现将模拟信号转化为数字量。

④ 采样/保持电路——电路结构如图 2.22 所示,用于对输入模拟信号电平进行抽样,并且为后续 A/D 转换电路保持一个平稳的电压样值。电路中的核心元件是一只采样开关 SS 和一只 120 pF 的电荷保持电容 C_{HOLD};两个反向偏置的二极管,起电压钳位保护作用,防止高压侵入芯片内部;其余元件属于分布参数形成的寄生元件,也就是说,不是有意集成的而又无法去除的一类无用元件。当这类有害元件的参数值在与有用元件的参数值可比的情况下,它们的存在和作用就是不可忽略的,必须考虑。

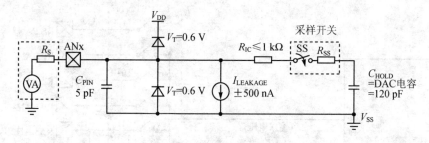

图 2.22 采样/保持电路结构图

2.8.4 片内 ADC 模块的转换过程

一个完整的 A/D 转换过程可以按如下步骤实现:

① 设定 ADCON1 和 TRSIx 寄存器,配置引脚的工作模式;

② 若要中断响应,则要设置相关中断控制寄存器;

③ 设置 ADCON0 寄存器,选择 A/D 转换时钟,选择模拟信号的输入通道,打开 A/D 模块,注意此时 GO/DONE 位不要置 1;

④ 等待足够长的采样延时;

⑤ 将 ADCON0 的中 GO/DONE 控制位置 1,启动一次 A/D 转换过程;

⑥ 查询 A/D 转换结束标志:GO/DONE 位在 A/D 转换结束时会自动清零,ADIF 标志位在 A/D 转换结束后会自动置 1,这两个位都可以作为软件查询 A/D 转换是否结束的标志,使用 ADIF 标志时记得要用软件将其清除;

⑦ 若使用中断来响应 A/D 转换结束,则步骤⑥将不再适用,A/D 转换结束时 ADIF 的置位将使单片机进入中断服务程序,在处理中断时记得将 ADIF 标志位清零;

⑧ A/D 转换结束,直接从 ADRES 寄存器中读取 8 位转换结果,存入其他缓冲单元或直接进行运算处理;

⑨ 修改 ADCON0 寄存器的 CHS2~CHS0,选择其他通道输入的模拟信号进行 A/D 转换,程序重复步骤④~⑨的循环。

2.8.5 片内 ADC 模块时钟与参考电压的选择

从上文可知,ADCON0 寄存器中 ADCS1 和 ADCS0 两个数据位的作用就是 A/D 转换时钟的选择位。所谓有 A/D 转换时钟就是图 2.23 中每个 T_{AD} 时间,A/D 转换的整个过程将按照这个节拍一步步进行。

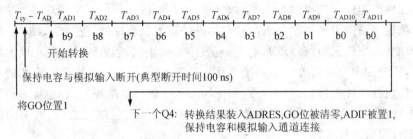

图 2.23 A/D 转换过程

A/D 转换时钟可以源自单片机主振荡器的振荡频率,此时可选的 A/D 转换时钟为主振荡频率的 2、8 或 32 分频;也可以是使用 A/D 模块内部自带的独立 RC 振荡器,其一个振荡周期典型值一般是 4 μs 左右,整个离散变化的范围为 2~6 μs。不同的时钟频率按应用所需通过软件灵活设置。

A/D 转换时钟的选择必须满足一个 T_{AD} 周期,最小值不能小于 1.6 μs,这一限制是由模块内部电路的工作特性决定的,如果周期小于 1.6 μs 则不能保证得到正确的转换结果。根据这个最小值的要求,就可以推算出 ADSC1~ADSC0 的控制位设置。例如芯片的振荡频率为 8 MHz,若 A/D 转换时钟取自此主振荡频率,则理论上必须对其进行至少 12.8 分频才能得到周期为 1.6 μs 的时钟信号。这时只有一种选择 ADCS1~ADCS0=10,选择的分频比为 $f_{OSC}/32$,得到 A/D 转换时钟的周期 T_{AD} 为 4 μs。

T_{AD} 必须大于 1.6 μs,但也不是越大越好。从图 2.23 中可以看出,总共 9 个 T_{AD},一般不要超过 50 μs。当单片机的主振荡频率很低,如 32 768 Hz 时,A/D 转换时钟最好选择其自带的 RC 振荡器,以免转换时间过长造成结果偏差。另外,如果选择在单片机休眠时进行 A/D 转换,则 A/D 转换时钟就必须使用独立的 RC 振荡器,没有其他选择的余地,因为在单片机休眠时主振荡器将停振。

任何形式的 A/D 转换必须要一个参考电压。基准电压的精度和稳定度直接决定了测量结果的准确性。PIC 单片机片上 8 位分辨率的 A/D 转换模块可以直接使用芯片的电源电压 V_{DD} 作为参考电压,也可以在 AN3 引脚上外接一个基准电压 V_{REF}。具体选择何种基准电压由寄存器 ADCON1 中 PCFG2~PCFG0 控制位决定。在一般的低成本设计中,经常把单片机的工作电源 VDD 直接接入 A/D 转换的基准参考电压,这就要求 V_{DD} 在系统运行过程中要保持相对稳定。对于要求较高的应用,可以在 AN3 引脚上外接独立的参考电压。参考电压 V_{REF} 的输入值不能高于芯片的工作电压 V_{DD},最低不能低于 2.2 V(不同芯片或不同工作电压时该值有所不同)。如果 V_{REF} 低于上述规定最低电压值,内部 A/D 转换电路根本就无法工作,也就是无从得到正确的转换结果。另外,要求参考电压 V_{REF} 具备 500 μA 的负载驱动能力,因为在进行 A/D 转换过程中,芯片内部电路要从 V_{REF} 上抽取一定的电流。

不管选择何种电压,能够进行 A/D 转换的输入信号的电压范围为 0~V_{REF}。低于下限的电压输入,转换结果为 0;高于上限的电压输入,转换结果为全 1。

2.9 USART 通信模块及其使用

单片机除了需要控制外围器件完成特定的功能外,在很多应用中还要完成单片机和单片机之间、单片机和外围器件之间、单片机和微机之间的数据交换与指令的传输,这就是单片机的通信。单片机的通信方式可以分为并行通信和串行通信。并行通信传送一个字节的数据至少需要 8 条数据线。一般来讲单片机与打印机等外围设备连接时,除 8 条数据线外,还要有状态、应答等控制线,当传送距离过远时电线要求过多,成本会增加很多。单片机的串行通信方法较为多样,传统的串行通信方式是通过单片机自带的串口进行 RS232 方式的通信。串行通信是以一位数据线传送数据的位信号,即使加上几条通信联络控制线,也比并行通信用的线少。因此,串行通信适合远距离数据传送,如大型主机与其远程终端之间、处于两地的计算机之间,采用串行通信就非常经济。

2.9.1　USART 通信模块简介

串行通信又分为异步传送和同步传送两种基本方式。

异步通信:异步通信传输的数据格式一般由 1 个起始位、7 个或 8 个数据位、1 或 2 个停止位和 1 个校验位组成。它用 1 个起始位表示字符的开始,用停止位表示字符的结束,其每帧的格式如图 2.24 所示。

在一帧格式中,先是 1 个起始位 0,然后是 8 个数据位,规定低位在前,高位在后,接下来是奇偶校验位(可以省略),最后是停止位 1。用这种格式表示字符,则字符可以一个接一个地传送。

在异步通信中,通信双方采用独立的时钟,起始位触发双方同步时钟。在异步通信中 CPU 与外设之间必须有两项规定,即字符格式和波特率。字符格式的规定使双方能够对同一种 0 和 1 的数据串理解成同一种意义。原则上字符格式可以由通信的双方自由制定,但从通用、方便的角度出发,一般还是使用一些标准为好,如采用 ASCII 标准。

同步通信:在同步通信中传输的数据格式是由多个数据组成,每帧有 1 个或 2 个同步字符作为起始位以触发同步时钟开始发送或接收。同步通信数据帧格式如图 2.25 所示。在异步通信中,每个字符要用起始位和停止位作为字符开始和结束的标志,这样占用了时间,所以在数据块传递时,为了提高速度常去掉这些标志,采用同步传送。由于数据块传递开始要用同步字符来指示,同时要求由时钟来实现发送端与接收端之间的同步,故硬件较复杂。同步传输方式比异步传输方式速度快,这是它的优势;但同步传输方式也有其缺点,即它必须要用一个时钟来协调收发器的工作,所以它的设备也较复杂。

图 2.24　异步通信数据帧格式

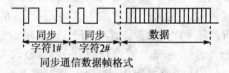

图 2.25　同步通信数据帧格式

在异步方式和同步方式中,串行通信都具有多种操作模式,常用于数据通信的传输方式有单工、半双工、全双工和多工方式。

单工方式:双方通信数据仅按一个固定方向传送,系统定型后也就固定了发送方和接收方。因而这种传输方式的用途有限,常用于串行口的打印数据传输和简单系统间的数据采集。

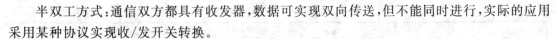

半双工方式:通信双方都具有收发器,数据可实现双向传送,但不能同时进行,实际的应用采用某种协议实现收/发开关转换。

全双工方式:通信双方都具有收发器,允许双方同时进行数据双向传送,但一般全双工传输方式的线路和设备较复杂。

多工方式:以上三种传输方式都是用同一线路传输一种频率信号,为了充分地利用线路资源,可通过使用多路复用器或多路集线器,采用频分、时分或码分复用技术,即可实现在同一线路上资源共享功能,称之为多工传输方式。

PIC16F87X 内部集成了两种类型的串行通信模块,即通用同步/异步收发器 USART 模块和主控同步串行端口 MSSP 模块。前者的主要应用目标是系统之间的远距离串行通信,而后者的主要应用目标是系统内部近距离的串行扩展。

PIC16F87X 系列单片机内部的 USART 模块,适用于同其他计算机系统以及同单片机之间进行串行通信,并且可以定义为三种工作模式:全双工异步方式、半双工同步主控方式和半双工同步从动方式。一般全双工方式用于和 PC 机或 CRT 终端等装置之间的通信;半双工方式用于和 ADC、DAC 转换器、串行 EEPROM 或者其他单片机等器件之间的通信。

PIC16F87X 系列单片机内部集成的 USART 模块,所需的两条外部引脚是与 RC 端口模块共用的 RC7 和 RC6 两条线。在 USART 模块被开发利用期间,RC 端口模块不仅必须放弃对 RC6 和 RC7 的使用权,而且还不能干扰这两个引脚。理想的做法是阻断 RC 模块这两个引脚的电气连接,在实际中可以采用的方法是:在 RC 模块一侧设置这两条引脚为输入模式,令方向寄存器 TRISC[7:6]=11 即可。

在 PIC 单片机进入睡眠时,USART 模块不能工作于异步通信方式和同步主控方式。原因是,这两种工作方式都要用到波特率发生器,而波特率发生器产生波特率时钟所依赖的系统时钟振荡器,在单片机睡眠期间停止工作。

2.9.2 USART 通信模块寄存器

与 USART 模块有关的寄存器共有 9 个,都在 RAM 阵列中具有统一地址编码,见表 2.39。这 9 个寄存器中前 4 个是与单片机其他模块共用的寄存器,其功能以及各位的作用已在前面介绍。关于 USART 专用的 5 个寄存器在此作介绍。

表 2.39 与 USART 模块有关寄存器各位描述

寄存器名称	寄存器符号	寄存器地址	寄存器内容							
			Bit7	Bit6	Bit5	Bit4	Bit3	Bit2	Bit1	Bit0
中断控制寄存器	INTCON	0BH/8BH/10BH/18BH	GIE	PEIE	T0IE	INTE	RBIE	T0IF	INTF	RBIF
第一外设中断标志寄存器	PIR1	0CH	PSPIF	ADIF	RCIF	TXIF	SSPIF	CCPIF	TMR2IF	TMR1IF
第一外设中断屏蔽寄存器	PIE1	8CH	PSPIE	ADIE	RCIE	TXIE	SSPIE	CCP1IE	TMR2IE	TMR1IE
C 口方向寄存器	TRISC	87H	TRISC7	TRISC6	TRISC5	TRISC4	TRISC3	TRISC2	TRISC1	TRISC0

续表2.39

寄存器名称	寄存器符号	寄存器地址	寄存器内容							
			Bit7	Bit6	Bit5	Bit4	Bit3	Bit2	Bit1	Bit0
发送状态兼控制寄存器	TXSTA	98H	CSRC	TX9	TXEN	SYNC	—	BRGH	TRMT	TX9D
接收状态兼控制寄存器	RCSTA	18H	SPEN	RX9	SREN	CREN	ADDEN	FERR	OERR	RX9D
发送寄存器	TXREG	19H	USART 发送缓冲寄存器							
接收寄存器	RCREG	1AH	USART 接收缓冲寄存器							
波特率寄存器	SPBRG	99H	对波特率发生器产生波特率的定义值							

(1) 发送状态兼控制寄存器——TCSTA

TCSTA 各位描述见表 2.40。

表 2.40　TCSTA 各位描述

寄存器名称	寄存器符号	寄存器地址	寄存器内容							
			Bit7	Bit6	Bit5	Bit4	Bit3	Bit2	Bit1	Bit0
发送状态兼控制寄存器	TXSTA	98H	CSRC	TX9	TXEN	SYNC	—	BRGH	TRMT	TX9D

其各位功能如下：

TX9D:发送数据的第 9 位。

TRMT:发送移位寄存器(TSR)"空"标志位。1=移位寄存器空;0=移位寄存器满;

BRGT:高波特率选择位。在异步模式下,1=高速;0=低速。同步方式下,未用。

SYNC:USART 同步/异步模式选择位。1=选择同步模式;0=选择异步模式;

TXEN:发送使能位。1=使能发送功能;0=关闭发送功能;

TX9:发送数据长度选择位。1=9 位数据长度;0=8 位数据长度;

CSRC:时钟源选择位。同步模式下,1=选择主控模式(时钟来自内部波特率发生器);0=选择被控模式(时钟来自外部输入信号)。异步模式下,未用。

(2) 接收状态兼控制寄存器——RCSTA

RCSTA 各位描述见表 2.41。

表 2.41　RCSTA 各位描述

寄存器名称	寄存器符号	寄存器地址	寄存器内容							
			Bit7	Bit6	Bit5	Bit4	Bit3	Bit2	Bit1	Bit0
接收状态兼控制寄存器	RCSTA	18H	SPEN	RX9	SREN	CREN	ADDEN	FERR	OERR	RX9D

各位功能如下：

RX9D:所接收数据的第 9 位,可作校验位或标志位等。

OERR:超速出错标志位。1=发生了超速错误,可以通过清零 CREN 位来使这位清零;

0=未发生超速错误。

FERR:帧格式错误标志位。1=有帧格式错误(通过读 RCREG 寄存器,该位可以被刷新);0=无帧格式错误。

ADDEN:地址匹配检测使能,只有接收数据选择第9位时才起作用。

1=启用地址匹配检测功能,把收到的信息码按数据码和地址码进行鉴别。仅当接收移位寄存器 RSR 的 Bit8=1(即认定收到地址码)时,才把收到的地址码装载到接收缓冲寄存器允许中断。0=取消地址匹配检测功能,对于发来的所有信息码不加鉴别,都看作是数据码,即允许接收和装载所有数据,第9位可以被用作奇偶校验位。

CREN:连续接收使能位。在异步模式下,1=使能连续接收功能;0=禁止连续接收功能。在同步模式下,1=使能连续接收,直到该位被清零为止,该位优先于 SREN 位;0=关闭连续接收。

SREN:单字节接收使能位。在异步模式下未用。在同步模式下,1=使能单字节接收功能;0=禁止单字节接收功能。

RX9:接收数据长度选择位。1=选择接收 9 位数据(其中 1 位可以为校验位或标志位);0=选择接收 8 位数据。

SPEN:串行端口使能位。1=允许串行接口工作(把 RC7 和 RC6 设置成 USART 的外接引脚);0=禁止串行端口工作。

(3) USART 发送缓冲寄存器——TXREG

TXREG 各位描述见表 2.42。

表 2.42　TXREG 各位描述

寄存器名称	寄存器符号	寄存器地址	寄存器内容							
			Bit7	Bit6	Bit5	Bit4	Bit3	Bit2	Bit1	Bit0
发送寄存器	TXREG	19H	TX7	TX6	TX5	TX4	TX4	TX2	TX1	TX0

USART 发送数据缓冲器 TXREG,也可以简称发送缓冲器,是一个用户程序可读/写的寄存器。每次用户发送的数据都是通过写入该缓冲器来实现的。

(4) USART 接收缓冲寄存器——RCREG

RCREG 各位描述见表 2.43。

表 2.43　RCREG 各位描述

寄存器名称	寄存器符号	寄存器地址	寄存器内容							
			Bit7	Bit6	Bit5	Bit4	Bit3	Bit2	Bit1	Bit0
接收寄存器	RCREG	1AH	RX7	RX6	RX5	RX4	RX4	RX2	RX1	RX0

USART 接收数据缓冲器 RCREG,也可以简称接收缓冲器,是一个用户程序可读/写的寄存器。每次对方传送过来的数据都是通过写入该缓冲器来实现的。

(5) 波特率寄存器——SPBRG

SPBRG 各位描述见表 2.44。

表 2.44 SPBRG 各位描述

寄存器名称	寄存器符号	寄存器地址	寄存器内容							
			Bit7	Bit6	Bit5	Bit4	Bit3	Bit2	Bit1	Bit0
波特率寄存器	SPBRG	99H	对于波特率发生器产生波特率的定义值							

波特率寄存器 SPBRG 用来控制一个独立的 8 位定时器的溢出周期。该寄存器的设定值 (0～255) 与波特率成反比关系。在同步方式下,波特率仅由这一个寄存器来决定;而在异步方式下,则由 BRGH 位(TXSTA 寄存器的 Bit2)和该寄存器共同确定。

2.9.3 USART 波特率设定

USART 模块带有一个 8 位的波特率发生器 BRG,实际上就是波特率时钟发生器,为串行信息帧格式中每一位编码的发送和接收检测提供定时时钟。它可以支持 USART 的同步方式和异步方式。利用寄存器 SPBRG 来定义一个 8 位定时器循环周期,以实现对波特率的控制。在异步方式下,BRGH 用来控制波特率。

在主控方式下,即时钟由自身内部电路提供,SYNC 和 BRGH 取不同值时,波特率的计算公式也不同,如表 2.45 所列。

表 2.45 主控方式下波特率计算公式

SYNC	BRGH=0(低速)	BRGH=1(高速)
0(异步)	波特率=$f_{osc}/64(X+1)$ $X=f_{osc}/64×$波特率-1	波特率=$f_{osc}/16(X+1)$ $X=f_{osc}/16×$波特率-1
1(同步)	波特率=$f_{osc}/4(X+1)$ $X=f_{osc}/4$ 波特率-1	无

注:X 为应赋给 SPBRG 寄存器的初值。

下面举例简单介绍一下波特率的计算方法。

假设:单片机的时钟频率 $f_{osc}=16$ MHz,所需波特率为 9 600,选定 BRGH=0(低速方式),SYNC=0(异步方式);那么,经过查表确定计算公式如下:

$$波特率=f_{osc}/64(X+1)$$

则可以计算得

$$9\,600=16\,000\,000/64(X+1)$$

所以

$$X=25.042≈25=19H$$

那么

$$波特率=16\,000\,000/64×(25+1)=9\,615$$
$$误差率=(9\,615-9\,600)/9\,600=0.16\%$$

即使所需要的是低波特率,只要计算出来的 SPBRG 的初值不超过 0～255,也可以利用高速方式及其波特率计算方式,并且可以达到同样的目的。如上例中改用高速方式,则计算方式如下：

$$X = 103.16 \approx 103 = 67H$$
$$波特率 = 16\,000\,000/16(103+1) = 9\,615$$
$$误差率 = (9\,615 - 9\,600)/9\,600 = 0.16\%$$

由此可知，用不同方式计算出的波特率与误差完全相同。不仅如此，由于在某些情况下，利用高速方式的波特率计算公式，甚至可以减少所产生的误差，所以利用高速方式还具有一定的优越性。

2.9.4 USART 模块的异步通信

由 2.9.2 小节寄存器功能可知，通过把控制位 SYNC 清零，可以将 USART 的工作模式设成异步工作方式。USART 模块异步工作方式由以下一些重要部件组成：波特率发生器 BRG、采样电路、异步发送器和异步接收器。在异步串行通信方式下，USART 模块在单片机的 RX 引脚上接收、TX 引脚上发送的码型，采用的是标准的不归零(NRZ)码；串行信息的编码方式采用的是 1 位起始位、8 位或 9 位数据位和 1 位停止位，最常用的数据格式是 8 位。片内提供了一个专用的 8 位波特率发生器 BRG，可以利用来自振荡器的系统时钟信号，产生标准的波特率时钟。

USART 模块的接收和发送数据的顺序是低位在前，即首先发送数据的最低位(LSB)。USART 模块的发送器和接收器在功能上互相独立的，但是它们所用的数据格式和波特率是相同的。波特率发生器可以根据 BRGH 位的设置，产生两个不同的移位速度，分别是对于系统时钟 16 分频和 64 分频得到的波特率时钟。

USART 模块在硬件上没有配置支持奇偶校验的专用功能电路，但是，用户可以利用软件的方法实现奇偶校验的功能，并且体现在每个信息帧第 9 位数据位上。

1. 异步串行输入数据的采样方法

USART 模块对于异步串行输入数据的采样方式是以"三中取二"的方式，判断输入引脚上的电平是高还是低，也就是对串行数据输入端 RX 引脚上送入的每一位数据都要连续采样三次。正常情况下，三次采样的结果应该一致；如果在通信过程中受到外界干扰，导致三次采样不一致，则少数服从多数，取两次为高或为低的结果来认定 RX 引脚的输入电平。

随着所选波特率的不同，三个采样点采样的时间也不同。如果 USART 工作于低速波特率时(BRGH=0)，三个采样点就选在波特率 16 倍频时钟的第 7、8、9 个脉冲的下降沿上。采样时序图见图 2.26，图中第 1 行是 RX 引脚上的状态变化；第 2 行描述的是波特率时钟；第 3 行是对于波特率时钟 16 倍频后得到的时钟脉冲。

如果 USART 工作于高速波特率时(BRGH=1)，三个采样点就选在波特率 4 倍频时钟的第 1 个脉冲下降沿后，紧靠第 2 个脉冲上升沿之前的系统时钟 Q2 和 Q4 的三个连续脉冲跳变上。时序图如图 2.27 所示。从这两个图中可以看出，图中第 1 行是 RX 引脚上的状态变化；第 2 行描述的是波特率时钟；第 3 行是对于波特率时钟 4 倍频后得到的时钟脉冲；第 4 行是每个指令周期中的 Q2 和 Q4 脉冲被挑选出来之后得到的序列脉冲，其频率为系统时钟频率的一半。

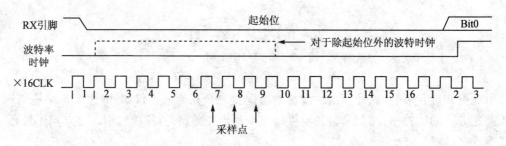

图 2.26　异步串行输入数据的采样时序图(BRGH=0)

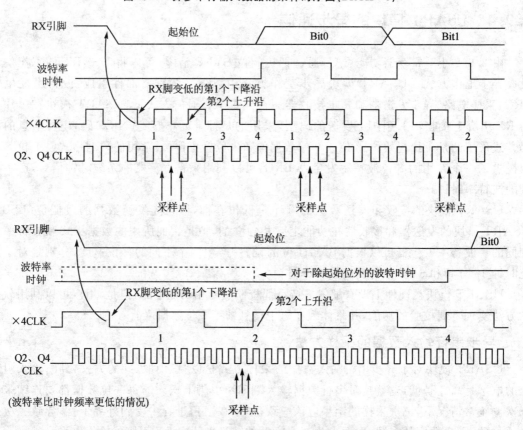

(波特率比时钟频率更低的情况)

图 2.27　异步串行输入数据的采样时序图(BRGH=1)

2. USART 异步发送器

USART 异步发送器的结构如图 2.28 所示。

USART 异步发送器的核心是发送移位寄存器 TSR 和发送缓冲器 TXREG。TXREG 与内部数据总线直接相连,是一个软件可读/写的寄存器。用户程序把要发送的数据写入 TXREG 内,然后由硬件自动控制再把数据从 TXREG 装载到 TSR,并且与来自寄存器 TXSTA 的 TX9D 位共同组成 9 位数据(如果选定 9 位格式);再在前面添加一个起始位 0,在后面添加一个停止位 1,构成一个完整的帧结构;最后在波特率的时钟控制下,再由移位寄存器 TSR 把数据一位一位地依次发送出去,同时也就完成了"并行→串行"的变换。

TSR 要一直等到把目前正在发送数据的停止位发送出去后,才会从 TXREG 载入新的发

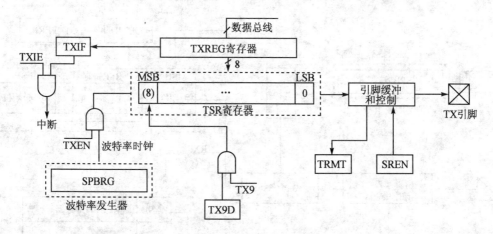

图 2.28 USART 异步发送器结构图

送数据。一旦 TXREG 把数据送入 TSR,寄存器 TXREG 就为空状态,同时发送中断标志位 TXIF 被置 1,向 CPU 发出中断请求。

这个中断是否被 CPU 响应,可以通过设置发送中断使能位 TXIE 来决定。不管 TXIE 的状态如何,一旦寄存器 TXREG 被腾空,都会自动把 TXIF 置 1。并且,TXIF 标志位不能由软件清零,只有当新的欲发送数据写入寄存器 TXREG 后才由硬件自动清零。这一点应该引起注意。

由此可见,可以利用 TXIF 标志位来判断寄存器 TXREG 的空/满状态;而移位寄存器 TSR 的空/满状态则可以由 TRMT 位来标识。当 TRMT=1,表示 TSR 寄存器已经为空。TRMT 位是一个只读位,并且与中断逻辑没有任何联系。用户必须利用程序查询该位的值,来判断移位寄存器 TSR 的空/满状态。

用户对异步发送方式的程序编写应该遵循以下步骤:

① 选择合适的波特率,然后把经过计算得来的初值写入寄存器 SPBRG,如果需要高速波特率,应把 BRGH 设置为 1;

② 置 SYNC=0 及 SPEN=1,使 USART 工作于异步串行工作方式;

③ 如果需要中断处理功能,置 TXIE=1;

④ 如果要传送 9 位数据,置 TX9=1;

⑤ 置 TXEN=1,使 USART 工作于发送器方式,这也会使 TXIF 被置位;

⑥ 如果选择传送 9 位数据,这时要把第 9 位数据置入 TX9D;

⑦ 把即将发送的 8 位数据送入 TXREG 并启动发送,硬件开始自动发送;

⑧ 如果使用中断处理功能,务必确保 GIE 和 PEIE 中断使能位已经被置 1。

3. USART 异步接收器

USART 异步接收器结构如图 2.29 所示。

USART 异步接收器的核心是接收移位寄存器 RSR 和接收寄存器 RCREG。进行通信的对方送来的异步串行数据,从 RC7/RX/DI 引脚输入;在波特率发生器提供的采样定时信号控制下,由数据检测和恢复电路对输入的信号波形进行采样,以恢复数据的本来面目;然后在波特率发生器提供的移位时钟脉冲控制下,把恢复得来的 8 位(或者 9 位)串行数据,以及起始位和停止位,逐步地移入 RSR 寄存器。

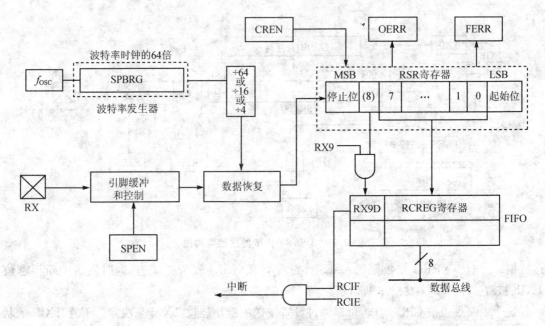

图 2.29 USART 异步接收器结构图

一旦采样到停止位,接收移位寄存器 RSR 就把接收到的 8 位数据装载到接收寄存器 RCREG(如果 RCREG 为空的话);把第 9 位(如果有的话)装载到 RX9D;同时也就完成了"串行→并行"变换;接着设置接收中断请求标志位,即置 RCIF=1,通知 CPU 来读取接收寄存器 RCREG 中的数据和第 9 位数据 RX9D。

可以通过设置屏蔽位 RCIE 来开放或是禁止 CPU 响应接收中断请求。RCIE 位是一个只读位,不能由软件清零,而是在 RCREG 寄存器中的数据被 CPU 读出后或者 RCREG 寄存器为空时,由硬件自动清零。

实际上 RCREG 是一个双缓冲寄存器,可以看作是数据从上边进入/下边输出、具有 2 级结构的先进先出(FIFO,First In First Out)队列。同样,RX9D 位也是 2 级结构,因此,这就允许移位寄存器 RSR 连续接收 2 帧数据,并且依次装入队列中进行缓冲,之后第 3 个数据还可以再移到 RSR 寄存器中。

用户对于异步接收方式的程序编写,应该遵循以下步骤:

① 选择合适的波特率,然后把经过计算得来的初值写入寄存器 SPBRG,如果需要高速波特率,应把 BRGH 设置为 1;
② 置 SYNC=0 及 SPEN=1,使 USART 工作于异步串行工作方式;
③ 如果需要中断处理功能,置 RCIE=1;
④ 如果要接收 9 位数据,置 RX9=1;
⑤ 置 CREN=1,使 USART 工作于接收器方式;
⑥ 当一个字节接收完成后,产生中断请求(RCIF=1),如果 RCIE=1,便产生中断;
⑦ 读 RCSTA 寄存器寄存器以便获取第 9 位数据(如果选择了接收 9 位数据),并且判断是否在接收过程中发生了错误;
⑧ 读 RCREG 寄存器中已经收到的 8 位数据;
⑨ 如果发生了接收错误,通过置 CREN=0 以清除错误标志位。

⑩ 如果使用中断处理功能,务必确保 GIE 和 PEIE 中断使能位已经被置 1。

2.9.5 USART 模块的同步通信

所谓同步串行通信,是指进行通信的双方之间,在串行传输数据的同时还设有一条时钟专线,对于收、发双方起同步作用。在 PIC16F87X 系列单片机中的 USART 模块,工作于同步方式时,其外接引脚仍然复用了 RC 端口模块的 RC7 和 RC6 引脚。不过,这时 RC7 引脚被用作数据双向传输通道,RC6 引脚被用作时钟发送或者接收专线 CK。

同步方式下,线路上传输的信息格式,可以是 8 位数据或者 9 位数据。但是,利用时钟专线的方式对双方进行了同步,因此就不再需要起始位和停止位。

在同步通信系统中数据是在一条线路上双向传输的,而时钟却是在一条线路固定地从主机向从机单向发送的。它们之间的同步信号始终由主机发送产生,从机只是接收和利用。

在同步主控方式下,数据的传输是以半双工的方式进行的,即发送和接收不同时进行。通过设置 SYNC=1 可以选择同步工作方式,置 CSRC=1 可进入同步主控方式。串行同步主控发送器/接收器如图 2.30 所示。

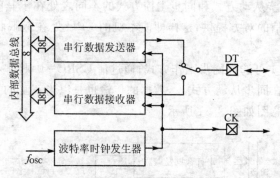

图 2.30 串行同步主控发送器/接收器示意图

另外,还应置 SPEN=1,以使 RC6 和 RC7 引脚分别作为 USART 模块的时钟线 CK 和数据线 DT。主控方式下由本机的波特率发生器负责发送同步时钟信号。

1. USART 同步主控发送

USART 同步主控发送器的核心是发送移位寄存器 TSR 和发送寄存器 TXREG。TXREG 中的数据是由用户软件写入的,而 TSR 从 TXREG 中下载要发送的数据。要等待 TSR 发送完前一个数据的最后一位,才能将 TXREG 中的数据(如果有数据的话)装载到 TSR 中;一旦 TXREG 把数据传给 TSR(在一个指令周期内完成),TXREG 寄存器即为空,同时发送器中断标志位就会被自动置位,即 TXIF=1,发出中断请求。

实际上该中断是否得到 CPU 响应,可以由中断使能位来设置。不管 TXIE 位的状态如何,TXIF 的置位不受影响,并且 TXIF 不能用软件清零。只有当一个新的数据写入 TXREG 寄存器时,TXIF 位才会被自动清零。TXIF 位可以指示 TXREG 寄存器的空/满载状态,而状态位 TRMT 可以指示 TSR 的空/满状态。TRMT 是一个只读位,只有当 TSR 为空时,TRMT 才会自动置位。TRMT 位与中断逻辑没有关系,所以它不会产生中断请求。因为 TSR 没有与内部数据总线的连接通路,所以用户程序不能对它直接访问。若想检查 TSR 的空/满状态,只能通过对 TRMT 位的查询来判断。

设置 TXEN=1 即可启动发送。但是,真正的发送行为要在寄存器 TXREG 写入数据后开始。第一个数据位将在时钟线 CK 的下一个有效时钟上升沿被移出和发送,并且确保数据在同步时钟的下降沿前后会稳定下来。

因此,用户对于同步主控发送方式下程序的编写,应该遵循以下步骤:
① 选择合适的波特率,然后把经过计算得来的初值写入寄存器 SPBRG;
② 置 SYNC=1,SPEN=1 和 CSRC=1,使 USART 工作于同步主控串行工作方式;
③ 如果需要中断处理功能,置 TXIE=1;
④ 如果要接收 9 位数据,置 TX9=1;
⑤ 置 TXEN=1,使 USART 工作于发送方式;
⑥ 如果选择传送 9 位数据,这时要把第 9 位数据置入 TX9D;
⑦ 把即将发送的 8 位数据送入 TXREG,并启动发送过程,硬件自动发送;
⑧ 如果使用中断处理功能,务必确保 GIE 和 PEIE 中断使能位已经被置 1。

2. USART 模块的同步从动工作方式

USART 模块的同步从动方式和同步主控方式的不同之处在于其时钟信号 CK 是由外部提供,也就是由与之通信的对方提供,这样即使本机的 CPU 处在睡眠状态下仍然可以进行发送或接收数据。

通过设置 SYNC=1 可选择同步工作方式;通过清 CSRC=0 则进入同步从动方式。与同步主控方式相同的是,在同步从动方式下,数据的传输也是以半双工的方式进行的。串行同步主控发送器/接收器示意图如图 2.31 所示。

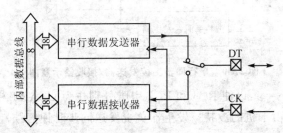

图 2.31 串行同步从动发送器/接收器结构图

另外,还应置 SPEN=1,以使 RC6 和 RC7 引脚分别作为 USART 模块的时钟线 CK 和数据线 DT,从动方式下本机的波特率发生器被禁止工作。

3. USART 同步从动发送

假设向 TXREG 寄存器连续写入 2 个即将发送的数据之后,再执行睡眠指令 SLEEP 而使单片机进入睡眠状态,则 TXREG 中的第 1 个数据马上转存到发送移位寄存器 TSR 中,并且进行发送;第 2 个数据仍保留在 TXREG 中,这时 TXIF 不像平常那样立刻被置位;一直等到第 1 个数发送完毕,TXREG 中的第 2 个数据再转储到 TSR 中发送时,才会置 TXIF=1,发出中断请求;如果 TXIE=1,这个中断请求将唤醒睡眠中的 CPU;如果总中断屏蔽位 GIE 也是开放的,则跳到中断服务程序入口地址执行中断处理;如果中断屏蔽位 GIE 是禁止的,则会沿着 SLEEP 指令之后的下一条指令继续执行。

综上所述,用户对于同步从动方式的程序编写,应该遵循以下步骤:
① 置 SYNC=1、SPEN=1 和 CRSC=0,使 USART 工作于同步从动方式;
② 设置 CREN=SREN=0;
③ 如果需要中断处理功能,置 TXIE=1;
④ 如果要传送 9 位数据,置 TX9=1;
⑤ 置 TXEN=1,使 USART 工作于发送器方式;
⑥ 如果选择 9 位数据,这时要先把第 9 位数据置入 TX9D;
⑦ 把即将发送的 8 位数据送入 TXREG,并启动发送过程,硬件开始自动发送;
⑧ 如果使用中断处理功能,务必确保 GIE 和 PEIE 中断使能位已经被置 1。

4. USART 同步从动接收

同步从动接收方式和同步主控接收方式基本上是一样的,只有在单片机进入睡眠状态时,它们才有区别。另外,在从动方式下,SREN 位不起作用。

如果执行 SLEEP 指令之前,单片机已经设置 USART 为同步从动接收状态,则单片机进入睡眠状态后仍可以接收一个外部送来的数据。当该位数据接收完成后,RSR 中的数据将装载到 RCREG 内,并产生中断请求,如果中断允许,则会唤醒单片机;如果 GIE=1,则跳到中断服务程序入口执行中断程序;如果 GIE=0,则会沿着 SLEEP 指令之后的下一条指令继续执行。

因此,用户对于同步从动接收方式程序的编写,应该遵循以下步骤:
① 设置 SYNC=1、SPEN=1 和 CRSC=0,使 USART 工作于同步从动方式;
② 如果需要中断处理功能,置 RCIE=1;
③ 如果要接收 9 位数据,置 RX9=1;
④ 置 CREN=1,使 USART 工作于接收方式;
⑤ 当接收完成后,产生中断请求(RCIF=1),如果 RCIE=1,便引起中断;
⑥ 如果选择 9 位数据,读 RCSTA 寄存器以便获取第 9 位数据,并且判断是否在接收过程中发生了错误;
⑦ 读 RCREG 寄存器中已经收到的低 8 位数据;
⑧ 如果发生了接收错误,通过置 CREN=0 来清除错误标志位;
⑨ 如果使用中断处理功能,务必确保 GIE 和 PEIE 中断使能位已经被置 1。

2.10 主控同步串口端口 MSSP 及其应用

在 PIC16F87X 系列单片机中有两种串行接口模块,即 USART 和 SSP 模块,这两种模块应用于不同的功能。有了这两种模块,用户可以根据实际需要来进行选择应用。

2.10.1 同步串行接口简介

同步串行接口(SSP,Synchronous Serial Port)可用于实现单片机与其他外围器件或不同单片机之间的串行数据通信。在 PIC 单片机内部,SSP 和 USART 是完全独立的两个功能模块,尽管其功能有一些类似。现在的嵌入式系统设计,如果需要在单片机外围进行功能扩展,一般都优先选择串行接口方式以节省芯片的 I/O 引脚,同时也简化设计。

在 PIC16F87X 单片机内部带有主控同步串行通信端口(MSSP,Master Synchronous Serial Port)"模块。MSSP 模块主要用来和带串行接口的外围器件或者其他带有同类接口的单片机进行通信的一种串行接口。这些外围器件可以是串行的 RAM、EEPROM、Flash、LCD 驱动器等。

PIC16F87X 单片机内部的 MSSP 模块可以兼容,即可以工作于以下两种工作模式:
① 串行外围接口(SPI,Serial Peripheral Interface);
② 芯片间总线(I^2C,Inter Intrgrated Circuit Bus)。

2.10.2 同步串行端口的 SPI 模式

1. SPI 接口相关寄存器

SSP 接口模块的所有功能由一些专属的特殊功能寄存器控制实现。另外,还有与中断相关的寄存器配合。

与 SPI 接口相关的寄存器共有 10 个,见表 2.46,其中不可以直接访问的有 1 个(SSPSR)。这 10 个寄存器中的前 6 个寄存器是与其他模块共用的,在此不多作介绍,这里新引出的与 MSSP 模块相关的寄存器只有 4 个,它们是与 I^2C 模式共用的。在此仅介绍与 SPI 模式相关的位和功能。

表 2.46 与 SPI 相关的寄存器各位描述

寄存器名称	寄存器符号	寄存器地址	寄存器内容							
			Bit7	Bit6	Bit5	Bit4	Bit3	Bit2	Bit1	Bit0
中断控制寄存器	INTCON	0BH/8BH/10BH/18BH	GIE	PEIE	T0IE	INTE	RBIE	T0IF	INTF	RBIF
第一外设中断标志寄存器	PIR1	0CH	PSPIF	ADIF	RCIF	TXIF	SSPIF	CCPIF	TMR2IF	TMR1IF
第一外设中断使屏蔽存器	PIE1	8CH	PSPIE	ADIE	RCIE	TXIE	SSPIE	CCP1IE	TMR2IE	TMR1IE
ADC 控制寄存器 1	ADCON1	9FH	ADFM	—	—	—	PCFG3	PCFG2	PCFG1	PCFG0
A 口方向寄存器	TRISA	85H	—	—	TRISA5	TRISA4	TRISA3	TRISA2	TRISA1	TRISA0
C 口方向寄存器	TRISC	87H	TRISC7	TRISC6	TRISC5	TRISC4	TRISC3	TRISC2	TRISC1	TRISC0
收发缓冲器	SSPBUF	13H	MSSP 接收/发送数据缓冲器							
同步串口控制寄存器	SSPCON	14H	WCOL	SSPOV	SSPEN	CKP	SSPM3	SSPM2	SSPM1	SSPM0
同步串口状态寄存器	SSPSTAT	94H	SMP	CKE	D/A	P	S	R/W	UA	BF
移位寄存器	SSPPSR	无地址	MSSP 接收/发送数据移位寄存器							

第 2 章 PIC 系列单片机系统的结构和工作原理

下面对新引出的与 MSSP 相关的寄存器作简要介绍。

(1) 收/发数据缓冲器——SSPBUF

SSPBUF 各位描述见表 2.47。

表 2.47 SSPBUF 各位描述

寄存器名称	寄存器符号	寄存器地址	寄存器内容							
			Bit7	Bit6	Bit5	Bit4	Bit3	Bit2	Bit1	Bit0
收发缓冲器	SSPBUF	13H	MSSP 接收/发送数据缓冲器							

SSPBUF 与内部总线直接相连,是一个可读/写的寄存器。发送时用户将欲发送的数据写入其中,接收时用户从其中读出已经接收到的数据。

(2) 同步串口控制寄存器——SSPCON

SSPCON 各位描述见表 2.48。

表 2.48 SSPCON 各位描述

寄存器名称	寄存器符号	寄存器地址	寄存器内容							
			Bit7	Bit6	Bit5	Bit4	Bit3	Bit2	Bit1	Bit0
同步串口控制寄存器	SSPCON	14H	WCOL	SSPOV	SSPEN	CKP	SSPM3	SSPM2	SSPM1	SSPM0

同步串口控制寄存器 SSPCON 用来对 MSSP 模块的多种功能和指标进行控制,是一个可读/写的寄存器,与 SPI 相关的位的功能如下描述。

① WCOL:写操作冲突检测位。在 SPI 从动方式下,1=正在发送前一个数据字节时,又有数据写入 SSPBUF 缓冲器(必须用软件清零);0=未发行冲突。

② SSPOV:接收溢出标志位。1=表示缓冲器 SSPBUF 中仍然保持前一个数据时,移位寄存器 SSPSR 又收到新的数据。在溢出时,SSPSR 中的数据将丢失。在从动方式下,为了避免产生溢出,即使是在单纯的发送时,用户也必须读取 SSPBUF 中的数据;在主控方式下,溢出位不会被置 1,因为每次操作都是通过对 SSPBUF 的写操作进行初始化的(必须用软件清零)。0=表示未发生接收溢出。

③ SSPEN:同步串口 MSSP 使能位。当 SPI 模式被使能时,相关引脚必须正确地设定为输入或输出状态。1=允许串行端口工作,并且设定 SCK、SDO、SDI 和 $\overline{SS}$ 为 SPI 接口专用;0=关闭串行端口功能,并且设定 SCK、SDO、SDI 和 $\overline{SS}$ 为普通数字 I/O 口。

④ CPK:时钟极性选择位。1=空闲时时钟停留在高电平;0=空闲时时钟停留在低电平。

⑤ SSPM3~SSPM0:同步串口 MSSP 方式选择位。0000=SPI 主控工作方式,时钟=$f_{osc}/4$;0001=SPI 主控工作方式,时钟=$f_{osc}/16$;0010=SPI 主控工作方式,时钟=$f_{osc}/64$;0011=SPI 主控工作方式,时钟=TMR2 输出/2;0100=SPI 从动工作方式,时钟=SCK 脚输入,使能 $\overline{SS}$ 脚功能;0100=SPI 从动工作方式,时钟=SCK 脚输入,关闭 $\overline{SS}$ 脚功能,$\overline{SS}$ 被用作普通数字 I/O 口。

(3) 同步串口状态寄存器——SSPSATA

SSPSATA 各位描述见表 2.49。

表 2.49　SSPSATA 各位描述

寄存器名称	寄存器符号	寄存器地址	寄存器内容							
			Bit7	Bit6	Bit5	Bit4	Bit3	Bit2	Bit1	Bit0
同步串口状态寄存器	SSPSTAT	94H	SMP	CKE	D/A	P	S	R/W	UA	BF

SSPSATA 用来对 MSSP 模块的各种工作状态进行记录,最高 2 位可读/写,低 6 位只能读出。在此只介绍与 SPI 相关的位和功能。

① SMP:SPI 采样控制位兼 I^2C 总线转换率控制位。在 SPI 主控方式下,1＝在输出数据的末属采样输入数据;0＝在输出数据的中间采样输入数据。在 SPI 从动方式下,在该工作方式下,SMP 位必须清零。

② CKE:SPI 时钟沿选择兼 I^2C 总线输入电平规范选择位。在 CKP＝0,静态电平为低时,1＝在串行时钟 SCK 的上升沿发送数据;0＝在串行时钟 SCK 的下降沿发送数据。在 CKP＝1,静态电平为高时,1＝在串行时钟 SCK 的下降沿发送数据;0＝在串行时钟 SCK 的上升沿发送数据。

③ BF:缓冲器已满标志位。仅在 SPI 接收状态下,1＝接收完成,缓冲器已满,0＝接收未完成,缓冲器仍为空。

(4) 移位寄存器——SSPSR

SSPSR 各位描述见表 2.50。

表 2.50　SSPSR 各位描述

寄存器名称	寄存器符号	寄存器地址	寄存器内容							
			Bit7	Bit6	Bit5	Bit4	Bit3	Bit2	Bit1	Bit0
移位寄存器	SSPPSR	无地址	MSSP 接收/发送数据移位寄存器							

直接从端口引脚接收或发送串行数据,将已经成功接收到的数据卸载到缓冲器 SSPBUF 中,或者从缓冲器 SSPBUF 装载即将发送的数据。

2. SPI 接口的结构和操作原理

当主控同步串行口 MSSP 模块工作于 SPI 接口模式时,其电路结构如图 2.32 所示。

SPI 接口核心部分是与内部数据总线连通的数据缓冲器 SSPBUF 和由 SSPBUF 实现装载与卸载的数据移位寄存器 SSPSR。寄存器 SSPSR 的数据移入端经过施密特触发器与引脚 SDI 连接;其输出端经过受控三态门与引脚 SDO 连接。移位时钟经过与非门、选择开头和边沿选择电路,取自外接引脚 SCK(当工作于从动方式时),或者取自系统时钟的分频结果或"TMR2 输出/2"(当工作于主控方式时)。另外,当工作于主控模式时,由引脚 SCK 向通信对端输送的移位时钟,经过受控三态门、边沿选择电路和选择开关,索取的是系统时钟的分频结果或"TMR2 输出/2"。

要让 SPI 串行端口工作,必须把 MSSP 模块的使能位 SSPEN 置 1。要复位或者重新定义 SPI 接口方式,就要对 SSPEN 位清零,再对 SSPCON 寄存器重新初始化,然后把 SSPEN 位置 1。这样就可以把引脚 SDI、SDO、SCK 和 $\overline{SS}$ 作为 SPI 接口的专用引脚。为了使这些引脚具有

第 2 章　PIC 系列单片机系统的结构和工作原理

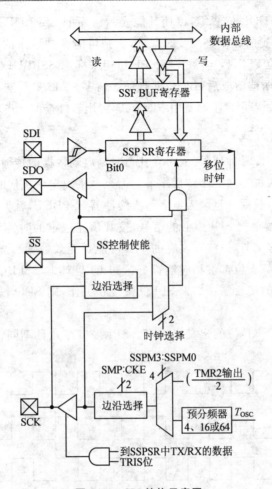

图 2.32　SPI 结构示意图

串行接口的功能,还必须对其方向控制位进行相应的定义:
- SDI 引脚的 I/O 方向由 SPI 接口自动控制,应设定 TRISC4=1;
- SDO 引脚定义为输出,即 TRISC5=0;
- 在主控方式下,SCK 引脚定义为输出,即 TRISC3=0;
- 在从动方式下,SCK 引脚定义为输入,即 TRISC3=1;
- 在从动方式下如果用到 $\overline{SS}$ 引脚,则定义为输入,即 TRISA5=1,并且在 ADCON1 控制寄存器里必须设置该引脚为普通数字 I/O 脚。

以上 4 条 SPI 引脚当中,任何不用的引脚,都可以设置其相应方向寄存器的控制位为"相反"值。例如在主控方式下,如果只想发送数据(给显示驱动器、DAC 等),则可将未用到的两个引脚 SDI 和 $\overline{SS}$,通过把它们相应方向寄存器 TRIS 中的方向控制位清零,即可把这两个引脚当作普通"输出"脚使用。

当 SPI 接口收到一个 8 位数据时,就将其装载到缓冲器 SSPBUF,并且置位缓冲器满标志位 BF=1、中断请求位 SSPIF=1。由于 SSPBUF 起到二级缓冲器的作用,当在第 1 个接收到的数据还没有被 CPU 读取时,SSPSR 寄存器即可进行第 2 个数据的接收。在进行数据的发送或接收期间,任何试图写 SSPBUF 的操作都无效,并且将造成写冲突检测位 WCOL=1。此时用户必须用软件将 WCOL 位清零,以使其能表示后面的 SSPBUF 写入操作是否成功。在 SSPBUF 中存放的接收到的数据必须及时取走,否则可能会被后来的数据覆盖掉。如果发生数据覆盖,则溢出标志位 SSPOV 会被置 1。BF 位用来标志 SSPBUF 是否已经载入了接收数据,当 SSPBUF 中的数据被读取后,BF 位即自动被清零。MSSP 模块的中断请求会通知 CPU 数据的传输已经完成。如果用户不愿意用中断方式,可用软件查询方式来读取和写入 SSPBUF。

3. SPI 接口的主控方式

由于主机控制着 SCK 时钟信号,故可在任意时刻启动数据的传输过程。主机可以通过软件协议的办法(例如给从机发送一个特殊字节为命令),来决定从机何时需要发送数据。

在主机工作方式下,数据一旦装入或者写入缓冲器 SSPBUF,就可以开始读取或者发送操作。此时,SSPSR 将连续地把 SDI 脚上的信号,按其预先选定的时钟节拍进行移入。当接收完一个字节后,都按正常字节对待(其实有的字节可能是无效数据),立即装入 SSPBUF,同时中断标志位和缓冲器满标志位都被相应地置 1,通过 CPU 读取 SSPBUF。这种情况很适合作为"在线主动监控"方式的接收器。如果 SPI 仅做接收工作,则 SDO 输出线可以不用(即把该脚设置成输入)。

时钟极性可以通过 CKP 位的定义来选定。SPI 接口在几种不同情况下的工作时序图如图 2.33 所示。

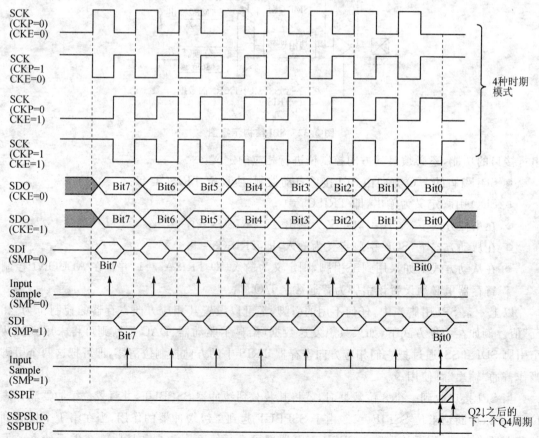

图 2.33 主控方式下 SPI 工作时序图

从图 2.33 可以看出,当 CKE=1 时,在 SCK 引脚上的第 1 个时钟边沿之前,SDO 脚上的数据就有效了;而输入数据的采样时间取决于 SMP 位,有两种选择;还可以看出何时缓冲器 SSPBUF 被装满接收到的数据。

在主机方式下,SPI 接口的通信率(即比特率),可以由用户编程设定,有如下 4 种选择(详见 SSPCON 寄存器描述):

- $f_{osc}/4$;
- $f_{osc}/4$;
- $f_{osc}/4$;
- TMR2 输出/2。

在系统时钟振荡频率为 20 MHz 时,SCK 最高时钟频率可达到 5 MHz。

4. SPI 接口的从动方式

在从动方式下,外部时钟是由 SCK 引脚上送来的外部时钟源提供的,该外部时钟源必须满足电气特性说明书中规定的最短高电平时间和最短低电平时间的要求(PIC16F87X 技术手册的特性参数表中规定,SCK 输入的高电平和低电平时间的最小值均为 $T_{cv}+20$ ns,其中 T_{cv} 为指令周期)。

在从动方式下,数据的发送和接收是利用 SCK 引脚上输入的外部同步时钟脉冲进行定时的,所以数据的传输速率取决于外来同步时钟的频率。当被接收数据的最后一位被锁定,或者被发送数据的最后一位被移出之后,中断标志位 SSPIF 被置 1,发出中断请求。时钟的极性可由 CKP 设定,从动方式下 SPI 工作时序图如图 2.34 和图 2.35 所示。

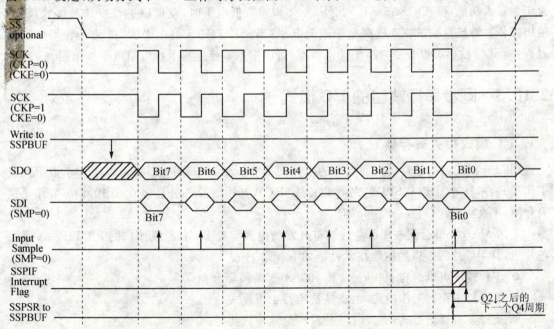

图 2.34 从动方式下 SPI 工作时序图(CKE=0)

在单片机进入睡眠状态时,处于从动方式工作的 SPI 接口,也可发送和接收数据,并通过中断请求将 CPU 唤醒。

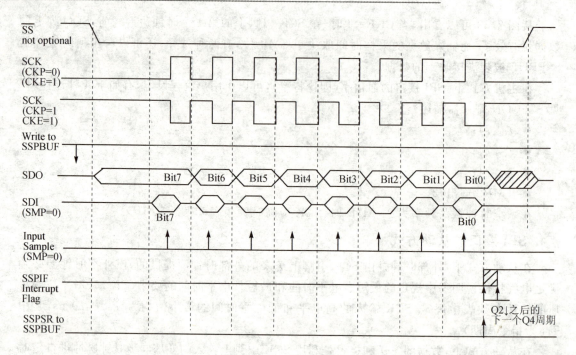

图 2.35　从动方式下 SPI 工作时序图(CKE=1)

通过$\overline{SS}$脚还可以把单片机设定为一种同步从属工作方式(尤其适合多机通信的从动方式),这时 SPI 接口必须被定义为从动方式,即 SSPCON[3:0]=0100;同时,RA5/$\overline{SS}$引脚必须设定为输入功能,即 TRISA5=1。此外,外$\overline{SS}$脚输入低电平时,就可以进行发送和接收,SDO 输出脚依据输出数据被驱动成高电平或低电平;当$\overline{SS}$引脚输入高电平时,即使是在发送数据过程中,SDO 输出脚也会变为高阻浮空状态,可以根据需要外接上拉电阻或下拉电阻。

2.10.3　同步串行端口的 I^2C 模式

1. I^2C 模式相关寄存器

PIC16F87X 系列单片机内部配置的主控同步串行端口 MSSP 模块,可以工作于以下两种工作模式:串行外围接口(SPI)和芯片间总线(I^2C),其中 SPI 部分已经在 2.10.2 小节作了简要介绍,下文将对 I^2C 总线作一介绍。

美国 Microchip 公司按 I^2C 总线规范开发的内部配置了 I^2C 总线接口的 PIC16F87X 系列单片机,其 I^2C 总线接口的主要技术性能如下:
- 工作速度可以兼容 100 kb/s 和 400 kb/s 两种标准;
- 既支持主控器工作模式,也支持被控器工作模式;
- 支持多机通信方式,支持时钟仲裁和总线仲裁功能;
- 既可用 7 位寻址方式,也可用 10 位寻址方式;
- 支持广播式寻址(或称为通用呼叫地址寻址)方式;
- 信号线电平可以兼容 I^2C 和 SMBus 两种总线规范;
- 硬件上可以自动检测总线冲突、启动信号和停止信号,并且产生中断标志;

第2章 PIC系列单片机系统的结构和工作原理

- 支持 CPU 的睡眠工作方式,在 CPU 睡眠方式下,I^2C 端口电路可以接收地址和数据,并且只要 MSSP 中断允许,当地址匹配或一个字节传输完毕,都会唤醒 CPU。

本小节只介绍工作于 I^2C 总线模式下的 MSSP 模块。与 I^2C 相关的寄存器共有 12 个,见表 2.51,其中有一个是不可以直接访问的寄存器 SSPSR;有 6 个与其他模块共用,在此没有新的内容需要补充说明;有 6 个以"SSP"前缀的寄存器与 SPI 模式共用。对于在 SPI 部分已经引出的两个寄存器 SSPCON 和 SSPSTAT,在此仅介绍它们与 I^2C 模式有关的位及功能。另外,这里新引出的两个寄存器 SSPCON2 和 SSPADD,属于 I^2C 专用。

表 2.51 与 I^2C 模式相关的寄存器各位描述

寄存器名称	寄存器符号	寄存器地址	寄存器内容							
			Bit7	Bit6	Bit5	Bit4	Bit3	Bit2	Bit1	Bit0
中断控制寄存器	INTCON	0BH/8BH/10BH/18BH	GIE	PEIE	T0IE	INTE	RBIE	T0IF	INTF	RBIF
第一外设中断标志寄存器	PIR1	0CH	PSPIF	ADIF	RCIF	TXIF	SSPIF	CCPIF	TMR2IF	TMR1IF
第一外设中断屏蔽寄存器	PIE1	8CH	PSPIE	ADIE	RCIE	TXIE	SSPIE	CCP1IE	TMR2IE	TMR1IE
第二外设中断标志寄存器	PIR2	0DH	—	—	—	EEIF	BCLIF	—	—	CCP2IF
第二外设中断屏蔽寄存器	PIE2	8DH	—	—	—	EEIE	BCLE	—	—	CCP2IE
C口方向寄存器	TRISC	87H	TRISC7	TRISC6	TRISC5	TRISC4	TRISC3	TRISC2	TRISC1	TRISC0
收发缓冲器	SSPBUF	13H	MSSP 接收/发送数据缓冲器							
同步串口控制寄存器	SSPCON	14H	WCOL	SSPOV	SSPEN	CKP	SSPM3	SSPM2	SSPM1	SSPM0
同步串口控制寄存器2	SSPCON2	91H	GCEN	ACKSTAT	ACKDT	ACKEN	RCEN	PEN	RSEN	SEN
从地址/波特率寄存器	SSPADD	93H	I^2C 被控方式存放从器件地址/I^2C 主控方式存放波特率值							
同步串口状态寄存器	SSPSTAT	94H	SMP	CKE	D/A	P	S	R/W	UA	BF
移位寄存器	SSPPSR	无地址	MSSP 接收/发送数据移位寄存器							

下面对相关寄存器作一简单介绍。

(1) 同步串口控制寄存器——SSPCON

SSPCON 各位描述见表 2.52。

表 2.52 SSPCON 各位描述

寄存器名称	寄存器符号	寄存器地址	寄存器内容							
			Bit7	Bit6	Bit5	Bit4	Bit3	Bit2	Bit1	Bit0
同步串口控制寄存器	SSPCON	14H	WCOL	SSPOV	SSPEN	CKP	SSPM3	SSPM2	SSPM1	SSPM0

SSPCON 用来对 MSSP 模块的多种功能和指标进行控制,是一个可读/写的寄存器,在此仅介绍与 I²C 总线相关的位及其功能。

① WCOL:写操作冲突检测位。1=在 I²C 总线的状态还未准备好时,试图向 SSPBUF 缓冲器写入数据(必须用软件清零);0=未发行冲突。

② SSPOV:接收溢出标志位。1=表示缓冲器 SSPBUF 中前一个数据还没有被取走又收到新的数据,在发送方式下此位无效(必须用软件清零);0=表示未发生接收溢出。

③ SSPEN:同步串口 MSSP 使能位。1=允许串行端口工作,并且设定 SDA 和 SCL 为 I²C 总线专用引脚;0=关闭串行端口功能,并且设定 SDA 和 SCL 为普通数字 I/O 口。

④ CPK:时钟极性选择位(对于 SPI 模式而言)。在 I²C 被控方式下,SCL 时钟使能位。1=时钟正常工作;0=将时钟线拉低并保持,以延长时钟周期来确保数据建立时间。在 I²C 主控方式下,未用。

⑤ SSPM3~SSPM0:同步串口 MSSP 方式选择位。0110=I²C 被控器方式,7 位寻址;0111=I²C 被控器方式,10 位寻址;1000=I²C 主控器方式,时钟 $=f_{osc}/[4 \times (SSPADD+1)]$;1011=I²C 由软件控制的主控器方式(被控器方式空闲);1110=I²C 由软件控制的主控器方式,启动位和停止位被允许中断的 7 位寻址;1111=I²C 由软件控制的主控器方式,启动位和停止位被允许中断的 10 位寻址。1001、1010、1100 和 1101=保留未用。

(2) 同步串口控制寄存器 2——SSPCON2

SSPCON2 各位描述见表 2.53。

表 2.53　SSPCON2 各位描述

寄存器名称	寄存器符号	寄存器地址	寄存器内容							
			Bit7	Bit6	Bit5	Bit4	Bit3	Bit2	Bit1	Bit0
同步串口控制寄存器 2	SSPCON2	91H	GCEN	ACKSTAT	ACKDT	ACKEN	RCEN	PEN	RSEN	SEN

该寄存器主要是为了增强 MSSP 模块 I²C 总线模式的主控器功能而新增加的,也是一个可以读/写的寄存器,其中 1 位 GCEN 仅使用于 I²C 被控器方式,其他 7 位仅用于 I²C 主控器方式。

① GCEN:通用呼叫地址寻址使能位。1=当 SSPSR 中收到通用呼叫地址(00H)时允许中断;0=禁止以通用呼叫地址寻址。

② ACKSTAT:应答状态位。在 I²C 主控发送方式下:硬件自动接收来自被控接收器的应答信号。1=未收到来自被控接收器的有效应答位(或表示为 NACK);0=收到来自被控接收器的有效应答位(或表示为 ACK)。

③ ACKDT:应答信息位。在 I²C 主控方式下,一个字节收完之后,主控器软件应反送一个应答信号。该位就是用户软件写入的将被反送的值。1=将发送非应答位(NACK);0=将发送有效应答位(ACK)。

④ ACKEN:应答信号时序发送使能位。在 I²C 主控接收方式下,1=在 SDA 和 SCL 引脚上建立并发送一个携带着应答位 ACKDT 的应答信号时序(被硬件自动清 0);0=不在 SDA 和 SCL 引脚上建立和发送应答信号时序。

第 2 章 PIC 系列单片机系统的结构和工作原理

⑤ RCEN：接收使能位。1＝使能接收模式，以接收来自 I²C 上的信息；0＝禁止接收模式工作。

⑥ PEN：停止信号时序发送使能位。1＝在 SDA 和 SCL 引脚上建立并发送一个停止信号时序(被硬件自动清零)；0＝不在 SDA 和 SCL 引脚上建立和发送停止信号时序。

⑦ RSEN：停止信号时序发送使能位。1＝在 SDA 和 SCL 引脚上建立并发送一个重启动信号时序(被硬件自动清零)；0＝不在 SDA 和 SCL 引脚上建立和发送重启动信号时序。

⑧ SEN：启动信号时序发送使能位。1＝在 SDA 和 SCL 引脚上建立并发送一个启动信号时序(被硬件自动清零)；0＝不在 SDA 和 SCL 引脚上建立和发送启动信号时序。

(3) 从地址/波特率寄存器——SSPADD

SSPADD 各位描述见表 2.54。

表 2.54 SSPADD 各位描述

寄存器名称	寄存器符号	寄存器地址	寄存器内容							
			Bit7	Bit6	Bit5	Bit4	Bit3	Bit2	Bit1	Bit0
从地址/波特率寄存器	SSPADD	93H	I²C 被控方式存放从器件地址/I²C 主控方式存放波特率值							

在 I²C 主控器工作方式下，该寄存器被用作波特率发生器的定时参数装载寄存器。在 I²C 被控器工作方式下，该寄存器用作为地址寄存器，来存放从器件地址：在 10 位寻址方式下，用户程序需要写入高字节(11110A9A80)；一旦该高字节与所收到的地址字节匹配，再装入地址的代字节(A7～A0)。

(4) 同步串口状态寄存器——SSPSTAT

SSPSTAT 各位描述见表 2.55。

表 2.55 SSPSTAT 各位描述

寄存器名称	寄存器符号	寄存器地址	寄存器内容							
			Bit7	Bit6	Bit5	Bit4	Bit3	Bit2	Bit1	Bit0
同步串口状态寄存器	SSPSTAT	94H	SMP	CKE	D/A	P	S	R/W	UA	BF

SSPSTAT 用来记录 MSSP 模块的各种工作状态。最高两位可读/写，低 6 位为只读。在此只介绍与 I²C 相关的位及功能。

① SMP：SPI 采样控制位兼 I²C 总线转换率控制位。在 I²C 主控和被控方式下，1＝转换率(Slew Rate)控制被关闭以便适应标准频率模式(100 kHz)；0＝转换率控制被打开以便适应快速频率模式(400 kHz)。

② CKE：SPI 时钟沿选择兼 I²C 总线输入电平规范选择位。在 I²C 主控和被控方式下，1＝输入电平遵循 SMBus 总线规范；0＝输入电平遵循 I²C 总线规范。

③ D/A：数据/地址标志位(仅用于 I²C 总线方式)。1＝最近一次接收或发送的字节是数据；0＝最近一次接收或发送的字节是地址。

④ P：停止位(仅用于 I²C 总线方式，当 SSPEN＝0、MSSP 被关闭时，该位被自动清零)。1＝最近检测到了停止位(单片机复位时该位为 0)；0＝最近没有检测到停止位。

⑤ S：启动位(仅用于 I²C 总线方式,当 SSPEN＝0,MSSP 被关闭时,该位被自动清零)。1＝最近检测到了启动位(单片机复位时该位为 0)；0＝最近没有检测到启动位。

⑥ R/W：读/写信息位(仅用于 I²C 总线方式)。该位记录最近一次地址匹配后,从地址字节中获取的读/写状态信息。该位仅从地址匹配到下一个启动位或停止位或非应答位被检测到的期间之内有效。它与 SEN、RSEN、PEN、RCEN 或 ACKEN 位一起,将用于显示 MSSP 是否处于空闲状态。

在 I²C 被控方式下,1＝读操作；0＝写操作；在 I²C 主控方式下,1＝正在进行发送；0＝不在进行发送。

⑦ UA：地址更新标志位(仅用于 I²C 总线的 10 位地址寻址方式)。1＝需要用户更新 SSPADD 寄存器中的地址(该位由硬件自动置 1)；0＝不需要用户更新 SSPADD 寄存器中的地址。

⑧ BF：缓冲器已满标志位。在 I²C 总线方式下接收时,1＝接收成功,缓冲器 SSPBUF 已经满；0＝接收未完成,缓冲器 SSPBUF 还为空。在 I²C 总线方式下发送时,1＝数据发送正在进行之中(不包含应答位和停止位),缓冲器 SSPBUF 还是满的；0＝数据发送已经完成(不包含应答位和停止位)缓冲器 SSPBUF 已空。

2. 被控器通信方式

MSSP 模块作为 I²C 总线接口时,在选择任何一种 I²C 方式之前(主控器或被控器),都必须设置相应的方式寄存器 TRISC,通过该寄存器的 TRISC[4:3] 把 RC4/SDA 和 RC3/SCL 引脚设置为输入,以避免 RC 端口模块对于 I²C 总线结构的影响。通过将控制寄存器 SSPCON 中的 MSSP 模块使能控制位 SSPEN 置 1,就可以启用 I²C 工作方式。一旦进入 I²C 工作方式后,SCL 和 SDA 引脚就自动被分配给 I²C 总线,分别作为串行时钟线和串行数据线。

MSSP 模块工作在 I²C 总线被控器方式下时,其电路结构框图如 2.36 所示。

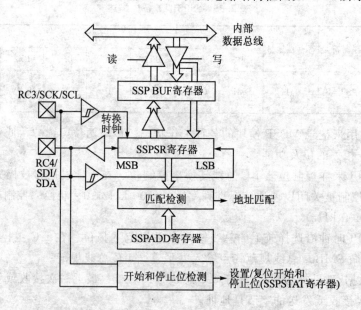

图 2.36　I²C 被控器方式下的 MSSP 模块内部方框图

从图 2.36 中可以看出，缓冲器 SSBUF 是一个可供用户程序读/写的寄存器，将要发送的数据写入该寄存器，或将接收到的数据从该寄存器读出。移位寄存器 SSPSR 负责将被传输的数据从单片机引脚移入或移出。接收时，两个寄存器一起形成一个双缓冲接收器，这就允许在前一个收到的数据被取出之前，可以接收下一个数据。每当收到一个数据字节时，它就转移给 SSPBUF，同时中断请求标志位 SSPIF 被自动置 1。如果 SSPBUF 中的数据被用户读取之前，又收到了下一个数据字节，则会发生溢出现象。溢出标志位 SSPOV 就被自动置 1，同时 SSPSR 里的数据将被丢失。

每当收到的地址字节与预先由用户程序写到 SSPADD 寄存器中的地址码匹配时，或在地址匹配后传输的数据字节被接收到时，硬件都会自动产生有效应答脉冲 ACK(低电平)，并且把数据装载到 SSPBUF 中。但在下面两种情况下 MSSP 不产生 ACK 脉冲：

- 在传送的新数据被接收之前，缓冲器标志位 BF 已经被置 1；
- 在传送的新数据被接收之前，溢出标志位 SSPOV 已经被置 1。

第 3 章
软件集成开发环境 MPLAB-IDE

MPLAB 集成开发环境(IDE)是综合的编辑器、项目管理器和设计平台,适用于使用 Microchip 公司的 PIC 系列单片机进行嵌入式设计的应用开发,可以通过网络下载和光盘发行两种方式为用户免费提供使用。

MPLAB-IDE 软件是以项目为导向的综合模拟调试开发环境软件,它把文本编辑器、汇编器、链接器、项目管理器和一系列调试器全部集成到一个模拟开发环境下,从而形成了一套不仅功能丰富而且使用方便的软件包。通过 MPLAB-IDE,单片机项目开发者可以在计算机上对 PIC 系列的单片机,进行源程序编写、编译,甚至还能实现目标程序的模拟运行和动态调试等操作,还可以采用连续运行、单步运行、自动单步运行、设置断点运行等多种运行方式。

Microchip 公司的 MPLAB-IDE 软件包升级非常频繁,这样可以不断地适应新推出的 PIC 单片机型号,各版本之间的差异不大,版本越高,支持的芯片就越多。在此,本书以 MPLAB-IDE V7.51 版本为实验平台进行描述。

3.1 MPLAB-IDE 的组成

前面讲到 MPLAB-IDE 是一个集成的软件开发环境,下面介绍一下其中 5 种常用的工具软件。

(1) 工程项目管理器

工程项目管理器是 MPLAB-IDE 的核心部分,用于创建、管理工程项目,为研发人员提供高自动化程度、操作方便的符号化调试工作平台。

(2) 源程序编辑器

源程序编辑器是一个文本编辑器,用于创建和修改程序代码,类似于 Windows 的"写字板"。

(3) 汇编器

汇编器用于将汇编语言程序文件编译成机器语言目标文件,即 ASM 文件编译成 HEX 文件。如果需要编写 C 语言程序,可以选择安装 MPLAB-IDE 的 C 语言插件软件即可。

(4) 软件模拟器

软件模拟器是一种代替硬件仿真器的调试工具,是一种非实时、非在线的纯软件调试工具。由于现在硬件仿真器的成本降低,市场上出现了经济型的仿真器,所以还是使用硬件仿真

第 3 章 软件集成开发环境 MPLAB-IDE

器来调试程序比较好。

(5) 在线调试工具 ICD 的支持

在线调试工具 ICD 的支持程序是一种专门与 ICD 配合使用的软件。ICD 是一种廉价的在线调试工具套件,特别适合单片机学习者及研发工程师使用。

3.2 MPLAB-IDE 软件的获取

获取 MPLAB-IDE 软件包可以采用两种方式:从 Microchip 公司各地办事处及相关代理商处索取资料光盘;另外更方便的就是从 Microchip 公司的网站(http://www.microchip.com)、代理商或单片机开发工具制造商网站进行下载,如杭州晶控电子有限公司(http://www.hificat.com)为单片机工具生产商,可以登陆其网站浏览相关信息。

从网站下载时,下载后的文件可能是 ZIP 或 RAR 的压缩文件包,再利用解压软件 WinZip 或 WinRAR 来进行安装。

3.3 MPLAB-IDE 软件的安装与卸载

本节将在 Windows XP 操作系统下,完成 MPLAB-IDE V7.51 软件的安装全过程,不同的 Windows 版本或 MPLAB-IDE 软件版本安装方法也是类似的。

现在先从网站或光盘中找到安装程序文件,该文件扩展名为 EXE,双击该文件开始安装,其全过程见图 3.1~图 3.10。

 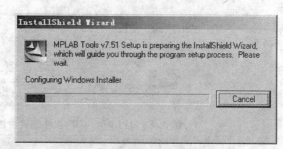

图 3.1 MPLAB-IDE 软件安装全过程-1

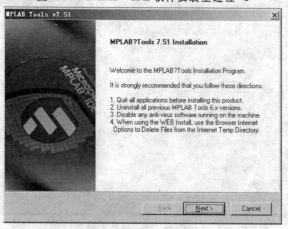

图 3.2 MPLAB-IDE 软件安装全过程-2

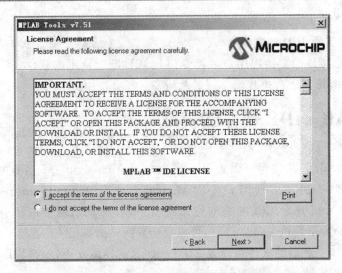

图 3.3　MPLAB-IDE 软件安装全过程-3

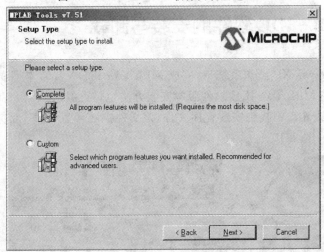

图 3.4　MPLAB-IDE 软件安装全过程-4

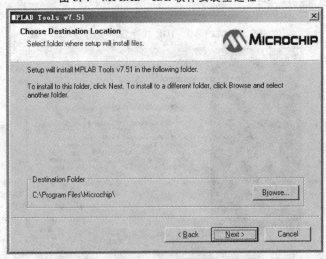

图 3.5　MPLAB-IDE 软件安装全过程-5

第 3 章 软件集成开发环境 MPLAB – IDE

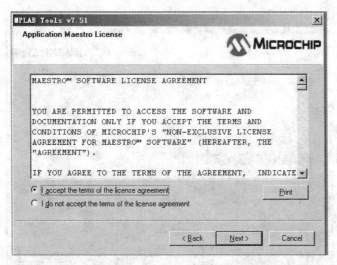

图 3.6　MPLAB – IDE 软件安装全过程-6

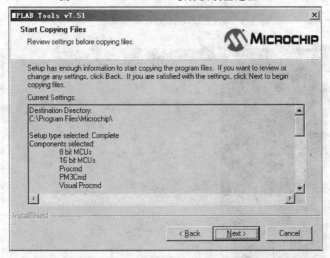

图 3.7　MPLAB – IDE 软件安装全过程-7

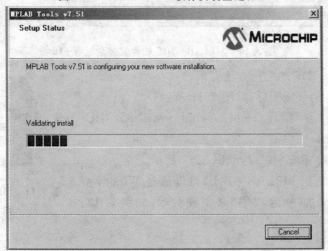

图 3.8　MPLAB – IDE 软件安装全过程-8

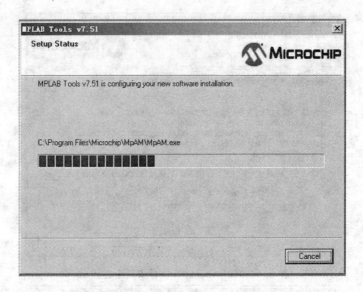

图 3.9　MPLAB‑IDE 软件安装全过程‑9

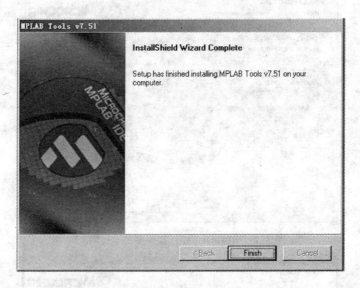

图 3.10　MPLAB‑IDE 软件安装全过程‑10

启动 MPLAB‑IDE 的常用方法有两种：

① 双击桌面上的快捷图标，如图 3.11 所示；

② 选择"开始"→"程序"→Microchip→MPLAB IDE v7.51→MPLAB IDE。

启动后进入软件环境主窗口，如图 3.12 所示。

如果以后不想使用 MPLAB‑IDE，可以通过 Windows "控制面板"中的"添加/删除程序"来实现清除，如图 3.13 所示。

图 3.11　MPLAB‑IDE 软件启动图标

第3章 软件集成开发环境 MPLAB – IDE

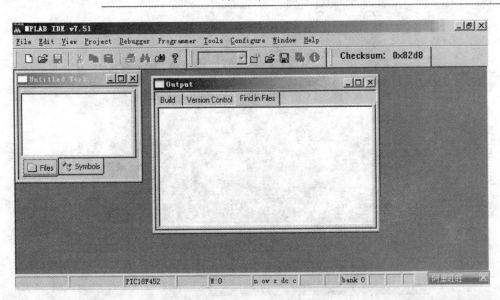

图 3.12 MPLAB – IDE 主窗口

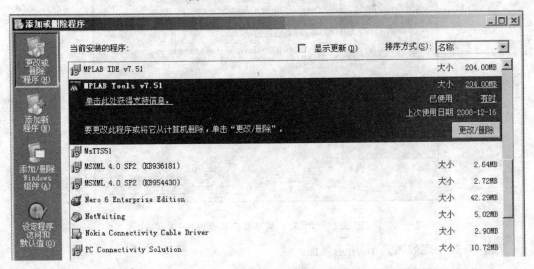

图 3.13 Windows 中卸载 MPLAB – IDE 软件项

3.4 PICC 编译器的安装与使用方法

使用过汇编语言和 C 语言的读者肯定会感觉到 C 语言的人性化与方便性,汇编语言起源的年代比较早,因此,有很多程序高手仍使用汇编语言,毕竟自己也已经习惯了,但对于一些单片机入门者,还是推荐使用 C 语言来写程序,相对来说比较通俗、易学。在某些特定的场合,汇编语言仍然有不可代替的优势,其指令执行时间很精确,但对于目前越来越长的程序代码,考虑到软件的升级性与维护性,还是强烈推荐用户使用 C 语言作为开发语言。下面,来介绍一下 PICC C 编译器 for MPLAB IDE 的安装与使用方法,自此开始 PIC 单片机 C 语言时代。

运行安装程序,将出现如图 3.14 所示安装界面。

单击 Next 出现如图 3.15 所示界面。

图 3.14 PICC C 编译器安装全过程-1

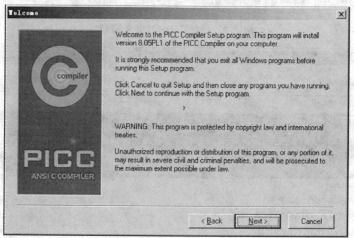

图 3.15 PICC C 编译器安装全过程-2

单击 Next 出现如图 3.16 所示界面。

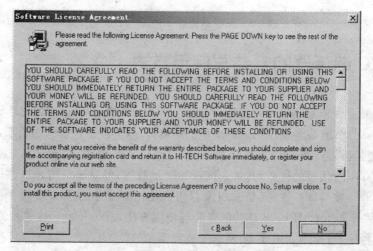

图 3.16 PICC C 编译器安装全过程-3

第3章 软件集成开发环境 MPLAB–IDE

单击 Yes 出现如图 3.17 所示界面,选择安装目录(也可以建议使用默认值)。

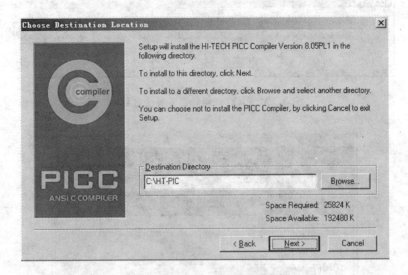

图 3.17 PICC C 编译器安装全过程-4

单击 Next 出现如图 3.18 所示安装进度界面。

图 3.18 PICC C 编译器安装全过程-5

等待完成以后将出现如图 3.19 所示界面。
选择"是"继续安装,将显示如图 3.20 界面。
到此安装完成,将提示重新启动计算机,选择"确定"即可。

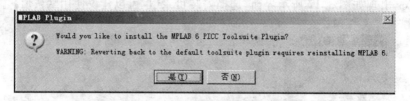

图 3.19 PICC C 编译器安装全过程-6

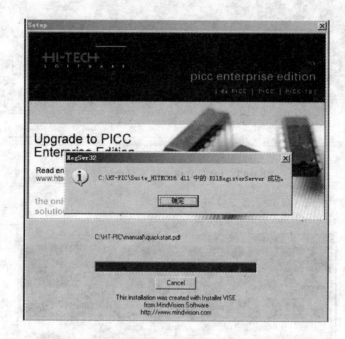

图 3.20 PICC C 编译器安装全过程-7

3.5 初次使用 PICC 的设置

下面介绍在 MPLAB-IDE 中如何使用刚安装好的 PICC 软件：

① 启动运行 MPLAB-IDE 软件,这时还没有打开任何项目和源文件,选择 File→New 打开文档窗口,在此输入 C 语言源程序,完成后保存为 xxxxx.c 文件,文件名任意即可。

② 建立项目。选择 Project→New 打开新建项目窗口。在项目名中填入项目名称,在项目保存路径中选择路径(注意必须和第①步中 .c 程序同路径)。

③ 选择语言工具组件。选择 Project→Slecete Language Toolsuite,出现如图 3.21 所示对话框。

在 Active Toolsuite 中选择 HI-TECH PICC Toolsuite,在 Toolsuite Contents 中把编译器、链接器、汇编器全部都设置为 picc.exe,单击 OK 即可。

④ 设置语言工具组件。选择 Project→Set Language Tool Laction,单击 HI-TECH PICC Toolsuite 前的"+"后打开目录树,并展开下面的 Default Search Path & Directory 目录,进行如下设置：

第3章 软件集成开发环境 MPLAB-IDE

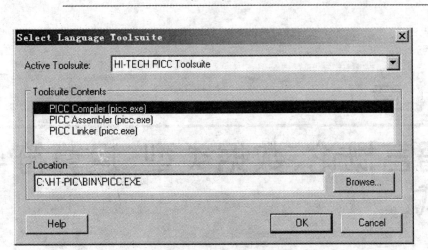

图3.21 选择语言工具

- Output Directory 和 Intermediates Directory 可以选择默认路径;
- Include Search Directory 路径选择为:安装路径/include;
- Library Search Directory 路径选择为:安装路径/lib。

单击 OK 即可。

⑤ 加入源程序并选择器件,调试程序。

第 4 章
C 语言概论、数据类型、运算符与表达式

4.1 C 语言概论

4.1.1 C 语言的发展过程

C 语言问世于 1969 年至 1973 年间,1978 年由美国电话电报公司(AT&T)贝尔实验室正式发表了 C 语言,同时 B. W. Kernighan 和 D. M. Ritchit 两人一起撰写了著名的"*The C Programming Language*"一书。通常简称为《K&R》或"白皮书"。但是,在"白皮书"中并没有对标准 C 语言有一个完整的定义,直到 1983 年,C 语言标准才由美国国家标准化学会在"白皮书"的基础上制定,将其称之为 ANSI C。到了今天,C 语言已经成为了一门普遍应用于计算机业上语言了。

4.1.2 C 语言的特点

C 语言是一种结构化语言。首先,它层次清晰,便于按模块化方式组织程序,易于调试和维护,语言简洁、紧凑,使用方便、灵活。其次,它具有丰富的运算符和数据类型,便于实现各类复杂的数据结构。第三,可以直接访问内存地址,能进行位(bit)操作的特点,使其能够胜任开发操作系统的工作。第四,由于 C 语言可以对硬件进行编程操作,因此它既有高级语言的功能,也有低级语言的优势。不仅可用于系统软件的开发,同时也适用于应用软件的开发。另外,C 语言还具有效率高、可移植性强等特点。例如,原来使用汇编语言编写的程序,由于别人写的程序不宜被读懂,在一段时间后再去做升级和维护就会感觉非常不便,但在使用和维护 C 语言写的程序时,就不会遇到这样的困扰,这时 C 语言的优势就大大体现出来了。

4.1.3 C 源程序的结构特点

用下面两个典型的程序例子来说明 C 语言在组成结构上的特点。同时,也可以从这两个由简到难的程序例子中,了解组成一个 C 源程序的基本部分和书写格式。

第4章 C语言概论、数据类型、运算符与表达式

【例 4.1】
```
main()
{
    printf("朋友,您好!\n");
}
```

main 是主函数的函数名,表示这是一个主函数。每一个 C 程序都必须有,而且只能有一个主函数(main 函数)。函数调用语句——printf 函数的功能是在显示器上显示要输出的内容。printf 函数是一个由系统定义好的标准函数,在程序中可以直接调用。

【例 4.2】
```
int min(int a,int b);                    /*函数说明*/
main()
{                                        /*主函数*/
    int x,y,z;                           /*变量说明*/
    printf("input two numbers:\n");      /*输入 x,y 值*/
    scanf("%d%d",&x,&y);
    z=min(x,y);                          /*调用 max 函数*/
    printf("min num = %d",z);            /*输出*/
}
int min(int a,int b){
    /*定义 max 函数*/
    if(a<b)return a;else return b;       /*把结果返回主调函数*/
}
```

例 4.2 程序的功能是由用户输入两个整数,程序执行后输出其中较小的数。本程序由两个函数组成,一个主函数和一个 min 函数。函数之间是并列的关系。在主函数中可以调用其他函数。min 函数的功能是比较两个数,然后把较小的数返回给主函数。min 函数是一个用户自定义函数。因此在主函数中要给出说明(程序的第一行)。由此可见,在程序的说明部分中,不仅可以有变量的说明,还可以有函数的说明。关于函数的详细内容将在第 7 章介绍。在例程中,可以看到程序每行后面有用/*和*/括起来的内容,我们称之为注释部分,程序在编译时,不会执行这部分内容。

例 4.2 程序执行的过程是,首先出现让用户输入两个数的提示信息,scanf 函数的作用是将这两个数送入变量 x 和 y 中,然后调用 min 函数,并把 x 和 y 的值传送给 min 函数的形式参数 a 和 b。min 函数中的语句用来比较变量 a 和 b 数值的大小,把小的那个数返回给主函数的变量 z,最后再显示输出 z 的值。

下面总结一下 C 语言的特点:
① 一个 C 语言源程序可以由一个或多个源文件组成。
② 每个源文件可以由一个或多个函数组成。
③ 一个源程序不论由多少个文件组成,都有一个且只能有一个 main 函数,即主函数。
④ 源程序中可以有预处理命令(include 命令仅为其中的一种),预处理命令通常应放在源文件或源程序的最前面。
⑤ 每一个说明、每一个语句都必须以分号结尾。但预处理命令、函数头和花括号"}"之后

不能加分号。

⑥ 标识符和关键字之间必须至少加一个空格以示间隔。若已有明显的间隔符,也可不再加空格来间隔。

4.1.4　C语言的字符集

字符是组成语言的最基本的元素。字母、数字、空格、标点和特殊字符组成C语言字符集。在字符常量、字符串常量和注释中还可以使用汉字或其他可表示的图形符号。

① 字母:小写字母a～z共26个;大写字母A～Z共26个。

② 数字:0～9共10个。

③ 空白符:空格符、制表符、换行符等统称为空白符。空白符只在字符常量和字符串常量中起作用;在其他地方出现时,只起间隔作用。编译程序对它们忽略不计。因此在程序中是否使用空白符,不影响程序的编译,但在程序中适当的地方使用空白符,可以增加程序的清晰性和可读性。

④ 标点和特殊字符。

4.1.5　C语言词汇

在C语言中使用的词汇分为六类:标识符、关键字、运算符、分隔符、常量和注释符等。

1. 标识符

在程序中使用的变量名、函数名和标号等统称为标识符。除库函数的函数名由系统定义外,其余都由用户自定义。C规定,标识符只能是由字母(A～Z,a～z)、数字(0～9)、下划线(_)组成的字符串,并且其第一个字符必须是字母或下划线。

以下标识符是合法的:

a,BOOKS ,abc5

以下标识符是非法的:

4s 以数字开头

s#T 出现非法字符#

在使用标识符时还应注意以下几点:

① 由于C语言编译器版本不同,导致标识符的长度也会有所不同。例如,有些版本C中规定标识符前8位有效。

② 在标识符中,大小写是有严格区分的。例如 TEACHER 和 teacher 就是两个不同的标识符。

③ 定义标识符时,取的名字应尽量有直观的意义,以便于阅读理解,做到"顾名思义"。

2. 关键字

关键字是在C语言系统中具有特定意义的字符串,通常也称为保留字。用户定义的标识符名字不能与关键字相同。C语言的关键字分为以下几类:

(1) 类型说明符

用来定义变量、函数或其他数据结构的类型,如例程中用到的 int,double 等。

(2) 语句定义符

用来表示一个语句的功能意义,如"if else"就是条件语句的语句定义符。

(3) 预处理命令字

表示预处理命令的关键字,如例程中用到的 include。

3. 运算符

C 语言中含有丰富的运算符。运算符是告诉编译程序执行特定算术或逻辑操作的符号。C 语言有三大运算符:算术、关系与逻辑、位操作。另外,C 还有一些用于完成特殊任务的特殊运算符。

4. 分隔符

C 语言中的分隔符有逗号和空格两种。逗号主要用于数据类型说明和函数参数表中,分隔各个变量;而空格多用于语句各单词之间,作间隔符。

5. 常量

C 语言中使用的常量可分为数字常量、字符常量、字符串常量、符号常量、转义字符等几种。

6. 注释符

C 语言的注释符是从以"/ *"开头到以" */"结尾的内容,在"/ *"和" */"之间的内容即为注释。在编译程序时,不对这些注释内容做任何处理。注释可出现在程序中的任何位置,起到向用户提示或解释程序意义的作用,同时也为编写及调试、维护程序工作提供了便利。

4.2 数据类型、运算符与表达式

4.2.1 C 语言的数据类型

计算机中的程序,离不开数据这个单元,它是计算机操作的对象,数据的不同格式叫做数据类型;而数据结构则是按一定的数据类型进行一些组合和构架。

在 C 语言中,数据类型分为:基本类型、构造类型、指针类型和空类型 4 大类,如图 4.1 所示。

4 种数据类型的特点:

① 基本类型:它的数据不可以再进行分解。

② 构造类型:根据已定义的一个或多个数据类型用构造的方法来定义的数据类型。也就是说,一个构造类型的值可以由若干个"成员"或"元素"组成。其"成员"可以是一个基本类型或构造类型。在 C 语言中,构造类型有以下几种:

- 数组类型;
- 结构体类型;

● 共用体类型。

③ 指针类型：指针是一个特殊的变量，它里面存储的数值被解释成为内存里的一个地址，也是C语言的精华所在。虽然指针变量的值类似于整型量，但从其数据类型意义来看，这完全是两种完全不同的类型，所以不能混为一谈。

④ 空类型：函数在被调用完成后，通常会返回一个函数值。函数值有一定的数据类型的，应在函数定义及函数说明中加以说明，例如在例4.2中给出的min函数定义中，函数头为"int min(int a,int b);"，其中"int"表示min函数的返回值为整型数据类型。但是，我们也经常会碰到一些函数，调用后并不需要向调用者返回函数值，这时，我们经常如何来书写呢？此时，将这种函数定义为"空类型"，其类型说明符为void。如将"int min(int a,int b);"改为"void min(int a,int b);"即可。

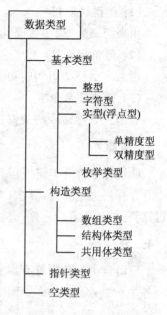

图4.1 数据类型

1. 常量与变量

对于基本数据类型量，根据变量值在程序执行过程中是否发生变化，又可分为常量和变量两种。在程序执行过程中，其值不发生改变的量称为常量，其值可变的量称为变量。每个变量都会有个名字，并在内存中占据一定的存储单元，所占存储单元的数量根据数据类型的不同而不同。在程序中，常量是可以不经说明直接引用的，而变量则必须先定义后使用。

(1) 常量和符号常量

常量——与变量相对应，在程序执行的过程中，其值不能发生改变的量称为常量。常量与变量不同，可以有不同的数据类型，如：1,3,5为整型常量；6.9,-1.85为实型常量；'c','d'为字符常量。常量可以用一个标识符来说明。

符号常量在使用之前必须先定义，其一般形式为：

♯define 标识符 常量

其中♯define是一条编译预处理命令(预处理命令都以"♯"开头)，称为宏定义命令，它的功能是把该标识符定义为其后的常量值。定义之后，凡在程序中所有出现该标识符的地方均用之前定义好的常量来代替，习惯上用大写字母来表示符号常量的标识符，用小写字母表示变量标识符，以示区别。

如下面的程序所示。

【例4.3】

```
♯define PI 3.14
main()
{
    float r,s;
    r = 5.3;
    s = PI * r * r;
    printf("半径为R的圆面积为%f",s);
}
```

程序的第一句话——"#define PI 3.14"定义了一个符号常量 PI,它的值为圆周率 3.14,由此一来,在后面的程序代码中,凡是出现 PI 的地方,都代表 3.14 这个数。

使用符号常量的优点是:意义清楚,修改参数非常方便,如当程序中很多地方都要用到这个变量,而数值又需要经常做改动,这时使用符号常量就可以做到"一改全改,一次改成"。

(2) 变 量

在程序运行中,其值可以改变的量称为变量。一个变量只有一个名字,在内存中占据一定的存储单元,如图 4.2 所示。变量必须先定义再使用,一般放在函数体的开头部分,全局变量放在函数体外面。

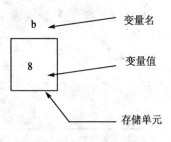

图 4.2 变量与存储单元

2. 整型数据

(1) 整型常量的表示方法

整型常量就是整型的常数。在 C 语言中,整型常量可分为八进制、十进制和十六进制三种。

① 十进制数:没有前缀,用数码 0~9 来表示。

如以下各数就是合法的十进制整型常数:

257、-518、55535、1968

在程序中是根据前缀来区分各种进制数的。因此在书写常数时不要把前缀弄错导致结果不正确。

② 八进制数:必须以 0 开头,即以 0 作为八进制数的前缀,用数码 0~7 来表示。八进制数通常是无符号数。

以下各数是合法的八进制整型常数:

016(相当于十进制数 14)、0110(相当于十进制数 72)、0177776(相当于十进制数 65534);

以下各数不是合法的八进制整型常数:

156(无前缀 0)、01B2(包含了非八进制数字)、-0170(不应该有负号)。

③ 十六进制数:以 0X 或 0x 开头。其数码取值为 0~9,A~F 或 a~f。

以下各数是合法的十六进制整型常数:

0X2B(相当于十进制 43)、0XB0(相当于十进制 176)、0XFFFF(相当于十进制 65535);

以下各数不是合法的十六进制整型常数:

7B(无前缀 0X)、0X5H(含有非十六进制数码)。

(2) 整型变量

① 整型变量的分类

- 基本型:类型说明符为 int,在内存中占 2 个字节。
- 无符号型:类型说明符为 unsigned。

无符号型又可为 unsigned int 或 unsigned。

无符号类型变量所占的内存空间字节数与相应的有符号类型变量相同,但由于省去了符号位,故不能表示负数,也因此表示正数的数值范围有所扩大。

有符号整型变量:最大表示 32 767。

| 0 | 1 | 1 | 1 | 1 | 1 | 1 | 1 | 1 | 1 | 1 | 1 | 1 | 1 | 1 | 1 |

无符号整型变量:最大表示 65 535。

| 1 | 1 | 1 | 1 | 1 | 1 | 1 | 1 | 1 | 1 | 1 | 1 | 1 | 1 | 1 | 1 |

Keil μVision2 C51 编译器所支持的数据类型如表 4.1 所列。

表 4.1　数据类型表

数据类型	长度/bit	长度/Byte	值域
unsigned char	8	1	0～255
signed char	8	1	−128～+127
unsigned int	16	2	0～65 535
signed int	16	2	−32 768～+32 767
unsigned long	32	4	0～4 294 967 295
signed long	32	4	−2 147 483 648～+2 147 483 647
float	32	4	±1.176E−38～±3.40E+38(6 位数字)
double	64	8	±1.176E−38～±3.40E+38(10 位数字)
指针 *	24	3	存储空间 0～65 535

② 整型变量的定义

整型变量定义的一般形式为：

类型说明符　变量名标识符,变量名标识符,…;

例如：

int a,b,c; (a,b,c 为整型变量)

unsigned int x,y; (x,y 为无符号整型变量)

定义变量时,允许在一个类型说明符后,同时定义多个相同类型的变量。这时,各变量名之间用逗号间隔,类型说明符与变量名之间至少用一个空格间隔。

【例 4.4】整型变量的定义与使用。

```
main()
{
    int a,b;
    unsigned c;
    a=1;b=-4;
    c=a+b;
    printf("a=%d,b=%d,c=%d\n",a,b,c);
}
```

3. 实型数据

(1) 实型常量的表示方法

在 C 语言中,实型数也称为浮点型。它有两种表示形式:十进制数形式和指数形式。

第4章 C语言概论、数据类型、运算符与表达式

- 十进制数形式:由数码 0～9 和小数点组成。
  例如:
    0.0、24.0、5.189、0.93、90.0、6000.、-227.8670
  等均为合法的实数。在这个数中是必须存在小数点的。
- 指数形式:在十进制数的基础上,加阶码标志"e"或"E"和阶码(只能为整数,可以带正负号)组成。
  其一般形式为:
  a E n(a 为十进制数,n 为十进制整数)
  表示的数值为 $a*10^n$。

例如:
3.1E4(等于 $3.1*10^4$)
1.6E-2(等于 $1.6*10^{-2}$)
0.8E7(等于 $0.8*10^7$)
-1.14E-2(等于 $-1.14*10^{-2}$)
以下不是合法的实数:
385(无小数点)
E6(阶码标志 E 之前无数字)
-1(无阶码标志)
51.-E3(负号位置不对)
2.9E(无阶码)
标准 C 允许浮点数尾部加后缀,"f"或"F"即表示该数为浮点数,如 328f 和 328.是等价的。

【例 4.5】通过以下程序例子可以看到其显示输出值都是一样的。

```
main(){
    printf(" %f\n ",356.);
    printf(" %f\n ",356);
    printf(" %f\n ",356f);
}
```

(2) 实型变量

实型变量主要分为:单精度(float 型)和双精度(double 型)。

在 C 编译器中单精度型占 4 个字节(32 位)内存空间,其数值范围为 3.4E-38～3.4E+38,只能提供 7 位有效数字。双精度型占 8 个字节(64 位)内存空间,其数值范围为 1.7E-308～1.7E+308,提供 16 位有效数字,如表 4.2 所列。

表 4.2 float 与 double 类型数据

类型说明符	比特数(字节数)	有效数字	数的范围
float	32(4)	6～7	10^{-37}～10^{38}
double	64(8)	15～16	10^{-307}～10^{308}

关于实型变量定义的方法与整型相同。

例如：

float x,y;（x,y 为单精度实型量）

double a,b,c;（a,b,c 为双精度实型量）

4. 字符型数据

字符型数据分为字符常量和字符变量。

(1) 字符常量

用单引号括起来的一个字符，称为字符常量。

例如：

　　'y'、'f'、'—'、'+'、'/'

这些都是合法字符常量。

在使用字符常量时，需要注意下面几点：

- 字符常量只能用单引号括起来，用双引号或其他括号，将出现错误提示。
- 字符常量只能是单个字符，不能出现多个字符。
- 字符可以是字符集中的任意字符。但如果将数字定义为字符型常量后，它就不能参加数值运算了。如'8'和 8，仔细看一下是不同的。前者是字符常量，不能参与运算，而后者才是一个整型数据。

(2) 转义字符

在 C 语言中，转义字符是一种特殊的字符常量。它是以反斜线"\"开头的字符序列。不同的转义字符具有不同的特定含义，因此我们称它为"转义"字符。例如，我们经常在例题中看到的 printf 函数中用到的"\n"就是一个转义字符，其意义是"回车换行"。转义字符主要用来表示那些用一般字符不便于表示的语句代码。表 4.3 列出了 C 语言常用的转义字符及含义。

表 4.3　C 语言常用的转义字符及含义

转义字符	转义字符的意义	ASCII 代码
\n	回车换行	10
\t	横向跳格（跳到下一输出区）	9
\b	退格	8
\r	回车	13
\f	走纸换页	12
\\	反斜线符"\"	92
\'	单引号符	39
\"	双引号符	34
\a	鸣铃	7
\ddd	1~3 位八进制数所代表的字符	
\xhh	1~2 位十六进制数所代表的字符	

可以说，C 语言字符集中的任何一个字符均可用转义字符来表示。表 4.3 中的\ddd 和\xhh 正是起到了这个作用。ddd 和 hh 分别为八进制 ASCII 码和十六进制 ASCII 码。例如，

\102表示字母B,\103表示字母C,\XOA表示换行等。

【例4.6】 转义字符的使用方法。

```
main()
{
    int a,b,c;
    x=5;y=6;z=7;
    printf(" xy z\tde\rf\n");
    printf("hijk\tL\bM\n");
}
```

大家可以想一下,这个程序的输出结果是怎么样的。

(3) 字符变量

字符变量用来存储单个字符。

字符变量的类型说明符是char。其定义方法与上面所讲的数据类型定义方法一样。例如:

char a,b;

char数据类型的长度是一个字节,通常用于定义处理字符数据的变量或常量。unsigned char与signed char数据类型的区别是有无符号位,如果我们直接使用char类型的话,其默认值为signed char类型。因为unsigned char类型一个字节所有的8位均来表示数值,而signed char类型用字节中的最高位来表示数据的正负,"0"表示其为正数,"1"表示为负数,所以unsigned char类型可以表达的数值范围是0~255,而signed char类型可以表达的数值范围是-128~+127。

(4) 字符串常量

字符串常量是由一对双引号括起的字符序列。例如:"CHINA","C program","$1.3"等都是合法的字符串常量。

字符串常量与字符常量之间的不同之处,总结为以下几点:

- 字符常量使用单引号括起来,而字符串常量使用双引号括起来。
- 字符常量只能是单个字符,而字符串常量却可以是一个或多个字符。
- 可以把一个字符常量赋予一个字符变量,但反过来把一个字符串常量赋予一个字符变量是不行的。在C语言中是没有相应的字符串变量的。
- 字符常量在内存中占一个字节的空间。字符串常量在内存中所占字节的大小等于字符串的字节数加1,这是一个字符串结束的标志位。在C语言中,用字符'\0'作为字符串的结束标志,'\0'的ASCII码值为0。

例如:

字符串"C program"在内存中所占字节的情况为:

C		p	r	o	g	r	a	m	\0

'\0'为字符串"C program"结束的标志位。

字符常量'b'和字符串常量"b",从表面上来看,虽然都只有一个字符,但在内存中的存储情况却是不同的。

'b'在内存中占一个字节,其存储情况为:

| b |

"b"在内存中占二个字节,其存储情况为:

| b | \0 |

5. 变量赋初值

在程序中常常需要对变量赋于一个初始值。C 语言可以在做变量定义的同时,给变量赋上初值,我们也称之为变量的初始化操作;也可以在后面的语句中再给变量赋上值。

变量初始化赋初值的一般形式为:

类型说明符 变量1＝ 值1,变量2＝ 值2,变量3＝ 值3,……;

例如:

int b=8;
int c,e=1;
double a=8.2,b=6f,c=0.575;
char ch1='A',ch2='B';

与其他高级编程语言不同,C 语言在变量定义中不允许出现多个"＝"赋值符号,如 a＝b＝c＝3 是非法的。

【例 4.7】

```
main()
{
    int aa = 3,bb,cc = 5;
    bb = aa + cc;
    printf("aa= %d,bb= %d,cc= %d\n",aa,bb,cc);
}
```

6. 各类数值型数据之间的混合运算

变量的数据类型是可以转换的。转换方式有两种,一种是自动类型转换,另一种是强制类型转换。当程序中不同数据类型的变量混合运算时,自动类型转换由编译器自动完成。自动类型转换遵循以下转换规则:

① 若参与运算的数据类型不一样,则先转换成同一数据类型,再进行运算。

② 转换以保证精度不降低的原则进行。

③ 所有的浮点运算都是转换成双精度进行的,即使表达式中仅含 float 单精度的数据运算量,也要先转换成 double 型,再作运算处理。

④ 在赋值运算中,当赋值号两边的数据类型不同时,赋值号右边的数据类型将转换成左边的数据类型。如果右边的数据类型长度大于左边的数据类型长度时,那它将丢失一部分数据,丢失的部分遵循四舍五入的原则,降低了精度。图 4.3 表示了类型自动转换的规则。

第4章 C语言概论、数据类型、运算符与表达式

当 int 和 char 同时进行运算时,则系统先将 char 转为 int 型数据;当 float 与 double 型共同存在时,则先将 float 转为 double 型数据;当 int、unsigned、long、doulbe 类型的数据同时存在时,则其转换高低关系为 int→unsigned→long→double;如果 int 与 long 共存时,则必将 int 转换为 long 类型数据。

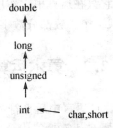

图 4.3 不同数据之间的自动类型转换

【例 4.8】
```
main()
{
    float PI = 3.1415;
    int s;
    int r = 6;
    s = r * r * PI;
    printf("面积:s = %d\n",s);
}
```

例 4.8 中,变量 PI 为实型,s 和 r 为整型。当程序运行到 s=r*r*PI 语句时,变量 r 和变量 PI 都将转换成 double 型数据,其计算结果也为 double 类型。但因为 s 为整型变量,根据自动类型转换原则,其最终结果应该为整型,如出现小数数值,则舍去了小数部分,所以,程序的执行结果,其面积 s=113。

强制类型转换是通过类型转换运算符来实现的。

一般形式为:

(类型名) (表达式)

它的功能是把表达式的运算结果的值强制转换成类型名所表示的数据类型。

例如:

(double) a 将 a 转换为 double 类型数据;

(int)(x+y) 将 x+y 的值转换成整型;

(float)(5%3) 将 5%3 的值转换成 float 型。

在使用强制转换时应注意以下两点:

① 当变量为多个时,类型名和表达式都必须加上括号(单个变量可以不加括号),如:把 (int)(x+y)写成(int)x+y,则意义为把 x 转换成 int 型后再与 y 相加;而(int)(x+y)的意义是把 x 和 y 相加,其相加结果再转换成 int 数据类型。

② 强制类型转换时,是不改变原来变量的类型的,只是得到一个所需类型的中间变量,如上例中的变量 x 和 y,其本身的数据类型和值并没有发生变化。

【例 4.9】
```
main()
{
    float f = 1.39;
    printf("(int)f = %d,f = %f\n",(int)f,f);
}
```

从以上程序执行结果可以看出,float 型变量 f 虽然在 printf 函数中强制类型转为 int 型,

但它只在运算中起作用,而且是临时的,变量 f 其本身的类型并不改变。因此,(int)f 的值为 1 (截去了小数部分数字),而 f 的值仍为 1.39。

4.2.2 算术运算符和算术表达式

C 语言中运算符和表达式数量之多,在高级语言中是少见的。正是丰富的运算符和表达式使 C 语言功能十分完善。这也是 C 语言的主要特点之一。

C 语言的运算符不仅具有不同的优先级,而且还具有另一个特点,那就是它的结合性。在表达式中,各运算量参与运算的先后顺序不仅要遵守运算符优先级别的规定,还要受到运算符结合性的制约,以便确定是自左向右进行运算还是自右向左进行运算。这种结合性在其他高级语言的运算符中是没有的,因此也在一定程度上增加了 C 语言的复杂性。

1. C 运算符简介

C 语言的运算符分为以下几类:

① 算术运算符:用于各类数值运算。包括加(+)、减(−)、乘(*)、除(/)、求余(或称模运算,%)、自增(++)、自减(−−)共 7 种。

② 关系运算符:用于比较运算。包括大于(>)、小于(<)、等于(==)、大于等于(>=)、小于等于(<=)和不等于(!=)6 种。

③ 逻辑运算符:用于逻辑运算。包括与(&&)、或(||)、非(!)3 种。

④ 位操作运算符:参与运算的量,按二进制位进行运算。包括位与(&)、位或(|)、位非(~)、位异或(^)、左移(<<)、右移(>>)6 种。

⑤ 赋值运算符:用于赋值运算,分为简单赋值(=)、复合算术赋值(+=,−=,*=,/=,%=)和复合位运算赋值(&=,|=,^=,>>=,<<=)3 类共 21 种。

⑥ 条件运算符:这是一个三目运算符,用于条件求值(?:)。

⑦ 逗号运算符:用于把若干表达式组合成一个表达式(,)。

⑧ 指针运算符:用于取内容(*)和取地址(&)二种运算。

⑨ 求字节数运算符:用于计算数据类型所占的字节数(sizeof)。

⑩ 特殊运算符:有括号(),下标[],成员(→,.)等几种。

2. 算术运算符和算术表达式

(1) 基本的算术运算符

- 加法运算符"+":如 a+b。
- 减法运算符/负数值符号"−":如 a−b 或负数−5。
- 乘法运算符"*":如 a*b。
- 除法运算符"/":如 a/b。
- 求余运算符(模运算符)"%":如 11%3=2,即 11 除以 3 后,余数为 2。

【例 4.10】
```
main(){
    printf("%d\n",110%3);
}
```

第4章 C语言概论、数据类型、运算符与表达式

本例输出100除以3所得的余数2。

(2) 算术表达式和运算符的优先级和结合性

算术表达式——用算术运算符和括号将运算对象连接起来的,符合C语言语法的式子,我们称为算术表达式。其运算对象包括常量、变量、函数等。表达式求值运算按运算符的优先级和结合性来进行。

以下是算术表达式的例子:

a+c;
a+b/d*c;
a*(b-c)+(d+e)/f;
a-b/c-9.5+'d';

- 运算符的优先级:优先级——即当一个运算对象两边都有运算符时,执行运算的先后顺序。如优先级高的,则先进行运算。C语言中,运算符的运算优先级共分为15个等级。1级最高,15级最低。在表达式中,优先级较高的在优先级较低的之前进行运算。而在一个运算对象两侧的运算符优先级相同时,那就得按运算符的结合性规定进行处理。

- 运算符的结合性:结合性——即当一个运算对象两边的运算符出现相同优先级情况下的运算顺序。C语言中所有运算符的结合性分为两种,左结合性(自左向右)和右结合性(自右向左)。算术运算符的结合性是自左至右,即先左后右。

例如:a-b*c 从这个表达式可以看到,乘法的优先级要高于加减法,因此,先进行b*c的运算,然后,再将其积加上a。

(a-b)*(c+d)+e 该表达式比上面的表达式稍微复杂点,因为括号在算术运算符中的优先级是最高的,故应先做括号内的运算,即完成(a-b)和(c+d)内的运算,再将两个计算结果进行相乘,最后再加上e。算术运算符的结合性是自左向右的,也称"左结合性"。而自右至左的结合方向称为"右结合性"。最常见的右结合性运算符是赋值运算符。例如a=b=c,则应先执行b=c再执行a=(b=c)运算。在编写程序的过程中,希望大家注意区别,以避免理解错误。

(3) 强制类型转换运算符

一般形式为:

(类型名) (表达式)

它的功能是把表达式的运算结果的值强制转换成类型名所表示的数据类型。

例如:

(float) a   把a转换为实型数据。
(int)(x+y)   把x+y的结果转换为整型数据。

(4) 自增、自减运算符

++   增量运算符,其功能是使变量的值自增1。
--   减量运算符,其功能是使变量的值自减1。

这两个运算符是C语言中所特有的,使用非常方便,其作用就是对变量做加1或减1操作。要注意的是变量在符号前或后,其含义都是不同的。

i++   i参与运算后,i的值再自增1。

i--   i参与运算后,i的值再自减1。

粗略地看,++i和i++的作用都相当于i=i+1,但++i和i++的不同之处在于++i先执行i=i+1,再使用i的值;而i++则是先使用i的值,再执行i=i+1。

例如:若i的值原来为6,则

k=++i   K的值为7,i的值也为7。

k=i++   K的值为6,但i的值为7。

若i的值为3,表达式k=(++i)+(++i)+(++i)的值应该为18,因为++i最先执行,先对表达式进行扫描,进行3次自加(++i),则此时i=6,之后,表达式应该体现为k=6+6+6=18,所以,我们才得出18这个数字。若表达式改为k=(i++)+(i++)+(i++),其最终的k值应该是9,而i最终为6,因此在这个表达式中,先对i进行3次相加,再执行3次i的自加。

【例4.11】

```
main(){
    int i = 10;
    printf("%d\n",++i);
    printf("%d\n",--i);
    printf("%d\n",i++);
    printf("%d\n",i--);
    printf("%d\n",-i++);
    printf("%d\n",-i--);
}
```

i的初值为10,第2行i加1后输出为11;第3行减1后输出为10;第4行输出i为10之后再本身加1(此时i为11);第5行输出i为11之后再本身减1(此时i为10);第6行输出-10之后再加1(此时i为11),第7行输出-11之后再减1(此时i为10)。

3. 赋值运算符和赋值表达式

(1) 赋值运算符

赋值运算符"="的作用就是将一个数据赋给一个变量。

其一般形式为:

变量=表达式

例如:

c=a+b

w=sin(x)+cos(y)

赋值表达式的作用是将表达式的计算结果的值赋给"="左边的变量。由于赋值运算符具有右结合性,因此,如果有:

x=y=z=28,可理解为x=(y=(z=28))。

(2) 复合的赋值运算符

我们经常会看到一些源程序代码中,出现以下的运算符,这样做可以简化程序,提高C程序代码的编译效率。

+=,-=,*=,/=,%=,<<=,>>=,&=,^=,|=

其效果例子如下：
a+=b　　相当于 a=a+b
a-=b　　相当于 a=a-b
a*=b　　相当于 a=a*b
a/=b　　相当于 a=a/b
a%=b　　相当于 a=a%b
a <<= b　相当于 a=a << b
a >>= b　相当于 a=a >> b

复合赋值符这种写法，初学者可能会不太习惯，但它非常有利于编译处理，能提高编译效率并产生高质量的目标代码。

4. 逗号运算符和逗号表达式

在 C 语言中，提供了一种特殊的运算符，它就是逗号运算符——","。用逗号运算符将两个表达式连接起来组成的表达式，称为逗号表达式。

一般形式为：

表达式 1，表达式 2，表达式 3，……表达式 n

逗号表达式的求解过程是：从左到右计算出各个表达式的值，而整个逗号运算表达式的值等于最右边那一个表达式的值，就是"表达式 n"的值。在大部分情况下，使用逗号表达式的目的只是为了分别得到各个表达式的值，而并不一定要得到使用整个逗号表达式的值。另外还要注意，并不是程序中任何位置上出现的逗号都可以认为是逗号运算符。例如函数中的参数，同数据类型变量的定义中的逗号只是用来起到间隔作用，并不是逗号运算符。

【例 4.12】
```c
main()
{
    int a=1,b=2,c=3,x,y;
    y=(x=a+b),(b+c);
    printf("y=%d,x=%d",y,x);
}
```

例 4.12 中，y 等于整个逗号表达式的值，也就是(b+c)的值，x 是第一个表达式的值。对于逗号表达式在使用过程中还请注意以下两点：

① 逗号表达式可以进行嵌套使用。

例如：

表达式 1，(表达式 2，表达式 3)

可以把(表达式 2，表达式 3)看成是一个逗号表达式。

② 程序中使用逗号表达式，通常是要分别求逗号表达式内各表达式的值，但并不一定求得整个逗号表达式的值。

4.2.3 关系运算符和表达式

在程序中，经常会比较两个变量的大小关系，以便对程序的不同功能做出选择，我们把比较两个数据量的运算符称为关系运算符。

1. 关系运算符及其优先级

在 C 语言中有以下关系运算符：

① <　　小于
② <=　 小于或等于
③ >　　大于
④ >=　 大于或等于
⑤ ==　 等于
⑥ !=　 不等于

对于关系运算符，我们并不陌生，C语言中有6种关系运算符，这些运算符的意义看上去也非常直观。即使用户从来没用C语言写过程序，也应该对前面4个关系运算符非常熟悉了。而"=="在VB或PASCAL等语言中是用"="，"!="则是用"not"。关系运算符都是双目运算符，其结合性均为左结合。关系运算符的优先级低于算术运算符，高于赋值运算符。在6个关系运算符中，<，<=，>，>=的优先级相同，高于==和!=（==和!=的优先级相同）。

2. 关系表达式

当两个表达式用关系运算符连接起来时，将其称之为关系表达式。关系表达式通常是用来判别某个条件是否满足。要注意的是用关系运算符的运算结果只有"0"和"1"两种，也就是逻辑的真与假，当结果为"1"，则表示指定的条件满足，不满足时的结果为"0"。

关系表达式的一般形式为：

表达式　关系运算符　表达式

例如：

a+b>c

a>9

都是合法的关系表达式。由于表达式也可以是关系表达式，因此表达式也允许出现嵌套的情况。例如：

a<(b<c)

x!=(y==z)

关系表达式为"真"时，用"1"表示；表达式为"假"时，用"0"表示。例如：

2>1 的值为"真"，即为"1"。

(a=3)>(b=5)由于 3>5 不成立，故其值为假，即为 0。

【例 4.13】

```
main()
{
    char c = 'k';
    int i = 2, j = 4, k = 6;
    float x = 2e+6, y = 0.65;
    printf("%d,%d\n", 'a'+5<c, -i-2*j>=k+1);
```

```
printf("%d,%d\n",1<j<5,x-5.25<=x+y);
printf("%d,%d\n",i+j+k==-2*j,k==j==i+5);
}
```

在本例中打印出了各种关系运算符的值。在 printf 语句中,字符变量是以它相应的 ASCII 码值参与运算的,对于含多个关系运算符的表达式,如语句中出现"k==j==i+5"的情况,则 C 编译器会根据运算符的左结合性,先执行 k==j,该式不成立,其值为"0",再执行 0==i+5,因为 i=2,所以等式也不成立,故表达式值最终的值为"0"。

4.2.4 逻辑运算符和表达式

1. 逻辑运算符及其优先级

关系运算符所能反映的是两个表达式之间的大小关系,而逻辑运算符则是用于求条件式的逻辑值,用逻辑运算符将关系表达式或逻辑量连接起来的就是逻辑表达式了。也许用户会对为什么"逻辑运算符将关系表达式连接起来就是逻辑表达式了"这一个描述有疑惑的地方。其实在前面部分已经说过,"用关系运算符的运算结果只有'0'和'1'两种,也就是逻辑的真和假",换句话说也就是逻辑量,而逻辑运算符就用于对逻辑量运算的表达。

C 语言中提供了三种逻辑运算符:
① &&   "与"运算
② || "或"运算
③ !   "非"运算

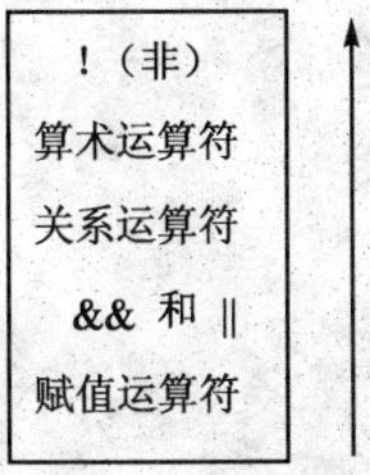

| ! (非) |
| 算术运算符 |
| 关系运算符 |
| && 和 \|\| |
| 赋值运算符 |

图 4.4 运算符优先级

"与"运算符"&&"和"或"运算符"||"均为双目运算符,具有左结合特性。非运算符"!"为单目运算符,具有右结合特性。

逻辑运算符和其他运算符优先级的关系如图 4.4 所示。

"&&"和"||"低于关系运算符,"!"高于算术运算符。

同样逻辑运算符也有优先级别,从高到低排列,依次如下:!(逻辑非)→&&(逻辑与)→||(逻辑或),其中,逻辑非的优先级最高,逻辑或的优先级最低。

按照运算符的优先级可以得出:
a>b && x<y   等价于   (a>b)&&(x<y)
! b==c||d<e   等价于   ((!b)==c)||(d<e)
a+b>c&&x+y<z   等价于   ((a+b)>c)&&((x+y)<z)

再来看一个例子,如有
! True || False && True
按逻辑运算的优先级别来分析则得到(True 代表真,False 代表假)
! True || False && True
False || False && True   //! Ture 先运算得 False
False || False   //False && True 运算得 False
False   //最终 False || False 得 False

2. 逻辑运算的值

逻辑运算的结果的值分为"真"和"假"两种,用"1"和"0"来表示。求值规则如下:

① "与"运算 &&:参与运算的两个量都为真时,结果才为真,否则为假。

例如:

4>0 && 9>2

因为 4>0 为真,9>2 也为真,两边同时满足真,所以它们相"与"的结果也为真。

② "或"运算 ||:参与运算的两个量只要有一个为真时,结果就为真。两个量都为假时,结果为假。

例如:

4>0||5>8

虽然 5>8 为假,但因为 5>0 为真,所以其最终结果也就为真。

③ "非"运算 !:参与运算量为真时,结果为假;参与运算量为假时,结果为真。

例如:

!(5>0)

其的结果应该为假。

虽然 C 语言在进行逻辑运算时,以"1"代表"真","0"代表"假",但是否意味着"真"就是"1","假"就是"0"呢? 其实在 C 语言中并不是这样的,C 语言规定,"0"代表"假",而以非"0"值代表为"真",这点请大家注意区别。

例如:

由于 1 和 9 均为非"0",因此 1&&9 的值为"真",即为"1"。

又如:

9||0 的值为"真",即为"1"。

3. 逻辑表达式

逻辑表达式的一般形式为:

表达式 1   逻辑运算符   表达式 2

与关系表达式类似,逻辑表达式同样也可以出现嵌套的情况。

例如:

(x&&y)&&z

根据逻辑运算符的左结合性,上面式子等价于:

a&&b&&c

逻辑表达式的值就是式子中所有逻辑运算的最后结果的值,用 1 和 0 分别代表真和假。

逻辑"与",就是当条件式 1"与"条件式 2 都为真时,结果为真(非 0 值),否则为假(0 值)。也就是说编译器会先对条件式 1 进行判断,如果为真(非 0 值),则继续对条件式 2 进行判断,当结果为真时,逻辑运算的结果为真(值为 1),如果结果为假时,逻辑运算的结果为假(0 值)。如果条件式 1 的逻辑值为假时,那就不用再判断条件式 2 了,而直接给出运算结果为假,即值为 0。

逻辑"或",是指只要两个运算条件中有一个为真时,运算结果就为真,只有当条件式都为假时,逻辑运算结果才为假。

逻辑"非",则是把逻辑运算结果值取反,也就是说如果两个条件式的运算值为真,进行逻辑"非"运算后则结果变为假,条件式运算值为假时,那么最后逻辑结果为真。

【例 4.14】

```
main()
{
    char c = 'k';
    int i = 1,j = 3,k = 5;
    float x = 3e + 6,y = 0.25;
    printf("%d,%d\n",!x*!y,!!!x);
    printf("%d,%d\n",x||i&&j-3,i<j&&x<y);
    printf("%d,%d\n",i==5&&c&&(j=8),x+y||i+j+k);
}
```

例 4.14 中!x 和!y 的值分别为 0,所以!x*!y 也为 0,故其输出值为 0。由于 x 为非 0,故!!!x 对 0 做了 3 次逻辑"非"操作,最终的逻辑值仍为 0。对于式子 x||i&&j-3,先计算 j-3 的值为非 0,再求 i&&j-3 的逻辑值为 1,因此 x||i&&j-3 的逻辑值为 1。对于式子 i<j&&x<y,由于 i<j 的值为 1,而 x<y 为 0,故表达式的值为 1 和 0 相"与",最终等于 0;对于式子 i==5&&c&&(j=8),由于 i==5 为假,即值为 0,该表达式由两个逻辑"与"运算组成,而当第一个表达式的值为 0 时,就不会再去判断后面的表达式的值了,所以整个表达式的值为 0。对于式子 x+y||i+j+k 由于 x+y 的值为非 0,故整个或表达式的值为 1。

第 5 章
分支与循环控制

5.1 if 语句

5.1.1 程序的三种基本结构

C 语言作为一种结构化的语言,是以模块为基本单位的,不允许出现交叉程序流程的存在。使用结构化的程序设计方法,使得程序结构清晰,易于维护和阅读。结构化程序由若干模块组成,每个模块中包含若干个基本结构,而每个基本结构中可以有若干条语句。

C 语言具有三种基本结构:顺序结构、选择结构和循环结构。

1. 顺序结构及其基本流程

顺序结构是最简单、最基本的程序结构。程序由低地址向高地址顺序执行指令代码。如图 5.1 所示,程序先执行 A 操作,再执行 B 操作,两者是顺序执行的关系。

2. 选择结构及其基本流程

选择结构使计算机拥有了判断的能力,或者说是决策的能力。如图 5.2 所示,如果条件判断为真,即条件满足,就执行 A,否则就执行 B。

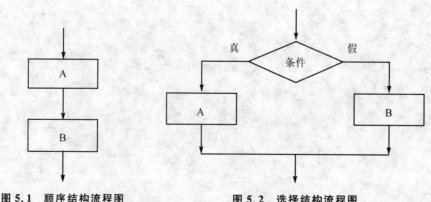

图 5.1 顺序结构流程图   图 5.2 选择结构流程图

3. 循环结构

循环结构有两种形式:当型循环结构和直到型循环结构。

当型循环结构,如图 5.3 所示。当条件成立时,反复执行 A,直到条件不满足为止。

直到型循环结构,如图 5.4 所示。先执行 A 操作,再进行判断,若为假,再执行 A,如此反复,直到条件为真为止。

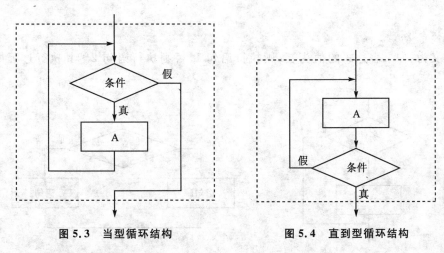

图 5.3 当型循环结构　　　　图 5.4 直到型循环结构

5.1.2 if 语句的三种形式

C 语言的条件语句与其他语言也是一样,"如果……就……"或是"如果……就……否则……",也就是当条件符合时就执行语句。条件语句又被称为分支语句,它根据给定的条件进行判断,以决定执行某个分支程序段。也有人会称为判断语句,其关键字由 if 构成,这在众多的高级语言中都是基本相同的。C 语言提供了 3 种形式的条件语句。

1. 第一种形式:if

if (表达式)语句

其中的表达式就是判断条件,如果是真就执行后面的语句,否则就不执行。其执行过程如图 5.5 所示。

【例 5.1】
```
main()
{
    int a,b,max;
    printf("\n 请输入两个数:");
    scanf("%d%d",&a,&b);
    max = a;
    if (max<b) max = b;
    printf("最小的一个数为 = %d",max);
}
```

这是一个简单的用 if 语句来判断两个数哪个比较大的程序。输入两个数 a 和 b,把 a 先赋予变量 max,再用 if 语句判别 max 和 b 的大小,如 max 小于 b,则把 b 赋予 max。所以 max 中放的总是大的那个数,最后将其值进行输出。

2. 第二种形式:if—else

if(表达式)
    语句 1;
else
    语句 2;

其意义为:如果表达式的值为真,则执行语句 1,否则执行语句 2。其执行过程如图 5.6 所示。

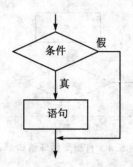
图 5.5　第一种 if 语句执行情况

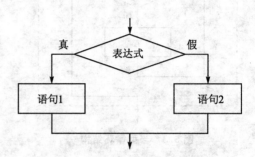
图 5.6　第二种 if 语句执行情况

【例 5.2】

```
main()
{
    int a,b,c;
    printf("请输入两个数");
    scanf("%d%d",&a,&b);
    if (a == b)
    {
        c = 1;
    else
        c = 2;
    }
    printf("c = %d",c);
}
```

在该程序中,输入两个整数,用 if—else 语句判别,当 a 等于 b 时,c=1;否则,c=2,通过 printf 语句输出变量 c 的值。

3. 第三种形式:if—else—if

前面两种形式的 if 语句一般都用于两个分支的情况。当有多个分支选择时,可采用第三种形式,即 if—else—if 语句,其一般形式为:

if(表达式 1)
    语句 1;

第 5 章　分支与循环控制

```
else if(表达式 2)
    语句 2;
else if(表达式 3)
    语句 3;
    …
else if(表达式 m)
    语句 m;
else
    语句 n;
```

其意义是：先判断表达式 1 的值，如果为真，则执行语句 1，如果表达式 1 的值为假，则再判断表达式 2 的值，如果表达式 2 的值为真，则执行语句 2，否则继续判断表达式 3 的值，就这样依次判断表达式的值，当出现某个值为真时，则执行其后面对应的语句，语句执行完后跳到整个 if 语句之外继续执行程序代码。如果所有的表达式都为假，那么执行语句 n，即最后一个 else 后面的语句，然后再继续执行后面的程序代码。if－else－if 语句的执行过程如图 5.7 所示。

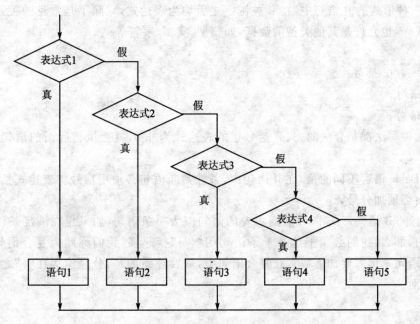

图 5.7　第三种 if 语句执行情况

【例 5.3】
```
#include"stdio.h"
main()
{
    char c;
    printf("输入一个字符:");
    c = getchar();
    if(c<32)
```

```
        printf("这是一个控制字符\n");
    else if(c >= '0'&&c <= '9')
        printf("这是一个数字\n");
    else if(c >= 'A'&&c <= 'Z')
        printf("这是一个大写字母\n");
    else if(c >= 'a'&&c <= 'z')
        printf("这是一个小写字母\n");
    else
        printf("这是其他类型的字符\n");
}
```

该程序的功能是判断键盘输入字符的类型。其原理是根据输入字符的 ASCII 码值来判别字符类型。这是一个多分支选择问题的典型应用，用 if－else－if 语句来实现，判断输入的字符 ASCII 码所在的范围，分别给出不同的输出提示信息。例如输入一个"7"，则程序会输出"这是一个数字"。

4. 使用 if 语句要注意的问题

① 在三种形式的 if 语句中，在 if 关键字之后均为表达式，它除了是常见的关系表达式或逻辑表达式外，也允许是其他类型的数据，如整型、实型、字符等。

例如：

if（a > 100)语句；

if（a)语句；

if（1)语句；

以上几种写法都是合法的，只要括号里的表达式为非 0，就会执行后面的语句，否则就不执行。

② 与 Basic 语言不同的是，在 if 语句中，条件判断语句必须用括号将表达式括起来，而且在语句后面必须加分号。

③ 所有的 if 语句形式中，if 后面跟着的语句应为单条语句，如果想在满足条件分支时执行多条语句，那么，我们必须把这若干条语句用"{ }"括起来，我们称此为复合语句。C 语言中，每一条语句末尾需要加上";"，在复合语句中，需要注意的是，分号应加在"}"之内，而不能加在"}"外面。

例如：

```
if(x>y)
{
    a++;
    printf("x>y");
}
else
{
    a--;
    printf("x <= y");
}
```

在这段程序中,如果 x>y,变量 a 自加 1,打印输出"x>y";如果 x<0 或 x=0,变量 a 自减 1,打印输出"x<=y"。

C 语句中有许多的括号,例如:{},[],()。这对于刚刚学习 C 语言的人来说,或许会很容易搞混。在 VB 等一些语言中同一个()号会有不同的作用,但是在 C 语言中它们的分工是比较明确的。{}号是用于将若干条语句组合在一起形成一种功能块,这种由若干条语句组合而成的语句就叫复合语句。复合语句之间用{}分隔,而它内部的各条语句还是需要以分号";"结束。复合语句是允许嵌套的,也是就是在{}中的{}也是复合语句。复合语句在程序运行时,{}中的各行单语句是依次顺序执行的。C 语言中可以将复合语句视为一条单语句,也就是说在语法上等同于一条单语句。对于一个函数而言,函数体就是一个复合语句,也许大家会因此知道复合语句中不单可以用可执行语句组成,还可以用变量定义语句组成。要注意的是在复合语句中所定义的变量,称为局部变量。所谓局部变量就是指它的有效范围只在复合语句中,而函数也算是复合语句,所以函数内定义的变量有效范围也只在函数内部。对于[]号,是用于数组的。()号是用于写条件判断语句的。

5.1.3 if 语句的嵌套

在 if 语句里面,再写 if 语句,就是 if 语句嵌套。其一般表现形式如下:
if(表达式)
　　if 语句;
或者为
if(表达式)
　　if 语句;
else
　　if 语句;
嵌套部分的 if 语句可能是简单的 if 类型,也有可能是 if-else 类型,甚至是复杂的很多层的 if-else-if 类型。这个时候就需要特别注意它们的层次关系,以及 if 和 else 的配对关系,要养成良好的程序编写习惯,层次分明,不仅易于阅读,而且可以避免出错。

下面看一个例子:
if(表达式 1)
if(表达式 2)
　　语句 1;
else
　　语句 2;
大家现在想一想,上面这段程序,其中的 else 究竟是和哪个 if 是配对的呢?用户或许理解成这样:
if(表达式 1)
if(表达式 2)
　　语句 1;
else

语句 2；
else 是与第二个 if 是配对的。
或者也可以这样理解：
if(表达式 1)
   if(表达式 2)
      语句 1；
else
   语句 2；
else 是与第一个 if 是配对的。

那么 else 究竟是和哪个 if 配对的呢？为了避免这种二义性，C 语言规定 else 语句总是与它前面最近的 if 相配对，因此对上述例子第一种情况理解是正确的。

【例 5.4】 比较两个数的大小关系。

```
main()
{
    int x,y;
    printf("请输入两个数字:");
    scanf("%d%d",&x,&y);
    if(x! = y)
    if(x>y)
        printf("第一个数字比第二个数字大\n");
    else
        printf("第一个数字比第二个数字小\n");
    else
        printf("第一个数字等于第二个数字\n");
}
```

该程序比较了两个数的大小关系，并通过使用 if 语句的嵌套，判断了它们的三种关系：或大，或小，或等于。

【例 5.5】 计算函数。

```
    y = 1    x>0
    y = 0    x = 0
    y = -1   x<0
main( )
{
    float x,y;
    printf("请输入两个数:");
    scanf("%f" , &x);
    if (x >= 0)
        if (x>0)
            y = 1;
        else
            y = 0;
```

第5章 分支与循环控制

```
    else
        y = - 1;
    printf("y = f \n" , y);
}
```

该程序使用了 if 嵌套语句来实现多个条件分支,从而完成函数的计算。大家可以看出,如果分支太多的话会使程序看起来比较混乱,所以一般如果超过 3 个以上的分支,则更多的是使用另一个语句——switch 语句。

5.2 条件运算符和条件表达式

前面学习了 if 语句,但是如果在条件语句中,只执行单个的赋值语句时,常可使用条件表达式来实现。

其一般格式为:

表达式1? 表达式2: 表达式3

其意义为:当逻辑表达式 1 的值为真(非 0 值)时,整个表达式的值为表达式 2 的值;当逻辑表达式的值为假(值为 0)时,整个表达式的值为表达式 3 的值。要注意的是条件表达式中逻辑表达式的类型可以与表达式 2 和表达式 3 的类型不一样。

其中的"?:"符号是三目运算符,它要求有三个操作对象,所以被称为三目运算符,也是 C 语言中唯一的三目运算符。

例如,有以下 if 语句:

```
if(x>y)
    max = x;
else
    max = y;
```

可用条件表达式简写为:

```
max = (x>y)? x : y;
```

其意义与上面这段 if 语句一样,很明显代码比上一段程序要少很多,编译的效率相对来说也就高些,但有着和复合赋值表达式一样的缺点就是可读性相对较差。在实际应用时要根据自己习惯来使用。

使用条件表达式时,还应注意以下几点:

① 条件运算符的运算优先级低于关系运算符和算术运算符,但高于赋值符。因此:

max=(x>y)? x:y

可以去掉括号而等价为:

max=x>y? x:y

② 条件运算符"?"和":"是一个整体,即一个运算符,不能将其分开单独使用。

③ 条件运算符的结合方向是自右向左的。

例如:

a<b? a:c<d? c:d

等价为

a<b? a:(c<d? c:d)

这种类似于 if 语句的嵌套使用,也就是条件表达式嵌套的情形,即其中的表达式 3 可以又是一个条件表达式。

【例 5.6】输入一个字符。判别它是否为大写字母,如果是,将其转换为小写,否则不转换;然后输出最后得到的字符。

```
main()
{
    char ch;
    scanf("%c",&ch);
    ch = (ch >= 'A' && ch <= 'Z')? (ch+32):ch;
    printf("%c",ch);
}
```

5.3 switch 语句

前面我们已经提到了 switch 语句,如果程序有过多的分支时,我们一般采用 switch 语句,可以使程序结构清晰。其一般形式为:

```
switch(表达式)
{
    case 常量表达式 1:语句 1;break;
    case 常量表达式 2:语句 2; break;
    …
    case 常量表达式 n:语句 n; break;
    default        :语句 n+1;
}
```

其意义是:计算 switch 后面表达式的值,并将其作为条件与 case 后面的各个常量表达式的值相比,如果相等时则执行 case 后面的语句,再执行 break(间断语句)语句,跳出 switch 语句结构;如果 case 后面没有和条件相等的值时就执行 default 后的语句。如果当没有符合的条件时,不做任何处理,那可以不写 default 语句,default 语句只是程序不满足所有 case 语句条件情况下的一个默认情况执行语句。

【例 5.7】

```
main()
{
    int month;
    printf("请输入当前的月份:");
    scanf("%d",&month);
    switch (a)
    {
        case 1:printf("一月\n");
        case 2:printf("二月\n");
```

```
        case 3:printf("三月\n");
        case 4:printf("四月\n");
        case 5:printf("五月\n");
        case 6:printf("六月\n");
        case 7:printf("七月\n");
        case 8:printf("八月\n");
        case 9:printf("九月\n");
        case 10:printf("十月\n");
        case 11:printf("十一月\n");
        case 12:printf("十二月\n");
        default:printf("错误的月份数！\n");
    }
}
```

该程序使用了 switch 语句,大家可以看出这个程序拥有 13 个分支,如果使用 if 语句的话会显得非常混乱,但是使用了 switch 语句,就感觉非常清晰明了。但是当我们输入"3"之后,却执行了 case3 以及以后的所有语句,输出了"三月"及以后的所有单词,这当然并非我们的本意所在。为什么会出现这种情况呢？这恰恰反应了 switch 语句的一个特点。在 switch 语句中,"case 常量表达式"只相当于一个语句标号,表达式的值和某标号相等则转向该标号执行,但不能在执行完该标号的语句后自动跳出整个 switch 语句,所以出现了继续执行所有后面 case 语句的情况。这与前面介绍的 if 语句完全不同,应特别注意。为了避免上述情况,C 语言还提供了一种 break 语句,专门用于跳出 switch 语句,break 语句只有关键字 break,没有参数。在后面还将详细介绍。修改例题的程序,在每一 case 语句之后增加 break 语句,使每一次执行之后均可跳出 switch 语句,从而避免输出不应有的结果。

【例 5.8】输入月份,打印 1999 年该月有几天(网上转载)。

程序如下：

```
#include <stdio.h>
main( )
{
    int month;
    int day;
    printf("please input the month number :");
    scanf("%d", &month);
    switch (month)
    {
        case 1:
        case 3:
        case 5:
        case 7:
        case 8:
        case 10:
        case 12: day = 31;
            break;
```

```
            case 4:
            case 6:
            case 9:
            case 11:day = 30;
                break;
            case 2: day = 28;
                break;
            default : day = -1;
        }
        if day = -1
            printf("Invalid month input ! \n");
        else
        printf("1999. %d has %d days \n",month,day);
}
```

使用 switch 语句时应注意以下几点：
① 在 case 后的各常量表达式的值都应该是不一样的，否则会出现错误。
② 在 case 后，允许出现多条语句，可以不用{}括起来。
③ 各 case 和 default 语句位置的先后顺序可以改变，而不会影响程序执行结果。
④ default 子句可以省略不写。

【例 5.9】输入 3 个整数，输出最大数和最小数。

```
main()
{
    int a,b,c,max,min;
    printf("input three numbers:");
    scanf("%d%d%d",&a,&b,&c);
    if(a>b)
        {max = a;min = b;}
    else
        {max = b;min = a;}
    if(max<c)
        max = c;
    else
        if(min>c)
    min = c;
    printf("max = %d\nmin = %d",max,min);
}
```

【例 5.10】计算器程序。用户输入运算数和四则运算符，输出计算结果。

```
main()
{
    float a,b;
    char c;
    printf("input expression: a+(-,*,/)b \n");
    scanf("%f%c%f",&a,&c,&b);
```

```
switch(c)
{
    case '+': printf(" % f\n",a + b);break;
    case '-': printf(" % f\n",a - b);break;
    case '*': printf(" % f\n",a * b);break;
    case '/': printf(" % f\n",a/b);break;
    default: printf("input error\n");
}
```

5.4 循环控制

5.4.1 概　述

在现实生活中,有很多问题都需要用到循环控制。例如,一个频率为 4 MHz 的 PIC 单片机应用电路中,要求实现 1 ms 的延时,那它就要执行 10 次空语句才可以达到延时的目的(具体次数与芯片型号以及所使用的编译器有关系),如果手工写 10 条空语句那是非常麻烦的事情,难以想象,其次就是要占用很多的存储空间。我们知道这 10 条空语句,都是一样的语句——即一条空语句重复执行 10 次,因此就可以用循环语句去写,这样不但使程序结构简捷,查看代码显示直观,而且使其编译的效率大大提高。

C 语句中的循环语句有:
① goto 语句和 if 语句构成循环;
② while 语句;
③ do - while 语句;
④ for 语句。

5.4.2 goto 语句和 if 语句构成循环

goto 语句是无条件转换语句,在很多高级语言里都有,比如 Basic 语言。它的一般形式为:

goto　语句标号;

其中的"语句标号"用标识符来表示,它的命名规则与变量名一样,即由字母、数字和下划线组成,第一个字符必须为字母或下划线。这个标识符加":"号出现在程序的某一行,执行到 goto 语句后,程序就会跳转到该标号处并执行其后的语句。标识符必须与 goto 语句在同一个函数里,否则无效。通常我们将 goto 语句与 if 语句一起用,即当满足什么条件的时候就跳转到某处语句。

但是,goto 语句会使程序层次不清,不易读懂,所以我们编写程序时尽量不要使用该语句。

【例5.11】
```
void main()
{
    int a;
    a = 0;
    loop: a++;
    if (a == 100) goto end;
    goto loop;
    end: ;
}
```

在该程序中,使用了goto语句,并且配合使用if语句,从而形成了循环的效果。使用了标识符"loop:",表示循环的开始,"end:"标识程序的结束。不过这样的用法并不太常见,goto语句用的最多的是用它来跳出多重循环,但是它只可以从内层循环跳到外层循环,不能从外层循环跳到内层循环。过多的使用goto语句会使程序结构不清晰,过多的跳转就使程序变得又像汇编语言的风格,而失去了C程序模块化的优点,所以不提倡使用。

5.4.3 while 语句

while在英语里面的意思是"当……的时候",因此while语句的作用也很好理解,就是当条件满足的时候,执行后面的语句,它的一般形式为:

while(表达式)语句

其中的表达式为循环条件,语句为循环体。判断表达式是否为真(非0),则执行后面的语句,执行一次完成之后再次回到while后面的表达式,进行判断,如果为真,则重复执行语句,否则跳出循环。当条件一开始就为假时,那么while后面的循环体一次都不会被执行就退出整个循环。

while语句执行过程如图5.8所示。

【例5.12】用while语句求 $\sum_{n=1}^{100} n$ 。

用流程图和N-S结构流程图表示算法,如图5.9所示。

```
main()
{
    int i,sum = 0;
    i = 1;
    while(i <= 100)
    {
        sum = sum + i;
        i++;
    }
    printf("%d\n",sum);
}
```

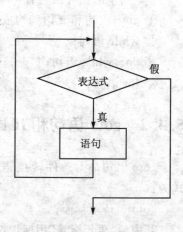

图5.8 while语句执行过程

执行结果：
5050

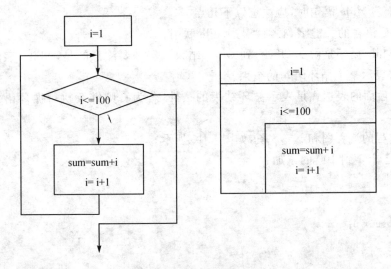

图 5.9 流程图及 N-S 图

这个程序实现了 1 到 100 的累加,其中以下几点需要注意:

① 如果在第一次进入循环时,while 后圆括号内表达式的值为 0,循环一次也不执行。在本程序中,如果 i 的初值大于 100,将使表达式 i<=100 的值为 0,循环体也不执行。

② 在循环体中一定要有使循环趋向结束的操作,以上循环体内的语句 i++ 使 i 不断增 1,当 i>100 时,循环结束。如果没有"i++;"这一语句,则 a 的值始终不变,循环将无限进行,进入死循环。

③ 在循环体中,语句的先后位置必须符合逻辑,否则将会影响运算结果。例如,若将上例中的 while 循环体改写成：

```
while(i<=100)
{
    i++;
    sum=sum+i;
}
```

运行后,将输出:
sum=5150
因为在程序运行的过程中,少加了第一项的值 1,而多加了最后一项的值 101。

5.4.4 do-while 语句

do-while 语句可以说是 while 语句的补充。while 是先判断条件是否成立再执行循环体,而 do-while 则是先执行循环体,再根据条件判断是否要退出循环。

do-while 语句的一般形式为：
do

语句
while(表达式);
在使用 do-while 语句时,应注意以下几点:
① do 是 C 语言的关键字,必须要与 while 联用。
② do-while 循环是由 do 开始,到 while 结束。但是要注意的是,while(表达式)后面的";"不能丢,它表示整个循环语句的结束。
③ while 后面的表达式是表示循环结束的条件,若为真则继续执行循环语句,否则结束循环。

其执行过程的流程图和 N-S 图,如图 5.10 所示。

【例 5.13】求 1 到 100 的累加和。

```
main()
{
    int i,sum = 0;
    i = 1;
    do
    {
        sum = sum + i;
        i ++ ;
    }while(i <= 100);
    printf(" % d\n",sum);
}
```

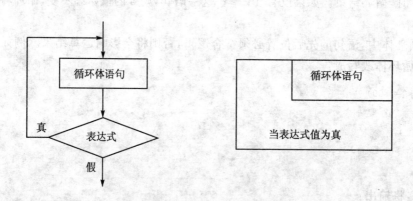

图 5.10 do-while 语句执行过程

可以从这个程序看到,对于同一个问题可以用 while 语句处理,也可以用 do-while 处理。它们之间可以互相转换。它们之间的主要区别是:while 循环的控制,出现在循环体之前,只有当 while 后表达式的值为非零时,才可能执行循环体;在 do-while 构成的循环中,总是先执行一次循环体,然后再求表达式的值,因此,无论表达式的值是零还是为非零,循环体至少执行一次。和 while 循环一样,在 do-while 循环体中,一定要有能使 while 后表达式的值变为 0 的操作,否则,循环将会无限制地进行下去。

【例 5.14】while 和 do-while 循环比较。

```
(1)main()
  {int sum = 0,i;
    scanf("%d",&i);
    while(i <= 20)
        {sum = sum + i;
          i++;
        }
    printf("sum = %d",sum);
  }
(2)main()
  {int sum = 0,i;
    scanf("%d",&i);
    do
      {sum = sum + i;
        i++;
      }
    while(i <= 20);
    printf("sum = %d",sum);
  }
```

5.4.5 for 语句

C 语言中的 for 语句使用非常灵活,它可以完全替代其他循环语句,不仅可以用于循环次数已定的情况,而且可以用于次数不定的情况。

它的一般形式为:

for(初值设定表达式;循环条件表达式;条件更新表达式)语句

它的执行过程如下:

① 先执行初值设置表达式。

② 然后求循环条件表达式的值,若它的值为真(非 0),则执行 for 语句中指定的内嵌语句,然后执行下面第③步;若值为假(0),则结束循环,转到第⑤步。

③ 条件更新表达式。这个表达式用来改变循环的条件,也是循环次数的控制。

④ 转回上面第②步继续执行。

⑤ 循环结束,执行 for 语句下面的语句。

该过程也可以用图 5.11 来表示。

例如:

for(i=1; i<=100; i++) sum = sum + i;

这段 for 语句实现了 1 到 100 的累加。先给变量 i 赋初值 1,判断 i 是否小于或等于 100,如果为真,则执行语句"sum=sum+i",然后 i 自增 1。然后再重新判断,直到条件为假,即 i>100 时,循环结束。

相当于 while 语句:

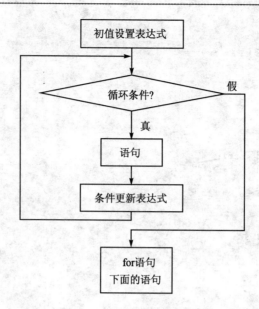

图 5.11 for 语句执行过程

```
i = 1;
while(i <= 50)
    {
        sum = sum + i;
        i++;
    }
```

对于使用 for 语句,要注意以下几点:

① 省略了"循环条件表达式",如程序中不做相应的处理,则将变成死循环。

例如:

for(j = 1;;j++)sum = sum + j;

② 如果不写"条件更新表达式",则不对循环变量进行操作,这时可在语句体中加入修改循环变量的语句。

例如:

```
for(j = 1;j <= 100;)
{
    sum = sum + j;
    j++;
}
```

③ 写"初值设置表达式"和"条件更新表达式"。

例如:

```
for(;j <= 100;)
{sum = sum + j;
j++;}
```

相当于：

while(j <= 100)
{sum = sum + j;
j++;}

④ for 语句中的 3 个表达式可以全部省略不写。

例如：

for(;;)语句

相当于：

while(1)语句

即条件永远为真，形成死循环。

⑤ "初值设置表达式"可以是设置循环变量初值的表达式，也可以是其他表达式。

⑥ "初值设置表达式"和"条件更新表达式"可以是一个简单的表达式，也可以是好几个表达式，它们之间用逗号分隔。

例如：

for(j=0,i=1;i<=50;i++)j=j+i;

或者：

for(i=0,j=100;i<=50;i++,j--)k=i+j;

⑦ "循环条件表达式"：一般我们使用关系表达式或逻辑表达式，但也可是数值或字符的表达式，只要其最终的值为非零，即逻辑"真"，那么就执行循环体。

5.4.6 循环的嵌套

所谓循环的嵌套，就是指循环体里面包含了另一个完整的循环。与其他嵌套一样，要求层次要清楚，不能出现交叉的情况。

【例 5.15】求 1~5 000 以内的完全数。

完全数：一个数如果恰好等于它的因子（除开自身）和。例如，6 的因子为 1、2、3，而且 1+2+3=6，因此 6 是"完全数"。

```
main()
 {int i,j,s;
 for(i=1;i<=5000;i++)
   {s=0;
    for(j=1;j<i;j++)
      if(i%j==0)
        s+=j;
    if(i==s)
      printf("%6d\n",s);
   }
 }
```

这个程序使用了两层的 for 循环嵌套。其中外层循环变量为 i,控制数据的取值范围;内层循环变量为 j,内层循环的循环体只有一条语句用于求对应每一个 i 所有的因子和(s)(当 i 能被 j 整除时,j 就是 i 的一个因子)。当 i=s 时就输出该数。

[几种循环的比较]

到目前为止,我们学习了好几种循环语句,虽然格式不同,但它们有着共同的特点,都是用于循环结构的程序设计。在程序设计的过程中,都具有如下 3 条内容:

① 循环体的设计。
② 循环条件的设计。
③ 循环入口的初始化工作。

这 3 个条件都是缺一不可的,并且是一环扣一环的。循环体中安排哪些语句,要从分析具体问题入手,前后呼应,合乎逻辑;并且能确保循环能够终止,而且结论正确。

在 while,do-while 语句的使用中,它的循环条件的改变,要靠程序员在循环体中去有意安排某些语句。而 for 语句却不必。使用 for 语句时,若在循环体中想去改变循环控制变量,以期改变循环条件,无异于画蛇添足。

while,do-while 循环适用于未知循环的次数的场合,而 for 循环适用于已知循环次数的场合。使用哪一种循环又依具体的情况而定。

凡是能用 for 循环的场合,都能用 while,do-while 循环实现,反过来未必能实现。

5.4.7　break 和 continue 语句

1. break 语句

在之前的 switch 语句学习当中,我们已经接触了 break 语句。当 break 语句用于 do-while、for、while 循环语句中时,可使程序终止循环,跳出循环体而执行后面的语句。通常 break 语句与 if 语句一起使用,当满足条件时便跳出循环。

【例 5.16】计算半径 r=1 到 r=10 时的圆面积,直到面积 area 大于 100 为止。

```
#define PI 3.14159
main()
{
    float r,area;
    for( r = 1; r <= 10; r++ )
    {
        area = PI * r * r;
        if (area>100) break;
        printf("%f",area);
    }
}
```

在该程序中,可以看到,当 area>100 时,使用 break 跳出循环,从而达到了程序目的。

2. continue 语句

continue 语句也是用来中断的语句,但是它与 break 语句不同,break 是用来跳出整个循环,而 continue 语句是跳出本次循环,也就是说出现在 continue 下面的语句将不再执行,直接进入下一次循环。

break 与 continue 的区别,如图 5.12 所示。

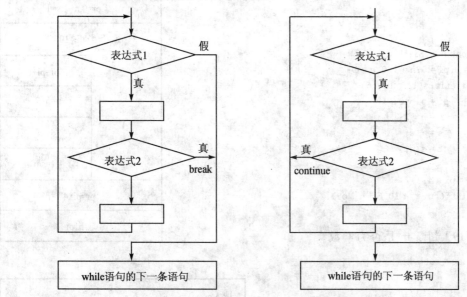

图 5.12 break 和 continue 语句执行过程比较

① while(表达式 1)
　{ …
　　if(表达式 2)break;
　　…
　}

② while(表达式 1)
　{ …
　　if(表达式 2)continue;
　　…
　}

【例 5.17】将 1 到 20 之间不能被 2 整除的数输出。

```
main()
{
    int i;
    for(i = 1;i <= 20;i ++ )
    {
        if (i % 2 == 0) continue;
        printf(" % d ",i);
    }
}
```

在该程序中,当变量 i 对 2 取模为 0 时,则为 i 能整除 2,此时执行 continue 语句,程序将跳到 for 语句继续执行,输出函数在此时将不会被执行。

【例 5.18】用 $\dfrac{\pi}{4}=1-\dfrac{1}{3}+\dfrac{1}{5}-\dfrac{1}{7}+\cdots$ 公式求 π。

```
#include<math.h>
main()
{
    int s;
    float n,t,pi;
    t=1,pi=0;n=1.0;s=1;
    while(fabs(t)>1e-6)
        {pi=pi+t;
         n=n+2;
         s=-s;
         t=s/n;
        }
    pi=pi*4;
    printf("pi=%10.6f\n",pi);
}
```

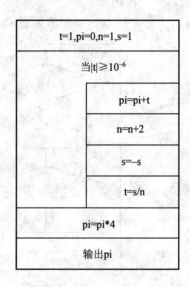

【例 5.19】判断 m 是否为素数。

```
#include<math.h>
main()
{
    int m,i,k;
    scanf("%d",&m);
    k=sqrt(m);
    for(i=2;i<=k;i++)
    if(m%i==0)break;
    if(i>=k+1)
    printf("%d is a prime number\n",m);
    else
    printf("%d is not a prime number\n",m);
}
```

【例 5.20】求 100 至 200 间的全部素数。

```
#include<math.h>
main()
{
    int m,i,k,n=0;
    for(m=101;m<=200;m=m+2)
        {
            k=sqrt(m);
            for(i=2;i<=k;i++)
            if(m%i==0)break;
            if(i>=k+1)
            {printf("%d",m);
              n=n+1;}
             if(n%n==0)printf("\n");
            }
        printf("\n");
}
```

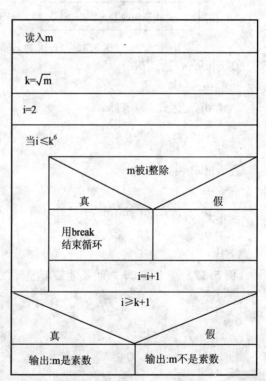

第 6 章
编译预处理与位运算预处理命令

6.1 概 述

预处理是指在进行编译的第一遍扫描之前所做的工作,它由预处理程序负责完成,如包含命令#include、宏定义命令#define 等。在源程序中这些命令都放在函数之外,而且一般都放在源文件的前面,它们称为预处理部分。当对一个源文件进行编译时,系统将自动引用预处理程序对源程序中的预处理部分进行处理,处理完毕后再进行编译工作。预处理命令不是 C 语言本身的组成部分,所以在使用时以"#"开头,以示与 C 语言的区别。在前面的章节中,我们已看到过多次以"#"开头的预处理命令。

C 语言提供了多种预处理功能,如:宏定义、文件包含、条件编译等。合理地使用预处理功能编写的程序便于阅读、修改、移植和调试,也有利于模块化程序设计。本章介绍常用的几种预处理功能。

6.2 宏定义

"宏"是指用一个标识符来表示一个字符串。"宏名"就是指被定义为"宏"的标识符。在编译预处理时,对程序中所有的"宏名",都用宏定义中的字符串去代替,称为"宏代换"。

宏定义由宏定义命令完成;宏代换由预处理程序完成。

在 C 语言中,"宏"定义有两种形式:不带参数的宏定义和带参数的宏定义。

6.2.1 不带参数的宏定义

定义的一般形式为:
#define 标识符 字符串
该宏定义的作用是出现标识符的地方均用字符串来替代,如:
#define PI 3.14
作用:用标识符(称为"宏名")"PI"代替字符串"3.14"。

宏展开:用定义的字符串去替换标识符,然后再对替换处理后的源程序进行编译。在预编译时,将源程序中出现的宏名 PI 替换为字符串"3.14",这一替换过程即为"宏展开"。

#define:宏定义命令。

#undef:终止宏定义命令。

【例 6.1】
```
#define PI 3.14
main ()
{ float l,s,r,v;
    printf("input radius:");
    scanf("%f",&r);              /* 输入圆的半径 */
    l = 2.0*PI*r;                /* 圆周长 */
    s = PI*r*r;                  /* 圆面积 */
    v = 4.0/3.0*PI*r*r*r;        /* 球体积 */
    printf("l= %10.4f\ns= %10.4f\nv= %10.4f\n",l,s,v);
}
```

注意事项:

① 宏定义必须以#define 开头,行末没有分号;

② #define 命令一般出现在函数外部;

③ 每一个#define 只能定义一个宏,且只占一行;

④ 宏定义中的宏体只是一串字符,没有值和类型的含义,编译系统只对程序中出现的宏名用定义中的宏体作简单替换,而不作语法检查,且不分配内存空间;

⑤ 宏体为空时,宏名被定义为字符常量 0。

宏定义的说明:

① 宏名一般用大写字母表示(变量名一般用小写字母)。

② 使用宏可以提高程序的可读性和可移植性。如上述程序中,多处需要使用 π 值,用宏名既便于修改又意义明确。

③ 宏定义是用宏名代替字符串,宏展开时仅作简单替换,不检查语法。语法检查在编译时进行。

④ 宏定义不是 C 语句,后面不能有分号。如果加入分号,则连分号一起替换,如:
#define PI 3.14;
area = P*r*r;

宏替换之后成为:
area = 3.14;*r*r;

因此,在编译时会出现语法错误。

⑤ 一般来说,我们通常把#define 命令放在一个文件的开头,使其在本文件全部有效。(注意:#define 定义的宏仅在本文件有效,在其他文件中无效,这与全局变量不同。)

⑥ 宏定义终止命令 #undef 结束先前定义的宏名,如:

#define G 9.8
main()
{

```
}
#undef G                /* 取消G的意义 */
f1()
⋮
```

⑦ 宏定义中可以引用已定义的宏名。

【例6.2】
```
#define R 3.0
#define PI 3.14
#deinfe L 2*PI*R
#define S PI*R*R
main()
{
    printf("L = %f\nS = %f\n",L,S);
}
```

⑧ 对程序中用双引号引起来的字符串,即使与宏名相同,也不替换。例如上例的 printf 语句中,双引号引起来 L 和 S 不被替换。

6.2.2 带参数的宏定义

定义的一般形式为:
　　#define　　宏名(参数表)　　字符串
其含义是作相应的参数替换,带参数的宏在展开时,不是进行简单的字符串替换,而是进行参数替换,如图6.1所示。

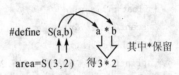

图6.1　define 定义

【例6.3】
```
#define PI 3.14
#define S(r) PI*r*r
main()
{ float a, area;
    a = 5;
    area = S(a);
    printf("r = %f\narea = %f\n",a,area);
}
```

说明:

① 带参数的宏展开时,用实参字符串替换形参字符串,注意可能发生的错误。比较好的办法是宏定义的形参加括号(参见表6.1)。

表6.1　宏定义展开

宏定义	语 句	展开后
#define S(r) PI*r*r	area = S(a+b);	area = PI*a+b*a+b;
#define S(r) PI*(r)*(r)	area = S(a+b);	area = PI*(a+b)*(a+b)

② 宏定义时,宏名与参数表间不能有空格。例如:
#define S□(r) PI*r*r(□表示空格)
带参数的宏定义与函数的区别,如表6.2所列。

表6.2 带参数的宏定义与函数的区别

功　能	函　　数	宏
信息传递	实参的值或地址传送给形参	用实参的字符串替换形参
处理时刻及内存分配	程序运行时处理,分配临时内存单元	宏展开在预编译时处理,不存在分配内存的问题
参数类型	实参和形参类型一致。如不一致,编译器进行类型转换	字符串替换,不存在参数类型问题
返回值	可以有一个返回值	可以有多个返回值
对源程序的影响	无影响	宏展开后使程序加长
时间占用	占用程序运行时间	占用编译时间

【例6.4】返回多个值的宏定义。

```
#define PI 3.14
#define CIRCLE(R,L,S,V) L=2*PI*R;S=PI*R*R;V=4/3*PI*R*R*R
main()
{ float r,l,s,v;              /*半径、圆周长、圆面积、球体积*/
  scanf("%f",&r);
  CIRCLE(r,l,s,v);
  printf("r=%6.2f,l=%6.2f,s=%6.2f,v=%6.2f\n",r,l,s,v);
}
```

【例6.5】输出格式定义为宏。

```
#define PR printf
#define NL "\n"
#define A "%d "
#define L1 A NL
#define L2 A A NL
#define L3 A A A NL
#define L4 A A A A NL
#define S "%s"
main()
{ int a,b,c,d;
  char string[]="BOY";
  a=1;b=2;c=3;d=4;
  PR(L1,a);
  PR(L2,a,b);
  PR(L3,a,b,c);
  PR(L4,a,b,c,d);
  PR(S,string);
}
```

6.3 文件包含

所谓"文件包含"是指将一个源文件的全部内容包含到另一个源文件中去,成为另一个源文件中的一部分。文件包含预处理命令的一般格式为:

♯include ＜文件名＞　　或

♯include "文件名"

以上两种格式的区别在于:前者,用<>括起文件名的文件包含命令,系统只在指定存放头文件的目录下(include 子目录下)查找该文件。后者,用双引号""的包含命令,系统首先在源文件所在目录下查找该文件,如果找不到,再到指定存放头文件的目录下查找该文件。这里所说的"头文件",因为♯include 命令所指定的被包含文件常放在文件的开头,习惯上称被包含文件为头文件,并常以 h 作为其文件的扩展名,如"math.h"。用双引号""的文件包含命令中的文件名还可改为文件路径,如"c:\tc\include\math.h"。

"文件包含"命令是非常有用的,当一些共同的常量、数据等资料被用于多个程序时,我们就可以把这些共同的东西写在以.h 作为扩展名的头文件中。如果有一个程序需要用到这些常量或数据时,就可用文件包含命令把它们包含进来,这样就省去了重复定义的麻烦。

例如:文件 file.c。

```
# include <stdio.h>
# define PI   3.14
# define AREA(r)  (PI*(r)*(r))
# define PR   printf
# define D   "%f"
```

为了省去重复定义的麻烦,以下的程序要用到以上内容,就可用文件包含命令把它们包含进来,形成一个新的源程序:

```
# include  "c:\tc\file.c"
main()
{ float  r=5,s;
  s=AREA(5);
  PR(D,s);}
```

注意:一个包含命令只能包含一个文件,若要包含 n 个文件,就需要 n 个包含命令。

6.4 条件编译

条件编译,顾名思义就是在满足一定的条件下进行编译。在一般情况下,源程序中所有的行都要进行编译,但是有的时候只是希望对其中的一部分进行编译,这种条件编译对于提高 C 源程序的通用性是有好处的。例如,如果一个程序在不同的计算机系统上运行会有一定的差异(例如,有的机器以 16 位来存放一个整数,有的则是 32 位),往往需要对源程序作不断的修改,这样就降低了程序的通用性。

条件编译命令可以分为以下几种。

1. #ifdef

其中,"标识符"用#define命令定义,#else部分可以没有。

#ifdef 标识符	#ifdef 标识符
程序段1	程序段1
#else	#endif
程序段2	
#endif	

【例6.6】在调试程序时,常常需要输出一些信息,但在调试后又不需要再输出,可以在源程序中插入以下的条件编译:

```
#define DEBUG
#ifdef DEBUG
printf("a = %d,b = %d,c = %d\n",a,b,c);
#endif
```

在程序调试完成后,如果不再需要显示a、b、c的值,则只需要去掉DEBUG标识符的定义。

当然,可以直接使用printf()语句显示调试信息,在程序调试完成后去掉printf()语句,也可以达到目的。但如果程序中有很多处需要调试观察,增、删语句既麻烦又容易出错;而使用条件编译则相当清晰、方便。

2. #ifndef

与第一种形式不同:将ifdef改为ifndef。其作用是:若标识符未被定义则编译程序段1,否则编译程序段2。这种形式正好与第一种形式相反。

#ifndef 标识符	#ifndef 标识符
程序段1	程序段1
#else	#endif
程序段2	
#endif	

3. #if

```
#if 表达式
   程序段1
#else
   程序段2
#endif
```

它的作用是:当表达式为真(非零)时就编译程序段1,否则编译程序段2。可以事先给定一定的条件,使程序在不同的条件下执行不同功能。

【例6.7】指定一串由字母组成的字符串,使用条件编译,使之字母全改为大写输出。

```
#define LETTER 1
main()
{
    char str[20] = "I am a boy", c;
    int i;
    i = 0;
    while((c = str[i]) != '\0')
    { i++;
      #if LETTER
      if (c >= 'a' && c <= 'z')
```

```
            c = c - 32;
        #else
            if (c >= 'A' && c <= 'Z')
            c = c + 32;
        #endif
            printf("%c",c);
    }
}
```

运行结果为:I AM A BOY。

若想改为小写字母,则将程序的第一行改为: #define LETTER 0。

【例 6.8】

```
#define MAX 100
main()
{int i=10;float x=25.8;
  #if MAX>99
    printf("%d\n",i);
  #else
    printf("%f\n",x);
  #endif
    printf("%d,%f\n",i,x);
}
```

运行结果为 10

10,25.800000

若将 MAX 定义为 80,执行 printf("%f\n",x);

运行结果为 25.800000

10,25.800000

6.5 位操作运算符

经过了前面的介绍,我们了解到各种运算是以字节为基本单位的,但是很多系统程序中通常要求在位一级进行运算或处理。C 语言能直接对硬件进行操作,因此就涉及了位的概念,该功能使得 C 语言也能像汇编语言一样用来编写系统程序。

利用位操作运算符可对一个数按其二进制格式进行位操作。

例如:char A=25,B=77,将其化成二进制(或十六进制)表示,并按以下位操作运算。

1. 按位"与"运算符:&

C = A & B

A = 00011001(或 0x1B)

B = 01001101(或 0x4D)

C = 00001001(或 0x09)即 A=9

& 可用作掩码运算,即屏蔽掉某些位。例如:掩码为 127,化成二进制表示为 01111111,

可屏蔽掉第 7 位。

2. 按位"或"运算符：|

C = A | B
A = 00011001(或 0x1B)
B = 01001101(或 0x4D)
C = 01011101(或 0x5D)即 C = 93

3. 按位"异或"运算符：^

C = A ^ B
A = 00011001(0x1B)
B = 01001101(0x4D)
C = 01010100(0x54)即 C = 84

很容易验证：C = A ^ B ^ B = A。

用户可以利用这个特性做一些数据的处理。例如，对一段文字进行加密，把它跟一个关键字进行"异或"处理，需要解密时，只须用同一个关键字再做一次"异或"处理，就可以使其恢复原样。再举一个例子，用下列"异或"处理程序：

```
swap1(a,b)
int a,b;
{
    a = a^b;
    b = a^b;
    a = a^b;
}
```

代替下列程序：

```
swap(a,b)
int a,b;
{
    int temp;
    temp = a;
    a = b;
    b = temp;
}
```

同样实现 a 和 b 交换，"异或"处理的速度更快。

4. 按位取反运算符：~

F2 = ~ F1,F2 为 F1 二进制按位取反。
例如：
unsigned int F1 = 0122457, F2;
二进制表示（八进制表示）为：
F1:1010010100101111 (0122457)

F2:0101101011010000 (0055320)

5. 左移运算符：<<

左移运算符 << 是双目运算符。其功能把 << 左边的运算数的各二进位全部左移若干位，由 << 右边的数指定移动的位数，高位丢弃，低位补 0。

例如：设

a＝3，a << 4

指把 a 的各二进位向左移动 4 位。如 a＝00000011（十进制 3），左移 4 位后为 00110000（十进制 48）。

6. 右移运算符：>>

右移运算符 >> 是双目运算符。其功能是把 >> 左边的运算数的各二进位全部右移若干位，由 >> 右边的数指定移动的位数。对于有符号数，在右移时，符号位将随同移动。当为正数时，最高位补 0；而为负数时，符号位为 1，最高位是补 0 或是补 1 取决于编译系统的规定。Turbo C 和很多系统规定为补 1。

例如：设

a＝15，a >> 2

表示把 000001111 右移 2 位，为 00000011（十进制 3）。

【例 6.9】

```
main(){
    unsigned a,b;
    printf("input a number:");
    scanf("%d",&a);
    b = a >> 5;
    b = b&15;
    printf("a = %d\tb = %d\n",a,b);
}
```

【例 6.10】

```
main(){
    char a = 'a',b = 'b';
    int p,c,d;
    p = a;
    p = (p<<8)|b;
    d = p&0xff;
    c = (p&0xff00)>>8;
    printf("a = %d\nb = %d\nc = %d\nd = %d\n",a,b,c,d);
}
```

第7章
数组与函数

具有相同类型和名称的变量的集合,称之为数组。其中的变量称为数组的元素,每个数组元素都有一个编号,叫做下标,可以用一个统一的数组名和下标来唯一地确定数组中的元素。数组元素的个数称之为数组的长度。在C语言中,数组属于构造数据类型。一个数组可以分解为多个数组元素,这些数组元素可以是各种基本数据类型或是构造类型。根据数组元素的类型不同,数组可以分为:数值数组、字符数组、指针数组、结构数组等各种类型。

对于一个较大、较复杂的问题,人们通常将其分为若干个模块,每一个模块用来实现一个功能。C语言中的函数就是用来实现模块化程序设计的工具,相当于其他高级语言中的子程序和过程。

7.1 一维数组的定义和引用

7.1.1 一维数组的定义

所谓数组,在此可以举个例子来说明:这就好像学校操场上的队列,每一个年级代表一个数据类型,每一个班级为一个数组,每一个学生就是数组中的一个元素。数组中的每个数据都可以用唯一的下标来确定其所在位置,下标可以是一维或多维的。比如在学校的方队中要找一个学生,这个学生在I年级H班X组Y号的,那么可以把这个学生看作在I类型的H数组中(X,Y)下标位置中。数组和普通变量一样,要求先定义再使用。

一维数组的定义方式为:

类型说明符　数组名[常量表达式];

其中:

类型说明符是指数组中各数据单元的类型,一个数组里的数据单元只能是同一数据类型。数组名是整个数组的标识,命名方法与变量命名方法是一样的。在编译时系统会根据数组大小和类型为变量分配空间,数组名可以说就是所分配空间首地址的标识。常量表达式表示数组的长度和维数,必须用[ ]括起,方括号里的数不能是变量只能是常量。

例如:

第7章 数组与函数

```
int m[10];              说明整型数组 m,有 10 个元素
float a[15],b[15];      说明实型数组 a 和实型数组 b,各有 15 个元素
char str[20];           说明字符数组 str,有 20 个元素
```

注意:在 C 语言中数组的下标是从 0 开始的,而不像有些编程语言那样是从 1 开始的,如定义了:int a[10],它的下标就是从 a[0]到 a[9],如引用单个元素就是数组名加下标,如 a[1]就是引用 a 数组中的第 2 个元素,如果错用了 a[10]就会出现错误。还有一点要注意的就是在程序中只有字符型的数组可以一次引用整个数组,其他类型的,则需要逐个引用数组中的元素,不能一次引用整个数组。

对于数组的使用应该注意以下几点:

① 对于同一个数组,其所有元素的数据类型都是相同的,其类型都是根据数组被定义时的数据类型决定。

② 在取数组名时要注意不能与其他变量名同名。

例如:

```
main()
{
    float a;
    int a[10];
    …
}
```

这样的定义是错误的。

③ [ ]中常量表达式表示数组元素的个数,如 a[10]表示数组 a 有 10 个元素。10 个元素分别为 a[0],a[1],a[2],a[3],a[4],a[5],a[6],a[7],a[8],a[9]。

④ [ ]中的表达式可以是符号常数或常量表达式,但不可以是变量。

例如:

```
#define AA 10
main()
{
    float a[2+11],b[20+AA];
    …
}
```

这样的写法是合法的。

但是下面的写法是错误的。

```
main()
{
    int b = 10;
    int a[b];
    …
}
```

⑤ C 语言允许在同一个类型说明中,说明多个数组和多个变量。

例如：
int a,b,c,d,m[20],n[30];

7.1.2 一维数组元素的引用

一个数组被定义后，数组中的各个元素就共用一个数组名（即该数组变量名），在此就以它们的下标来区别各个元素。对数组的操作归根到底就是对数组元素的操作。

数组元素的表现形式为：

数组名[下标]

其中，下标只能为整型常量或整型表达式，如为小数时，C编译将自动取整。

例如：

a[10]

a[i+j]

a[j++]

这些都是合法的数组元素。

数组元素也被称为下标变量，必须先定义再使用下标变量。下标的值不允许超越所定义的下标下界和上界。

例如，一个数组有20个元素，将其各元素值逐个输出：

for(i=0; i<20; i++)
　　printf("%d",a[i]);

如改成下面的写法，则会出错，因为C语言中不能用一个语句输出整个数组，只能逐个输出：

printf("%d",a);

【例7.1】

```
main()
{
    int i,a[10];
    for(i=0;i<=9;i++)
        a[i]=i;
    for(i=9;i>=0;i--)
        printf("%d ",a[i]);
}
```

【例7.2】

```
main()
{
    int i,a[10];
    for(i=0;i<10;)
        a[i++]=i;
```

```
        for(i = 9;i >= 0;i--)
            printf("%d",a[i]);
}
```

【例 7.3】
```
main()
{
    int i,a[10];
    for(i = 0;i<10;)
        a[i++] = 2*i+1;
    for(i = 0;i <= 9;i++)
        printf("%d",a[i]);
    printf("\n%d %d\n",a[6.2],a[7.8]);
}
```

在该例中,用了一个循环语句给数组 a 各元素送入奇数数字,然后在第二个循环语句中,逐个输出奇数。在第一个 for 语句中,表达式 3 省略了,因为在下标变量中使用了表达式 i++,用来修改循环变量的值。程序最后一个 printf 语句输出了 a[6]和 a[7]的值,因为当下标不为整数时编译器将自动取整。

7.1.3 一维数组的初始化

数组定义后,数组元素的值是随机的,可以用三种方法为数组元素赋值:
① 用赋值语句给数组元素赋值。
② 用输入函数从键盘或数据文件中读取数据并赋给数组元素。
③ 初始化数组,即在定义数组的同时,为数组元素赋值。

前两种方法占用程序执行时间较多,是在程序的运行阶段实行的,每运行一次程序,相关的语句都必须执行一遍。最后一种方法对于静态存储的数组是在程序编译阶段完成赋初值的,只要程序编译成功,运行程序时不再执行相关的语句,因此减少了程序运行时间。另外,前两种方法对没有赋值的数组元素来说,数组元素的值是不确定的。第三种方法中系统对没有赋初值的数组元素,自动赋予一个确定值(整型或实型数组元素赋数值 0,字符型数组元素赋字符常量'\0')

初始化赋值的一般形式为:
类型说明符 数组名[常量表达式]={初值,初值……初值};
其中在{ }中的各个数据为各数组元素的初值,各值之间用逗号分隔。
例如:
int a[5]={ 0,1,2,3,4 };
相当于 a[0]=0;a[1]=1;…;a[4]=4。
对数组元素的初始化可以用以下方法实现:
① 在定义数组时对数组元素赋初值。例如:
int a[5]= {0,1,2,3,4};

② 可以只对一部分元素赋值。例如：
int a[5]= {0,1,2};
③ 对全部元素赋初值时,可以不指定数组长度。例如：
int a[5]= {0,1,2,3,4};
可以写成
int a[ ]= {0,1,2,3,4};

7.1.4 一维数组程序举例

在程序执行过程中,对数组做动态赋值。

【例 7.4】

```
main()
{
    int i,max,a[10];
    printf("input 10 numbers:\n");
    for(i=0;i<10;i++)
        scanf("%d",&a[i]);
    max=a[0];
    for(i=1;i<10;i++)
        if(a[i]>max) max=a[i];
    printf("maxmum=%d\n",max);
}
```

本例程序中第一个 for 语句中,使用 scanf 函数逐个输入 10 个数到数组 a 中,然后把 a[0]赋值给 max。在第二个 for 语句中,从 a[1]到 a[9]逐个与 max 中的内容比较,若比 max 的值大,则把该下标变量送入 max 中,因此 max 总是在已比较过的下标变量中的最大值。比较结束,输出 max 的值。

【例 7.5】

```
main()
{
    int i,j,p,q,s,a[10];
    printf("\n input 10 numbers:\n");
    for(i=0;i<10;i++)
        scanf("%d",&a[i]);
    for(i=0;i<10;i++){
        p=i;q=a[i];
        for(j=i+1;j<10;j++)
        if(q<a[j]) { p=j;q=a[j]; }
        if(i!=p)
            {s=a[i];
            a[i]=a[p];
            a[p]=s; }
```

```
        printf("%d",a[i]);
    }
}
```

本例程序中用了两个并列的 for 循环语句,在第二个 for 语句中又嵌套了一个循环语句。第一个 for 语句用于输入 10 个元素的初值。第二个 for 语句用于排序。本程序的排序采用逐个比较的方法进行。在 i 次循环时,把第一个元素的下标 i 赋于 p,而把该下标变量值 a[i] 赋于 q。然后进入小循环,从 a[i+1] 起到最后一个元素止逐个与 a[i] 作比较,有比 a[i] 大者则将其下标送 p,元素值送 q。一次循环结束后,p 即为最大元素的下标,q 则为该元素值。若此时 i≠p,说明 p 和 q 值均已不是进入小循环之前所赋之值,则交换 a[i] 和 a[p] 之值。此时 a[i] 为已排序完毕的元素。输出该值之后转入下一次循环,并对 i+1 以后各个元素排序。

7.2 二维数组的定义和引用

7.2.1 二维数组的定义

之前介绍了一维数组,它只有一个下标,其数组元素也称为单下标变量。

但是在现实生活中,仅仅使用一维数组,很多事物都无法恰当地被表示。举个例子:假如一个班级 40 个学员,把他们编成 1~40 号。但现在有两个班级要管理怎么办?每个班级都各有各的编号,比如 1 班学生编是 1~40;2 班的学生也是 1~40。现在两个班的学生编号要混在一起输入计算机系统,从 1 号编到 80 号,显然不是很合适,也很难进行有效的管理。在实际问题中有很多量是二维的或多维的,为了解决这个问题,C 语言允许构造多维数组。多维数组元素有多个下标,以标识它在数组中的位置。在这里,主要介绍二维数组,类似的还有三维、四维等,原理都是一样的,留给读者自己去思考。

二维数组定义的一般形式是:

类型说明符 数组名[常量表达式1][常量表达式2]

其中,常量表达式 1 表示第一维大小,常量表达式 2 表示第二维大小。

例如:

int a[3][4];

说明了一个 3 行 4 列的数组,数组名为 a,其下标变量的类型为整型。该数组的数组元素共有 3×4 个,即:

a[0][0],a[0][1],a[0][2],a[0][3]
a[1][0],a[1][1],a[1][2],a[1][3]
a[2][0],a[2][1],a[2][2],a[2][3]

由于数组 a 为 int 类型,int 类型数据占两个字节的内存空间,所以数组中每个元素均占有两个字节。

7.2.2 二维数组元素的引用

二维数组的表达形式为:

数组名[下标1][下标2]

其中,下标应为整型常量或整型表达式。

例如:

a[7][8]

表示 a 数组有 7 行 8 列元素。

这里的下标变量和一维数组定义时的元素个数有些相似,但这两者具有不同的含义。数组定义时方括号中给出的是某一维的长度,即长度的最大值;而数组元素中的下标变量是该元素在数组中的位置标识。注意:前者只能是常量,后者可以是常量、变量或表达式。

【例 7.6】一个年级有 4 个班,有 3 门课考试的平均成绩。求全年级分科的平均成绩和总平均成绩。

可设一个二维数组 a[4][3]存放 4 个班 3 门课的成绩。再设一个一维数组 v[3]存放所求得各分科平均成绩,设变量 average 为全年级总平均成绩。成绩分布表如表 7.1 所列,编程如下:

表 7.1 成绩分布表

	一班	二班	三班	四班
语文	80	70	75	85
数学	75	65	80	87
英语	92	71	70	90

```
main()
{
    int i,j,s = 0,average,v[3],a[4][3];
    printf("input score\n");
    for(i = 0;i<3;i++)
    {
        for(j = 0;j<4;j++)
        { scanf("%d",&a[j][i]);
          s = s + a[j][i];}
        v[i] = s/4;
        s = 0;
    }
    average = (v[0] + v[1] + v[2])/3;
    printf("语文:%d\n 数学:%d\n 英语:%d\n",v[0],v[1],v[2]);
    printf("平均分:%d\n", average);
}
```

该程序中首先用了一个双重循环。在内循环中依次读入某一门课程的各个班级的平均成绩,如第一次循环时,读入每个班的语文平均成绩,同时把所有班的语文成绩累加起来,退出内循环后再把该累加成绩除以 4 送入 v[i]之中,这就是该门课程的平均成绩。因为总共统计 3 门课程,所以外循环共循环 3 次,分别求出 3 门课各自的平均成绩并存放在 v 数组之中。退出外循环之后,把 v[0],v[1],v[2]相加除以 3 即得到各科总平均成绩。最后按题意输出全年级总平均成绩。

7.2.3 二维数组的初始化

二维数组初始化可以在数组定义时,为各下标变量赋以初值。

例如,对数组 a[4][3]按如下的方式赋值,其最终效果都是一样的。

① 按分段进行赋值为:

int a[4][3]={ {80,75,92},{70,65,71},{75,80,70},{85,87,90}};

② 按连续进行赋值为:

int a[4][3]={ 80,75,92,70,65,71,75,80,70,85,87,90};

对于二维数组初始化赋值还要注意几点:

① 可以只对部分元素赋初值,未赋初值的元素自动取 0 值。

例如:

int a[2][2]={{5},{7}};

是对第一行第一列和第二行第一列元素赋值,其他元素为 0。语句执行后各元素的值为:

5 0 0
7 0 0
int a[3][3]={{1,2},{0,5,9},{3}};

赋值后的元素值为:

1 2 0
0 5 9
3 0 0

② 如要对所有数组元素赋初值,那么定义时,第一维的长度可以不写。

例如:

int a[3][3]={9,8,7,6,5,4,3,2,1};

可以改为:

int a[][3]={9,8,7,6,5,4,3,2,1};

7.3 字符数组

字符数组用来存放字符的数组。

7.3.1 字符数组的定义

在前面的例子当中,使用的数据是整型的,所以数组是一个整型数组。也可以将数组定义为其他类型,如浮点型(float)、布尔型(bool)或者字符型(char)均可以有相关的数组,如:

int age[] {30,32,59,78};
float money[] = {500.50,7000,6500.75};
bool married[] = {false,true};

char name[] = {'M','i','k','e'};

最后一行定义了一个字符数组,用来存储一个英文人名:Mike。

字符数组也可以是二维或多维数组。

例如:

char c[4][3];

即为二维字符数组。

7.3.2 字符数组的初始化

与整型数组一样,字符数组也可以在定义时做初始化赋值。

例如:

char c[8]={'p','r','o','g','r','a','m'};

赋值后各元素的值为:

c[0]的值为'p'

c[1]的值为'r'

c[2]的值为'o'

c[3]的值为'g'

c[4]的值为'r'

c[5]的值为'a'

c[6]的值为'm'

当对全体元素赋初值时也可以省去长度说明。c[7]为'\0',作为字符串结束的标志。

例如:

char c[]={'p','r','o','g','r','a','m'};

这时 C 数组的长度自动定为 9。

7.3.3 字符数组的引用

字符数组的引用实例如例 7.7 所示。

【例 7.7】

```
main()
{
    int i,j;
    char a[][5]={{'C','h','i','n','a',},{'J','a','p','a','n'}};
    for(i=0;i<=1;i++)
    {
        for(j=0;j<=4;j++)
            printf("%c",a[i][j]);
        printf("\n");
    }
}
```

在该程序中二维字符数组 a 在初始化时将全部元素赋以初值,因此一维下标的长度可以不写,然后通过循环语句将各字符一一输出。

7.3.4 字符串和字符串结束标志

在 C 语言中通常用一个字符数组来存放一个字符串。前面也曾提及字符串总是以'\0'作为串的结束标记。由此,在把一个字符串存入数组时,也把结束符'\0'存入了数组,以此作为该字符串结束的标志。

除了定义字符数组时初始化各元素值,还可以用字符串的形式来进行赋值。

例如:

char c[] = {'p','r','o','g','r','a','m'};

可写为:

char c[] = {"program"}; 或 char c[] = "program";

用字符串方式赋值比用字符逐个赋值要多占一个字节,用于存放字符串结束标志'\0'。上面的数组 c 在内存中的实际存放情况为:

| p | r | o | g | r | a | m | \0 |

'\0'是程序在编译时,由编译器自动加上的。由于有了'\0'标志,所以在用字符串赋初值时一般无需指定数组的长度,而由系统自行处理。

7.4 函数概述

C 语言系统本身提供了极为丰富的库函数,同时还允许用户自定义函数。用户可以把自己的程序写成一个一个相对独立的函数,在需要用到的时候来调用它。换句话说,C 语言其实就是函数的集合,由于采用了函数结构的写法,使得 C 语言的程序结构清晰,同时有利于程序的阅读和维护。

7.4.1 函数定义的一般形式

1. 无参函数的定义形式

```
类型标识符  函数名()
{声明部分
 语句
}
```

其中的类型标识符指明了函数返回值的类型。函数名由用户自己定义,后面是空括号,代表没有函数参数,即代表无参函数,但是空括号不可以省略。

花括号中的内容被称为函数体。注意:在函数体中声明的各种对象,只能在函数体内有效。一般情况下,无参函数没有返回值,因此可以将函数的类型标识符写成"void"。

举例:

```
void print ()
{
    printf ("I am a boy. \n");
}
```

可以从这个例子中看出,print 为函数名,它是一个无参函数,并且它没有返回值。当它被调用时,它的功能就是输出"I am a boy."字符串。

2. 有参函数的定义形式

类型标识符 函数名(形式参数列表)

{声明部分
 语句
}

大家可以看出,有参函数与无参函数的主要区别就在于多了形式参数列表。在该列表中列出的形参被称为形式参数,简称为形参。它们可以是各种类型的数据,分别需要类型声明,之间用","号分隔。函数被调用时,主调函数将通过实际参数,简称实参,传递实际的值给这些形参。

举例:定义一个有参函数,用来求两个数中较大的那个数,就可以写成

```
int max( int a, int b)
{
    if ( a > b) return a;
    else return b;
}
```

在该程序中,将 max 函数的返回类型定义为 int 型,a 和 b 为函数的形参,并且都声明为 int 类型。当 max 被调用时,主调函数将通过实参将实际的值传给形参 a 和 b。函数体中的 if 语句用来判断,如果 a>b,使用 return 语句返回 a 的值,否则就返回 b 的值。

7.4.2 函数的参数和函数的值

通过前面的例子,了解函数的参数分为形参和实参。那么这两种参数的特点和关系究竟是怎么样的呢?形参只是出现在函数定义中,在该函数体中可以使用,但在函数体外就不能使用;实参只是出现在主调函数中,在调用函数时,把实参的值传递给被调函数的形参,从而实现主调函数向被调函数的数据传递,如图 7.1 所示。

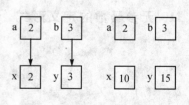

图 7.1 数值传递示意图

函数的形参和实参具有以下几个特点:

① 形参只有在调用的时候才被临时分配内存单元,在调用结束后,就释放它所占有的内

存空间。

② 实参不论是什么类型的数据,但必须有一个最终的值,在进行函数调用时,它都必须有确定的值,从而把这些值传递给形参。

③ 实参和形参的数据类型必须一致,否则程序在编译时会出错。

④ 只能将实参的值传递给形参,反过来则不可以。

【例 7.8】

```
main()
{
    int num;
    printf("input a number\n");
    scanf(" % d",&num);
    m(num);
    printf(" % d\n",num);
}
int m(int n)
{
    int i;
    n = n * n;
    printf(" % d\n",n);
}
```

在该例中,定义了一个 m 函数,该函数的功能是求 n 的平方值。在主函数中,输入 num 的值,然后调用 m 函数,num 作为实参,将值传递给形参 n。在这里,也要提醒大家注意,形参和实参的名字可以一样,但是它们两个是完全独立的个体。在函数 m 中,形参 n 的值被改变,即 n=n*n;同时,函数体中的 printf 语句将 n 的值打印出来。当函数 m 返回主函数后,主函数中的 printf 语句又将 num 值打印出来。用户可能会想到这里的值和刚才函数 m 中打印值一样,但要注意,在 C 语言中,形参不能改变实参变量的值,因此,主函数中的 printf 语句所打印的 num 值仍为最前面输入的值。

7.4.3 函数的返回值

函数的返回值,指的是函数被调用后,返回主调函数的一个值。例如在前面例子中讲到的 max 函数,如果调用 max(2,5),则返回值为 5,若为 max(7,3),则返回值为 7。返回函数值时,应注意以下几点:

① 使用 return 语句返回函数值。

return 语句的一般形式为:

return 表达式;

或者为:

return (表达式);

其中的"表达式"为函数返回主调函数的值,注意必须和函数的类型标识符一致。

② 如果在函数定义时没有写明类型标识符,则默认为整型。
③ 如果函数不需要返回值,函数类型标识符则可以写为 void,表示该函数没有返回值。

7.4.4 函数的调用

1. 函数调用的一般形式

在 C 语言中,函数调用的一般形式为:

函数名(实际参数表)

其中的"实际参数表",即实参表可以没有,表示无参函数。实参表可以是任何类型的数据,可以是常量、变量及表达式。各参数之间用","分隔。

2. 函数调用的方式

C 语言的函数可以相互调用,但在调用函数前,必须对函数的类型进行说明,就算是标准库函数也不例外。标准库函数的说明会被按功能分别写在不同的头文件中,使用时只要在文件最前面用 #include 预处理语句引入相应的头文件。例如,前面经常使用的 printf 函数,其说明就是放在文件名为 stdio.h 的头文件中。调用就是指一个函数体中引用另一个已定义的函数来实现所需要的功能,这时函数体称为主调用函数,函数体中所引用的函数称为被调用函数。一个函数体中可以调用数个其他的函数,这些被调用的函数同样也可以调用其他函数,函数也可以自己调用自己。在 C 语言中,只有一个函数是不可以被其他函数调用的,那就是 main 主函数。

可以由以下几点方式调用函数。
① 函数表达式:如 m=max(x,y)是一个赋值表达式,把函数 max 的返回值赋予变量 m。
② 函数语句:如"printf("%d",m);"即直接写上函数名加上分号。
③ 函数实参:如"printf("%d",max(x,y));"即将函数作为另一个函数调用时的实际参数。该语句的作用是将 max 函数的返回值作为 printf 函数的实参。

7.4.5 被调用函数的声明和函数原型

函数在被调用之前,需要在主调函数中对其进行类型说明,类似于在变量使用之前,需要进行定义声明一样。这样做的目的是为了使编译系统能知道被调函数返回值的类型,以便在主调函数中对返回值做相应的处理。

其一般形式为:

类型说明符　被调函数名(类型　形参,类型　形参…);

或者:

类型说明符　被调函数名(类型,类型…);

括号内给出了形参的类型和形参名,或只给出形参类型。这样做的目的是便于编译系统进行检错,以防止可能出现的错误。

例如:可以在主调函数中对 max 函数的说明为:

int max(int x,int y);

或者：

```
int max(int,int);
```

并不是所有的函数在主调函数中都需要进行说明，以下几种情况可以省去主调函数中对被调函数的函数说明：

① 如果函数的返回值类型为字符型或整型，则可以不用说明。当遇到字符型时，C编译系统会自动将其转换成整型处理。

② 在函数定义之前，在主函数外部对其进行说明了，则不需要在后面的主调函数中再对其进行说明。例如：

```
float area(float x, float y);
char name(char n);
main()
{
    ...
    area(x, y);         /* 无需再进行说明 */
    name(n);            /* 无需再进行说明 */
}
float area(float a, float b)
{
    ...
}
char name(char m)
{
    ...
}
```

③ 如果被调函数的定义的位置出现在主调函数之前时，这时也可以不对被调函数作说明而直接调用。

④ 对系统库函数的调用则无需再加说明，但必须使用include命令，把函数相应的头文件包含于源文件前部。

7.4.6 函数的嵌套调用

函数的嵌套调用与其他语言的子程序嵌套调用的情形类似。在执行被调用函数时，被调用函数又调用了其他函数，其关系如图7.2所示。

该图表示了双层函数嵌套调用的情况：main函数中调用a函数时，在执行a函数过程中，a函数调用了b函数，b函数执行完毕后再返回a函数的转出点继续执行剩余代码，a函数执行完毕后再返回main函数的转出点继续执行剩余代码。

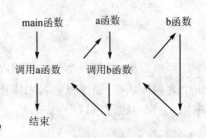

图 7.2 函数的嵌套调用

【例7.9】函数的嵌套调用。

```
main()
{
    a();              /*在主函数中调用a()函数*/
}
a()
{
    b();              /*在a()函数中调用b()函数*/
    printf("欢迎使用本程序！\n");
}
b()
{
    printf("* * * * * * * * * * * * * * *\n");
}
```

程序执行结果为：

* * * * * * * * * * * * * * *
欢迎使用本程序！

7.4.7 函数的递归调用

  一个函数在它的函数体内，直接或间接地调用它自身，就称为函数的递归调用。C语言是允许递归调用的。在递归调用中，函数即是主调函数，又是被调函数，反复调用自身，每调用一次就进入新的一层。但是为了避免无休止地调用自身的情况，因此一定要在递归函数中设置一个终止调用的手段。通常使用的办法是使用条件判断语句，一旦条件满足后就终止递归调用，一层一层地返回。

  例如，有这样一个程序：

```
int a(int x)
{
    int y;
    z = a(y);
    return z;
}
```

  可以看出，这是一个递归调用程序，a函数在函数体中调用了自身，但是也不难发现，这是一个死循环函数，程序将陷入无休止的递归调用过程，这并不是我们所期望的。因此将这个程序加入一些判断语句：

```
int a(int n, int x)
{
    int y;
    if (n > 0)
      z = a(n-1,y);
```

```
        else
            return z;
}
```

现在,在程序中加入了一个变量 n,这个变量就是用来控制递归调用的。当 n>0 时,函数继续调用自身,一旦 n≤0 就终止递归调用,然后逐层返回。

再来看一个例子。

【例 7.10】计算 x 的 n 次方(x 和 n 均为正整数)。

```
main()
{
    int a,y;
    scanf("%d,%d",&a,&y);
    printf("%d**%d=%d\n",a,y,power(a,y));
}
power(int x,int n)
{
    int p;
    if(n>0)
        p=power(x,n-1)*x;
    else
        p=1;
    return(p);
}
```

在该例中,power 函数通过了 power(x,n−1)直接调用了它自身,通过变量 n 来控制了程序调用的次数,从而实现了计算 x 的 n 次方。

递归调用的优点是使程序看上去简洁明了,可以使一些原本复杂的程序简化,但是由于每次调用一个函数时都需要存储空间来保存调用"现场",以便后面返回,并且递归调用往往涉及同一个函数的反复调用,所以它要占用很大的存储空间,特别是在递归调用次数较多的情况下,将导致程序运行速度较慢。

7.4.8 数组作为函数参数

我们已经知道可以用任何类型的变量来作为函数的参数,数组同样也可以作为函数参数。用数组作函数参数有两种形式,一种是把数组元素作为实参使用;另一种是把数组名作为函数的形参或实参使用。

1. 数组元素作函数实参

这种形式与普通变量一样,因此它作为函数实参时的使用方法与普通变量是相同的,在调用函数时,把作为实参的数组元素的值传送给形参,实现单向的值传送。

【例 7.11】写一个函数,统计字符串中字母的个数。

```
int isalp(char c)
{ if (c >= 'a'&&c <= 'z'||c >= 'A'&&c <= 'Z')
```

```
            return(1);
        else return(0);
    }
main()
    { int i,num = 0;
        char str[255];
        printf("Input a string: ");
        gets(str);
        for(i = 0;str[i]! = '\0';i + + )
        if (isalp(str[i])) num + + ;      /* 数组元素的值作为实参传递给形参 */
        puts(str);
        printf("num = % d\n",num);
        getch();
    }
```

在该例中,首先定义一个整型函数 isalp(),并说明其形参 c 为字符型变量,在其函数体中根据 if 语句判断输出相应的结果。在 main 函数中用一个 gets 语句输入字符给 str,然后通过循环语句调用 isalp 函数,将其返回值用来统计字符串口字母的个数。

说明:

① 用数组元素作实参时,只要求数组类型与函数的形参类型一致即可,并不要求函数的形参也是下标变量。换句话说,对数组元素的处理是按普通变量来对待的。

② 在普通变量或下标变量作函数参数时,形参变量和实参变量是由编译系统分配的两个不同的内存单元。在函数调用时发生的值传送,是把实参变量的值赋予形参变量。

2. 数组名作为函数参数

用数组名与用数组元素作函数实参有以下不同:

① 用数组元素作函数参数时的处理是按普通变量来对待的,但用数组名作函数参数时,则要求形参和相对应的实参都必须是类型相同的数组,都必须有明确的数组说明。当形参和实参二者不一致时,即会发生错误。

② 在普通变量或数组元素作为函数参数时,变量是由编译器分配的两个不同的内存单元。在函数调用时,实参变量的值将赋予形参变量。在用数组名作为函数参数时,不是进行值的传送,并不是把实参数组的每一个元素的值都赋予形参数组的各个元素。因为实际上形参数组并不存在,编译器不会为形参数组分配内存。看到这里,或许读者会问,那么数据到底是如何传送的呢?我们曾介绍过,数组名就是数组的首地址。数组名作函数参数时,其实是将地址进行了传送,也就是说把实参数组的首地址赋予形参数组名。因此,形参数组和实参数组其实就是同一个数组,它们共同占用一段内存空间。

从图 7.3 中,可以直观地看出它们之间的关系。设 a 为整型数组,其的起始地址为 2 000,由此开始连续若干内存空间被 a 所占用;b 为形参数组。当函数被调用时,进行地址传送,把实参数组 a 的首地址传送给形参数组名 b,于是 b 的首地址便为 2 000。于是 a,b 两数组共占 2 000 为首地址的一段连续内存单元。从图中还可以看出 a 和 b 下标相同的元素实际上也占相同的两个内存单元(整型数组每个元素占 2 个字节)。例如 a[1]和 b[1]都占用 2 002 和 2 003 单元,当然 a[1]等于 b[1]。类推则有 a[i]等于 b[i]。

第 7 章 数组与函数

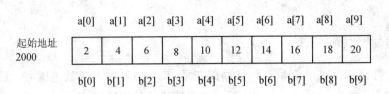

图 7.3 数组元素分布

【例 7.12】有一个一维数组 score,内放 10 个学生的成绩,求平均成绩。

```
float average(float array[10])
{ int i;
    float aver,sum = array[0];
    for(i = 1;i<10;i ++ )
    sum = sum + array[i];
    aver = sum/10;
    return(aver);
}
void main(void)
{ float score[10],aver;
    int i;
    printf("input 10 scores:\n");
    for(i = 0;i<10;i ++ )
    scanf("%f",&score[i]);
    printf(" \n");
    aver = average(score);
    printf("average score is %5.2f",aver);
}
```

运行情况如下:

input 10 scores:
56 78 98.5 76 87 99 67.5 75 97 ✓

average score is 83.40

③ 变量作函数参数时,传送的值是单向的,即只能从实参传向形参,而不能从形参传回实参。形参的初值与实参相同,如果程序中形参的值发生了改变,但实参值仍保持不变。而当用数组名作函数参数时就不一样了,由于形参和实参共享一组内存空间,因此当形参数组发生变化时,实参数组也随之变化。

7.5 局部变量和全局变量

我们之前使用了各种变量,但是任何一个变量都有它的管辖范围(作用域)。就是说,一个变量在定义了之后,并不能在程序的任何地方都可以使用这个变量;只有在变量的作用域内才能使用这个变量。在C语言中,如果按作用域分,变量分为局部变量和全局变量。

7.5.1 局部变量

在一个函数内部定义的变量被称作局部变量,其作用域在本函数范围内。通俗一点说,局部变量只能在定义它的函数内部使用,而不能在其他函数内部使用。

```
float a(int n)
{
    int x,y;
}
```

变量 n,x,y 只有在函数 a 中有效。

```
main()
{
    int m,n;
}
```

变量 m,n 在函数 main 内部有效。

说明:

① main 函数作为主函数,也是一个函数,它内部定义的变量也只能在 main 函数内部使用,而不能在其他函数内部使用 main 函数内部定义的变量。

② 不同的函数中可以使用相同的变量名,但它们是不同的变量。记得函数在执行时,系统要为它分配一块单独的内存吗?所以虽然变量名是相同的,但系统看到它们定义在不同的函数中,就认为它们是不同的变量。这样做有个好处,可以在函数内部,根据需要设置任何的变量名。如果不是这样,那么在一个函数内部定义了一个变量名后,在其他函数内部就不能再使用相同的变量名了。

③ 形参也属于局部变量,作用范围在定义它的函数内部。所以在定义形参和函数体内的变量时肯定是不能重名了。

④ 在复合语句内部也可以定义变量,这些变量的作用域只在本复合语句内。只在需要的时候再定义变量,这样做可以提高内存的利用率。

```
f(int m)
{
    int n;
    {int s;s = m + n;}        /*变量 s 只在此复合语句内起作用*/
}
```

【例 7.13】

```
main()
{
    int i = 5,j = 5,k;
    k = i + j;
    {
        int k = 12;
```

```
        printf("%d\n",k);
    }
    printf("%d\n",k);
}
```

例 7.13 在 main 函数中定义了 i,j,k 三个变量,其中变量 k 未赋初值。而在复合语句内又定义了一个变量 k,并赋初值为 12。注意这两个 k 是两个变量。在复合语句外程序部分,由 main 函数中定义的 k 起作用,而在复合语句内则由在复合语句内定义的 k 起作用。因此程序第 4 行的 k 为 main 所定义,其值应为 10。第 7 行输出 k 值,因为它在复合语句内,由复合语句内定义的 k 起作用,其初值为 12,所以输出值为 12;第 9 行输出 k 值,因为在复合语句之外,输出的 k 应为 main 所定义的 k,所以 k 值由第 4 行已获得为 10,故输出也为 10。

7.5.2 全局变量

全局变量也称为外部变量,是在函数外部定义的变量。它不属于哪一个函数,而属于一个源程序文件。全局变量可以为源程序文件中其他函数所共用,其有效范围为从定义变量的位置开始到本源程序文件结束。

例如:

```
int a,b;                /*外部变量 a,b*/
void f1()               /*函数 f1*/
{
    ...
}
float x,y;              /*外部变量 x,y*/
int f2()                /*函数 f2*/
{
    ...
}
main()                  /*主函数*/
{
    ...
}
```

可以从该例中看出 a,b,x,y 都是在函数外部定义的外部变量,所以是全局变量。但大家注意到 x,y 定义在 f1 函数的后面,f1 函数内没有对 x,y 的说明语句,所以 x,y 在 f1 函数内是无法使用的。a,b 定义在源程序首行,因此在 f1、f2、main 函数中无需加入说明语句了。

【例 7.14】外部变量与局部变量同名时的情况。

```
int a=5,b=7;            /*a,b 为外部变量*/
max(int a,int b)        /*a,b 为外部变量*/
{int c;
 c=a>b? a:b;
 return(c);
}
```

```
main()
{int a = 10;
 printf("%d\n",max(a,b));
}
```

运行结果:10

说明:

① 设全局变量的作用是为了增加函数间数据联系的渠道。

② 建议不在必要时不要使用全局变量,因为:

● 全局变量在程序的全部执行过程中都占用存储单元,而不是仅在需要时才开辟存储单元;

● 它使函数的通用性降低了;

● 使用全局变量过多,会降低程序的清晰性,人们往往难以清楚地判断出每个瞬时各个外部变量的值。

③ 如果在同一个源程序文件中,外部变量与局部变量同名,则在局部变量的作用范围内,外部变量被"屏蔽",它不起作用。

第 8 章

指针、结构体与共用体

8.1 指针和地址

指针是 C 语言中一个非常重要的概念,也是 C 语言的一个重要特色。指针的概念比较复杂,使用也比较灵活,每一个学习和使用 C 语言的人,都应当深入地学习和掌握指针,没有掌握指针就没有掌握 C 语言的精华。

1. 指针的定义

指针,又称为指针变量,是用于存放其他变量的地址。指针变量所包含的是内存地址,而该地址便是另一个变量在内存中存储的位置。指针本身也是一种变量,和其他变量一样,要占有一定数量的存储空间,用来存放指针值(即地址)。

2. 指针的作用

C 语言中引入指针类型变量,不仅简单地实现了类似于机器间址操作的指令,更重要的是使用指针可以实现程序设计中利用其他数据类型很难实现,甚至无法实现的工作。指针的作用主要体现在以下几点:

① 使代码更为紧凑和有效,提高了程序的效率。
② 便于函数修改其调用参数,为函数间各类数据传递提供简捷而便利的方法。
③ 实现动态分配存储空间。

正确地使用指针会带来许多好处,但是指针操作也有难以掌握的一面,若使用不当,可能会产生程序失控甚至造成系统崩溃。

8.2 指针变量和指针运算符

1. 指针变量的定义

指针变量是存放地址的变量,和其他变量一样,必须在使用之前,要对其进行说明。其定义说明的一般形式为:

类型说明符 *指针变量名；
举例：

int *point_1;   指针变量 point_1 是指向 int 类型变量的指针。
char *str;   指针变量 str 是指向 char 类型变量的指针。
float *f1;   指针变量 f1 是指向 float 类型变量的指针。
static int point_2; 指针变量 point_2 是指向 int 类型变量的指针，并且该指针本身的存储类型是静态变量。
int *pf_1();   pf_1() 是一个函数，该函数返回指向 int 类型变量的指针。
int (*pf_2)();   pf_2 是指向一个函数的指针，该函数返回 int 类型变量。

注意，指针变量的值表达的是某个数据对象的地址，只允许取正的整数值。然而，不能因此将它与整数类型变量相混淆。所有合法指针变量应当是非 0 值。如果某指针变量取 0 值，即为 NULL，则表示该指针变量所指向的对象不存在。这是 NULL 在 C 语言中又一特殊用处。

2. 指针运算符 & 和 *

指针变量中只能存放地址，它最基本的运算符是 & 和 *。

(1) &——取地址运算符

它的作用是返回变量（操作数）的内存地址。注意，它只能用于一个具体的变量或数组元素，不可用于表达式。

举例：

int *p_1;
int n;
n = 500;
p_1 = &n;

这段程序是将整型变量 n 的地址赋值给指针变量 p_1。

(2) *——指针运算符，或"间接访问"运算符

其作用是返回地址（指针变量所表达的地址值）中的变量值。

举例：

int *p_2;
int m;
int n;
m = 500;
p_2 = &m;
n = *p_2;

这段程序是将整型变量 m 的地址赋值给指针变量 p_2，然后通过使用"*p_2"间接取了变量 m 的值，将其赋值给 n，其作用与 m=n 是一样的，但是运用了指针变量。

"&"与"*"运算符互为逆运算。

例如：对指针变量 p_3 指向的目标变量 *p_3 实行取址运算：&(*p_3)，其结果就是 p_3；对变量 a 的地址实行取值运算：*(&a)，其结果就是 a。

注意：a 与 *p_3 同级别可写成 a=*p_3 或 *p_3=a，p_3 与 &a 同级别可写成 p_3=

&a,但是绝不可以写成 &a=p_3,也不能写成 p_3=a。

3. 指针的初始化和赋值运算

指针的初始化往往与指针的定义说明同时完成,它的一般格式为:

类型说明符　*指针变量名=初始地址值;

举例:

char c1;
char * cp = &c1;

注意:

① 任何一个指针在使用之前,必须加以定义说明,必须经过初始化。未经过初始化的指针变量禁止使用。

② 在说明语句中初始化,也是把初始地址值赋给指针变量,只有在说明语句中,才允许这样写。而在赋值语句中,变量的地址只能赋给指针变量本身。

③ 指针变量初始化时,变量应当在前面说明过,这样才可以使用"& 变量名"作为指针变量的初始值;否则,编译时将出错。

④ 必须以同类型数据的地址来进行指针初始化,即赋值运算操作仅限制在同类之间才可以实现。

【例 8.1】指针变量的引用。

```
main()
{
    int x = 100
    int * p_1 = &x, * p_2;          /* p_1 指向 x */
    p_2 = p_1;                       /* p_2 指向 x */
    printf("%d\n", * p_2);
}
```

执行结果:100

【例 8.2】指针变量的运算。

```
main()
{
    char c = 'A';                    /* 变量 c 的初始值为'A' */
    char * charp = &c;               /* 变量 c 的地址作为指针变量 charp 的初始值 */
    printf("%c%c\n",c, * charp);
    c = 'B';                         /* 变量 c 赋值为'B' */
    printf("%c%c\n",c, * charp);
    * charp = 'a';                   /* 将指针变量 charp 所指向地址的内容改为'a' */
    printf("%c%c\n",c, * charp);
}
```

执行结果应显示:

AA
BB

Aa

4. sizeof 运算符

使用 sizeof 运算符可以准确地得到在当前所使用的系统中某一数据类型所占字节数。它的格式为：

sizeof(类型说明符)

其运算值为该类型变量所占字节数。用输出语句可方便地打印出有关信息,例如：

```
printf("%d\n",sizeof(int));
printf("%d\n",sizeof(float));
printf("%d\n",sizeof(char));
```

5. 指针的算术运算

所谓指针的算术运算,就是指按地址计算规则进行。由于地址计算与相应数据类型所占字节数有关,所以指针的算术运算应考虑到指针所指向的数据类型。

指针的算术运算只有四种：＋,－,＋＋,－－。

(1) 指针自增 1 运算符"＋＋"和指针自减 1 运算符"－－"

指针的自增 1 运算是指指针向后移动一个数据的位置,所谓一个数据的位置就是指一数据类型所占的字节数,即指向的地址为原来地址＋sizeof(类型说明符)。

例如：

```
int a,*p;
p = &a;
p++;
```

这段程序的结果是,指针变量 p 指向了变量 a 的地址＋sizeof(a)的位置。

(2) 指针变量的"＋"和"－"运算

指针变量 p 加(＋)正整数 n,表示指针向后移过 n 个数据类型,使该指针所指向的地址变为原指向的地址＋sizeof(类型说明符)＊n。指针变量减(－)正整数 n,表示指针往前移回 n 个数据,使该指针所指向的地址变为原指向的地址－sizeof(类型说明符)＊n。

6. 指针的关系运算

指针也可以进行关系运算,只有指向同一种数据类型的指针,才有可能进行各种关系运算。指针的关系运算符包括：＝＝,!＝,＜,＜＝,＞,＞＝。

指针的关系运算实际是指对两个指针所指向的地址进行比较。两个不同类型的指针进行比较是没有意义的,与常量变量比较也没有意义。但是有一种情况是例外的,指针常常与常量 0 进行比较,用来判断是否为空指针。例如有一个指针 p,我们就可以使用 p＝＝0 或 p!＝0 来判断其是否为空指针。

7. 使用指针编程中的常见错误

① 使用未初始化的指针变量。例如：

```
main()
{
```

```
    int a, * p1;
    a = 0;
    * p1 = a;                    /* 指针变量 p1 未初始化 */
    ...
}
```

② 指针变量所指向的数据类型与其定义的类型不符。例如：

```
main()
{
    float x,y;
    short int * p2;
    p2 = &x;                     /* 变量 x 与指针变量 p2 数据类型不符 */
    y = * p2;                    /* 变量 y 与指针变量 p2 数据类型不符 */
    ...
}
```

③ 指针的错误赋值。例如：

```
main()
{
    int x, * p3;
    x = 10;
    p3 = x;                      /* 错误的赋值方式 */
    ...
}
```

④ 用局部变量的地址去初始化静态的指针变量。例如：

```
int glo_a;
func()
{
    int loc_1,loc_2;
    static int * glo_p = &glo_a;
    static int * loc_p = &loc_1;   /* 用局部变量 loc_1 的地址去初始化静态的指针 loc_p */
    int * p = &loc_2;
    ...
}
```

8.3 指针与函数参数

指针在函数调用中，可以作为参数，以此来改变主调函数中的变量之值。我们都知道一般的变量作函数参数时，其值的传递都是单向的，但是指针作参数时却不是，让我们来看一个例子：

【例 8.3】x 和 y 的值互换。

```
swap1(x,y)
```

```
int x,y;                          /*局部变量不能带出函数*/
{
    int temp;
    temp = x;
    x = y;
    y = temp;
}
main()
{
    int a,b;
    a = 10;
    b = 20;
    swap1(a,b);
    printf("a = d%d b = %d\n",a,b);
}
```

执行结果:

a = 10 b = 20

从该程序可以看出,被调函数不能影响主调函数中变量的值。虽然,swap1()函数中,x 和 y 的值互相交换了,但 x 和 y 是局部变量,主函数对该函数的调用 swap1(a,b)是"传值"调用,x 与 y 的交换结果,不能影响调用者中的变量 a 和 b,因此 a 与 b 之值并未交换。

现在换一种方式,使用指针作为函数参数。

【例 8.4】x 和 y 值互换。

```
swap2(px,py)
int * px, * py;                   /* 地址变量 */
{
    int temp;
    temp = * px;
    * px = * py;
    * py = temp;                  /* 返回后地址变量释放 */
}
main()
{
    int a,b;
    a = 10;
    b = 20;
    swap2(&a,&b);                 /*传地址*/
    printf("a = %d b = %d\n",a,b); /*得到交换的值*/
}
```

执行结果:

a = 20 b = 10

从该程序可以看出,使用了指针作为函数的参数。a 与 b 的地址,即 &a 与 &b 并未交换,但是它们的值已经被交换了。

8.4 指针、数组和字符串指针

1. 指针和数组

用指针和用数组名访问内存的方式几乎完全一样,但是又有着微妙而重要的差别,即指针是地址变量;数组名则是固定的某个地址,是常量。

现在来举一个简单的例子:

若定义一个数组:int a[10];

那么这个数组 a 则在内存中占有从一个基地址开始的一块足够大的连续的空间,用来容下 a[0],a[1],…,a[9]。基地址(或称为首地址)是 a[0]存放的地址,其他依下标顺序排列。

若定义一个指针:int *p; p=a;

则表示:p=&a[0];即 p 指向 a[0],p+1 指向 a[1],p+2 指向 a[2],以此类推。

说明:在 C 语言中,数组名本身也是指向零号元素的地址常量。因此,p=&a[0]可写成 p=a,a 当作常量指针,它指向 a[0]。p=a+i 与 p=&a[i]等价,故数组名可当指针用,它指向 0 号元素。p+i 指向 a[i],a+i 也指向 a[i],这样,a[i]与 *(p+i)或 *(a+i)可看成是等价的,可互相替代使用。

注意:由于 a 只是数组名,是地址常量,而不是指针变量,所以可以写 p=a,但不能写 a=p,可以用 p++,但不能用 a++。

2. 字符串指针

我们知道使用 char 类型的数据是用来处理字符串的,而数组又可用相应数据类型的指针来处理,所以可以用 char 型指针来处理字符串。通常把 char 型指针称为字符串指针或字符指针。

【例 8.5】strlen()是使用字符串指针来计算字符串长度的函数。

```
strlen(s)
char *s;
{
    int n;
    for(n = 0; *s! = '\0';s++)
    n++
    return(n);
}
main()
{
    static char str[] = {"Program"};
    printf("%c\n", *str);
    printf("%d\n",strlen(str));
    printf("%c\n", *(str + 1));
}
```

执行结果：

P
7
r

定义字符指针可以直接用字符串来作为初始值,来实现初始化,可以将程序中的"char str[]={"Program"};"改写成：

char * str = "Program";

或者：

char * str;
str = "Program";

注意：这样的赋值并不是将字符串复制到指针中,只是使字符指针指向字符串的首地址。但对于数组,例如：

char str[10];
str = "Program";

这样写是不对的,str 是数组名,而不是指针,只能按字符数组初始化操作,即：

static char str[] = {"Program"};

当字符串常量作为参数(实参)传递给函数时,实际传递的是指向该字符串的指针,并未进行字符串复制。

【例 8.6】 向字符指针赋字符串。

```
main()
{
    char s1 = "Hello!";          /*相当于 s1 数组*/
    char * p;
    while( * s! = '\0')
    printf("%c", * s++);
    printf("\n");
    p = "Good-bye!";             /*指针指向字符串*/
    while( * p! = '\o')
    printf("%c", * p++);
    printf("\n");
}
```

执行结果：

Hello!
Good-bye!

在该例子中字符串是逐个字符输出的,也可以字符指针为变量,作字符串输出,例如：

printf("%s",s);

或

```
printf("%s",p);
```

【例8.7】以字符指针为参数来调用串比较函数 strcomp()。

```
strcomp(s,t)
char *s,*t;                    /*形式参数为字符指针*/
{
    for(;*s == *t;s++,t++)
    if(*s == '\0')
    return(0);
    return(*s-*t);              /*字符串相同返回零值*/
}
main()
{
    static char s1[] = {"Program"};
    char *s2 = "Hello!";
    printf("%d\n",strcomp(s1,s2));
    printf("%d\n",strcomp("Hello",s2));
}
```

strcomp()函数的形参 s 和 t 初值已由实参传递过来了，所以 for 语句的第一个表达式可以省略不写。

用指针处理字符串的复制，比用数组处理更精练。例如：

```
strcpy(s,t)
char *s,*t;
{
    while(*s++ = *t++);
}
```

如果用数组处理则要复杂些，例如：

```
strcpy(s,t)
char s[],t[];
{
    int i;
    i = 0;
    while((s[i] = t[i]) != '\0')
    i++;
}
```

直接演化出指针处理，即：

```
strcpy(s,t)
char *s,*t;
{
    while((*s = *t) != '\0')
    {
        s++;
```

```
        t ++;
    }
}
```

第一段程序是第三段程序的进一步简化,而且不必进行与'\0'的比较。

8.5 指针数组

1. 指针数组的定义和说明

同一类型的指针变量的集合,称为指针数组。换句话说,一个数组里面的元素是指针变量,就称为指针数组。这些指针变量都为相同的在存储类型,并且指向的目标数据类型也是相同的。

指针数组的一般表示格式为:

类型说明符 *指针数组名[元素个数];

例如:

float *p_1[10];

p_1[10]是一个指针数组,含有 10 个指针,并指向 float 型的数据。

2. 指针数组的初始化

指针数组的初始化可以与定义说明同时进行。与一般数组一样,只有全局的或静态的指针数组才可进行初始化,另外,不能用局部变量的地址去初始化静态指针。

【例 8.8】 指针数组。

```
main()
{
    static int b[2][3] = {{1,2,3},{4,5,6}};
    static int *pb[] = {b[0],b[1]};        /*指针数组指向行首*/
    int i,j;
    for(i = 0;i<2;i++){
        for(j = 0;j<3;j++)
            printf("b[%d][%d] = %d",i,j,*(pb[i]+j));
        printf("\n")
    }
}
```

执行结果:

b[0][0] = 1 b[0][1] = 2 b[0][2] = 3
b[1][0] = 4 b[1][1] = 5 b[1][2] = 6

在这个例子中,将一个二维数组 b[2][3]分解成两个一维数组。它们的首地址,分别为 b[0]和 b[1],也可以理解为第一行的首地址和第二行的首地址,并被赋给指针 pb[0]和 pb[1]。

3. 字符指针数组

字符指针可以用来处理一个字符串,那么字符指针数组则可以用来处理多个字符串。

第 8 章　指针、结构体与共用体

【例 8.9】 用字符指针数组处理多个字符串。

```c
main()
{
    void sort();
    void print();
    static char * name[ ] = {"Follow me","BASIC","Great Wall","FORTRAN","Computer design"};
    /*指针数组指向各字符串*/
    int n = 5;
    sort(name,n);
    print(name,n);
}
void sort(name,n)
char * name[ ]; int n;
{
    char * temp;
    int i,j,k;
    for (i = 0; i++ ; i<n)
    {
        k = i;
        for (j = i + 1;j++ ;j<n)              /*指向各字符串的比较*/
        if (name[j]<name[i]) k = j;
        if (k! = i)
        {temp = name[i]; name[i] = name[k]; name[k] = temp;}
    }
}
void print(name,n)
char * name[ ]; int n;
{
    int i;
    for (i = 0;i printf(" % s\n",name[i]);    /*按排好序的指向输出字符串*/
}
```

运行结果为：

BASIC
Computer design
FORTRAN
Follow me
Great Wall

8.6　多级指针

所谓多级指针，指的就是指针的指针，也就出现了多级间址访问的现象。多级指针也称为指针链，一般很少会有超过二级的指针，过多的级数会使程序维护困难，而且也容易出错。因

此,常用的多级指针也只是二级指针,它的一般格式为:

类型说明符 * * 指针变量名;

例如:

```
int * * p;
static char * * charp;
```

【例 8.10】二级指针的应用。

```
main()
{
    int x, * p, * * q;
    x = 10;
    p = &x;
    q = &p;
    printf(" % d\n", * * q);
}
```

在实际使用中,二级指针常用来处理字符指针数组。

【例 8.11】二级指针处理字符指针数组。

```
#include
main()
{
    char * * pp;
    static char * di[] = {"up","down","left","right"," "};   /* 字符指针数组指向字符串 */
    pp = di;                                                  /* 二级指针 pp 指向字符指针数组 di */
    while( * * pp!= NULL)
    printf(" % s\n", * pp ++ );
}
```

执行结果:

```
up
down
left
right
```

【例 8.12】指针数组指向整型数组。

```
main()
{
    static a[5] = {1,3,5,7,9};                                    /* 整型数组 */
    static int * num[5] = {&a[0],&a[1],&a[2],&a[3],&a[4]};        /* 指针数组剌 */
    int * * p,i;
    p = num;                                                      /* 指向指针数组 */
    for(i = 0;i<5;i ++ )
        {printf(" % d\t", * * p);p ++ ;}
}
```

运行结果：

1 3 5 7 9

8.7 返回指针的函数

一个函数被调用后，可以返回各种类型的数据，同样也可以返回指针数据，即地址。

【例8.13】有若干学生，每个学生4门课，要求输入学生序号后，能输出该学生的全部成绩。

```
main()
{
    static float score[][4] = {{60,70,80,90,},{56,89,67,88},{34,78,90,66}};
    float * search();          /*说明函数返回指针*/
    float * p;
    int i,m;
    printf("enter the number of stuednt:");
    scanf ( "%d",&m);
    printf("The scores of No. %d are:\n",m);
    p = search(score,m);       /* 得到该位同学的行首地址,指向列 */
    for(i = 0;i<4;i++)
    printf("%5.2f\t", *(p+i));
}
float * search(pointer,n)
float (*pointer)[4];
int n;
{float * pt;
    pt = *(pointer + n);       /* 指向列 */
    return(pt);
}
```

运行结果：

enter the number of student:1 ↵
The score of No.1 are：
56.00 89.00 67.00 88.00

8.8 函数指针

1. 函数指针的定义和说明

函数与数组拥有类似的特性，即可以用函数名表示函数的存储首地址，即执行该函数的入口地址。指向函数入口地址的指针，就称为函数指针。函数指针定义说明的格式如下：

数据类型说明（*函数指针名）()；

例如：

```
int ( * fp)();
```

2. 函数指针的作用

例如上例中的 fp 函数指针,运用实现访问目标的运算符"*",即(* func)(),它的作用是使程序控制转移到指针所指向的地址去执行该函数。所以,函数指针所指向的是程序代码区,而不是数据区。这与一般数据指针变量有原则的区别,一般数据指针指向数据区。

8.9 结构与联合

8.9.1 结构的定义

1. 结构的定义及其一般格式

数组是将相同类型的元素组成单个逻辑整体的一种数据类型;而结构则是将不同类型元素组成单个逻辑整体的一种数据类型。结构是 C 语言中一种强有力的,且特殊的数据类型,也是很重要的概念之一。

结构定义的一般格式为:

```
struct[结构类型名]
{
    类型说明符   成员变量名;
    ...
    类型说明符   成员变量名;
}[结构变量列表];
```

例如,日期是由年、月、日组成的:

```
int year;
int month;
int day;
```

但是这种表达方式并不能很好地表现它们彼此的关系,因此用下面的结构的定义来表示:

```
struct date
{
    int year;
    int month;
    int day;
}
```

由此可以看出,年、月、日是日期的组成部分,可以把它们当成一个整体来看待,它们是该结构的成员。结构的成员可以是各种不同的数据类型。例如:

```
struct person
{
```

```
    int age;
    char name[10];
}
```

上面两例定义了两个结构的数据,data 和 person。可以用这些已经定义好的结构名来定义其他相同性质的结构。例如:

```
struct date today, yesterday;      /*定义了其他两个相同的结构体 today, yesterday*/
struct person man, woman;          /*定义了其他两个相同的结构体 man, woman*/
```

也可以将上述例子写成:

```
struct date
{
    int year;
    int month;
    int day;
} today, yesterday;
```

或者:

```
struct
{
    int year;
    int month;
    int day;
} today, yesterday;
```

或者:

```
struct
{
    int year;
    int month;
    int day;
}date today, yesterday;
```

这三种方式都是合法的,但是第三种写法的风格比较好。

2. 结构的存取

结构变量成员可作为单独变量来处理,也就是说,可以直接访问结构中的一个成员变量,通过对成员变量的存取来实现对结构变量的存取,其格式为:

结构变量名.成员变量名

【例 8.14】显示输入的年、月、日。

```
main()
{
    struct date                    /* 定义了结构类型 */
    {
        int month;
```

```
        int day;
        int year;
    };
    struct date today;              /* 结构体变量 today */
    printf("Enter today's date(年,月,日)\n");
    scanf("%d,%d,%d",&today.year,&today.month,&today.day);
    printf("Today's date is %d/%d%/d\n",today.year, today.month, today.day );
}
```

执行后可以显示出所输入的年、月、日。

【例8.15】对外部存储类型的结构体变量的初始化。

```
struct student                                          /* 定义结构类型 */
{
    long int num;
    char name[20];
    char sex;
    char addr[20];
}a = {10001,"Zhang San",'M',"1 Nanjing Road"};           /* 结构体变量赋初值 */
main ()
{
    printf("No.:%ld\nname:%s\nsex:%c\naddress:%s\n",a.num,a.name,a.sex,a.addr);
}
```

【例8.16】对静态存储类型的结构体变量的初始化。

```
main ()
{
    static struct student                               /* 静态结构类型 */
    {
        long int num;
        char name[20];
        char sex;
        char addr[20];
    }a = {10001,"Zhang San",'M',"1 Nanjing Road"};       /* 赋初值 */
    printf("No.:%ld\nname:%s\nsex:%c\naddress:%s\n",a.num,a.name,a.sex,a.addr);
}
```

8.9.2 结构数组

同一类结构变量的集合也可以构成结构数组。例如：

```
struct person
{
    int age;
    char name[10];
};
```

```
static person persons[10];
```

这段程序定义了 10 个结构变量所组成的数组。

【例 8.17】输入后选人名单,并对每个人计票,统计输出每个人的得票结果。

```
struct person                                          /* 全局结构类型 */
{
    char name[20];
    int count;
}leader[3] = {"Li",0,"Zhang",0,"Sun",0};               /* 初始化 */
main ()
{
    int i,j;
    char leader_name[20];
    for (i = 1;i <= 10;i++)
    {scanf("%s",leader_name);                          /* 输入人名 */
        for (j = 0;j<3;j++)
        if (strcmp(leader_name,leader[j].name) = = 0)
        leader[j].count++;                             /* 累加票数 */
    }
    printf("\n");
    for (i = 0;i<3;i++)
    printf("%5s:%d\n",leader[i].name,leader[i].count); /* 每人得票数 */
}
```

8.9.3 结构与函数

1. 向函数传递结构变量成员

结构变量成员也可以像普通变量一样,将值传递给函数。例如:

```
struct person
{
    int age;
    char name[10];
}worker;
```

这个结构中的任何一个成员变量均可以作为函数的参数,如:

```
f_1(worker.age);
f_2(worker.name);
```

2. 向函数传递完整的结构

不仅可以向函数传递结构变量成员,也可以向函数传递完整的结构。在传递完整的结构时,应当注意以下几点:

① 按传值方式传递整个结构。这种方式和普通变量一样,但是与数组不同,在函数内所

引起结构参数中某个值的变化,只影响函数调用时所产生的结构备份,不影响原来的结构。

② 结构定义也是分为局部定义和全局定义的。定义在所有函数外部的结构,则称为全局结构;定义在函数内部的结构,则称为局部结构。和普通变量一样,全局结构和局部结构所被引用的范围不同。

【例 8.18】局部定义的结构。

```
main()
{
    struct                          /*局部定义*/
    {
        int a,b;
        char ch;
    }arg;
    arg.a = 100;
    f1(arg);
    printf("a = %d\n",arg.a);
}
f1(parm)
struct                              /*形参说明定义*/
{
    int x,y;
    char ch;
}parm;
{                                   /*函数体*/
    printf("x1 = %d\n",parm.x);
    parm.x = 30;
    printf("x2 = %d\n",parm.x);
    return;
}
```

执行结果:

x1 = 100
x2 = 30
a = 100

【例 8.19】全局定义的结构。

```
struct st                           /*全局定义*/
{
    int a,b;
    char ch;
};
main()
{
    struct st arg;
    arg.a = 1000;
```

```
        f1(arg);
}
f1(parm)                              /*定义函数据库*/
struct st parm;                       /*形参说明*/
{
    printf("%d\n",parm.a);
    return;
}
```

在该程序中,结构类型 st 是全局定义的,在各个函数中都可引用。

8.9.4 结构的初始化

在进行结构说明时,在行尾加上分号,随后在花括号中按结构定义的各成员的顺序给以各自的初始值。例如:

```
struct date
{
    int month;
    int day;
    int year;
};                                    /*行尾加上分号*/
static struct date today = {11,19,1991};
```

注意:局部结构变量不能进行初始化。

8.9.5 联　合

1. 联合的定义说明及其一般格式

不同数据类型的数据可以共用同一个存储区,这是 C 语言中又一种构造类型的数据类型,被称为联合(union)。其定义说明的一般格式如下:

```
union[联合类型名]
{
    类型说明符  变量名;
    ...
    类型说明符  变量名;
}[联合变量列表];
```

例如:

```
union mixed
{
    char c;
    float f;
    short int i;
```

}x;

或者：

union
{
    char c;
    float f;
    short int i;
}x;

或者：

union mixed
{
    char c;
    float f;
    short int i;
};
union mixed x;

从上面可以看出，联合的定义说明与结构很相似，然而，在内存的配合和使用上，两者有本质的区别：上述例子中的联合变量 x 所占字节数应为 3 个成员变量 c、f 和 i 之中占用字节数的最大值，即变量 f 所占字节数，可占 4 字节，同一时刻，只能存有 3 个成员变量之一。所以，联合的好处是可以节省空间。

2. 联合的存取

联合成员的引用，在表示方法上，类似于结构成员的引用，其一般形式如下：

联合类型变量名.成员变量名

第 9 章
PIC 开发套件快速入门

9.1 PIC 开发套件入门说明

9.1.1 增强型 PIC 实验板

"增强型 PIC 实验板"是一款性价比较高的 PIC 单片机学习使用的开发板,可与 PIC Pro 编程器、ICD2 仿真烧写器配套使用,实验操作对象为 PIC16F87X(A)单片机以及其他 PIC 中高档 28PIN/40PIN 器件。系统附带的众多汇编/C 语言例子程序,可以让用户在最短的时间内,全面了解掌握单片机编程技术。特别适合于单片机初学者、大中专院校、单片机工程师和实验室选用,适用于单片机知识的学习与生产开发领域。

增强型 PIC 实验板主机实物如图 9.1 所示。

图 9.1 增强型 PIC 实验板主机实物图

1. 增强型 PIC 实验板板载资源及可完成的实验

① 6 位 LED 数码管：可以实验和仿真各种计数器、数字显示，用单片机做电子钟等仿真，如计数器、秒表、电子钟等。

② LED 流水灯：可以进行正反流水灯、花样灯、交通指示等显示。

③ 6 个直控键盘：共 6 个键位，非常实用的键盘，通过简捷的程序即可完成键盘输入控制，编程方面更不需要像矩阵键盘那样绞尽脑汁。

④ 音乐输出蜂鸣器喇叭：可以完成各种奏乐、报警等发声音类实验。

⑤ 继电器实验：有了它就可以知道怎么来做一个以弱控强的系统（以弱控强器件，工控最常用器件之一，与其他驱动器件相比明显的优点是：抗过载能力强，强弱端隔离能力强）。

⑥ 一路模拟 A/D 输入：通过板载电位器进行调压。

⑦ I^2C 串行 EEPROM 24C02：用来做 I^2C 通信实验。

⑧ SPI EEPROM 93C46：SPI 总线接口，用来做 SPI 通信实验。

⑨ 160X 液晶屏：2 行每行 16 个字符。自带字符库、带背光，经典的液晶显示器件通过液晶屏显示用户想要的信息，比发光管、数码管显示更为漂亮、专业化。

⑩ 128×64 图形液晶接口：可以用来显示中文和图形。

⑪ 红外接收头接口：可以做红外线解码实验、红外线遥控器等。配合遥控器完成遥控解码及红外遥控实验，如按遥控器上的按键，即可点亮实验板上相应的发光管。当然，也可以通过改动程序来达到红外遥控其他资源的目的。

⑫ 串行时钟芯片 DS1302：一种比较常见的 SPI 串行时钟芯片。

⑬ 温度传感器 DS18B20 接口：通过这个接口连好 DS18B20 后，可以实现对温度的高精确测量，通过多个 DS18B20 传感器也可以做一个多点的温度采集系统，它属于工业环境中常见的一种高精度温度传感器。

⑭ 串口通信电路：单片机和 PC 机完成联机通信的接口。

⑮ 步进电机智能驱动接口：可以非常方便地接上步进电机，完成步进电机的各类实验，如电机的正、反转等。取电电路的特殊设计，使它可支持功率更大的电机。

⑯ 在线电路串行下载 ICSP 接口：可与任何 ICSP 烧写器、调试器配合，实现实验板"在电路编程"、"在电路调试"。

⑰ 板载 28PIN 与 40PIN 的多功能锁紧座，适用于 PIC16/PIC18 中的大部分 28PIN 或 40PIN 的 PIC 单片机。

⑱ 芯片引脚提供外扩展端口：有利于外扩更多的功能，外扩实验的功能没有限制，完全由用户决定。

⑲ 支持 USB 转 RS232 转接线：通过 USB 口完成虚拟串口通信，可以直接用于只有 USB 口的笔记本计算机或台式计算机。

2. 增强型 PIC 实验板功能模块说明

图 9.2 为增强型 PIC 实验板模块图，各功能模块说明如下：

① 电源开关 K1：控制增强型 PIC 实验板整机电源。

② 28PIN 的 PIC 实验芯片锁紧座。

③ 时钟振荡方式选择跳线 J6：用于切换 RC 和 XT/HS 振荡方式（实验时 4 MHz 及其以

第9章 PIC开发套件快速入门

图9.2 增强型PIC实验板模块图

上晶振建议选择HS振荡方式)。

④ LCD液晶屏背光控制跳线J10：选择"OFF"关闭液晶屏背光灯，选择"ON"打开液晶屏背光灯。

⑤ 外扩展引脚接口J7：连接用户其他板卡，扩展实验板功能使用。

⑥ 40PIN的PIC实验芯片锁紧座。

⑦ 外扩展引脚接口J8：连接用户其他板卡，扩展实验板功能使用。

⑧ 按键K1：RESET复位。

⑨ 按键K2：RB0/INT0。

⑩ 数字温度传感器DS18B20插座：使用时请插上DS18B20，注意引脚顺序。

⑪ 按键K3：RB1/INT1。

⑫ 按键K4：RB2/INT2。

⑬ 按键K5：RB3/INT3。

⑭ 按键K6：RB4/INT4。

⑮ 步进电机电压选择跳线J4：选择"V_{IN}"为外部电压输入，选择"V_{CC}"为板上V_{CC}电压供电。

⑯ 步进电机接口J3：连接实验板可选附件步进电机。

⑰ 继电器工作指示灯D4：发光管亮表示继电器吸合，灭则表示继电器断开。

⑱ 继电器接线端子JP1：分别有继电器的公共端、常开端、常闭端，详见实验板原理图。

⑲ 16PIN连接座：用于连接1602的LCD，使用时将LCD插上，不使用时最好将LCD从上面取下(注意：LCD插放时液晶屏的1脚对准实验板板上标注"J9"处)。

⑳ 20PIN连接座：用于连接12864的LCD，使用时将LCD插上，不使用时最好将LCD从上面取下(注意：LCD插放时液晶屏的1脚对准实验板板上标注"D9"处)。

㉑ 3V钮扣电池插座BT1：用来给DS1302芯片提供外部电源，这样即使实验板掉电，也可以长期保存时钟芯片内的数据，在电池有效期间内，数据不会丢失。

㉒ 12864LCD液晶屏对比度调节R47：用来调整12864LCD液晶屏的显示效果，屏幕有显

示时调节使用。

㉓ 直流蜂鸣器 LS1：可以完成各种奏乐、报警等发声音类实验。

㉔ A/D 转换通道接入跳线 J12：选择"ON"时，电位器 R50 中间抽头与"RA0"端相连，即使用电位器分压输入芯片 A/D 采样端子；选择"OFF"时，A/D 输入端"RA0"端口悬空，数据可能会出现不稳定的情况。

㉕ 电位器 R50：产生不同的电阻值，获得不同的电压，作为 A/D 转换的输入端，与 A/D 实验配合使用。

㉖ 一体化红外线遥控接收头（采用进口器件，抗干扰性强）：完成红外线解码遥控实验。

㉗ 集成电路 U2：DS1302 时钟芯片。

㉘ SPI EEPROM 93CXX：完成 SPI 总线实验。

㉙ I^2C EEPROM 24CXX：完成 I^2C 总线实验。

㉚ 8 位 LED 发光管，分别接在实验芯片的 RC0～RC7。

㉛ 6 位共阳数码管，从左到右依次为第 1 位到第 6 位。

㉜ 电源指示灯 POWER：实验板供电时点亮。

㉝ 仿真烧写连接线插座，与"ICD2 PIC 仿真烧写器"配套使用。

㉞ RS232 串口插座：做单片机与 PC 机串口通信实验时，将所配线缆一端插在这里，另一端连接 PC 机 RS232 串行接口。

㉟ 外接 DC 电源输入插座 J1：请用直流 7～12 V 电源，电流在 500 mA 左右或更大。

注意：插头极性为内负外正，推荐使用专配电源，用"ICD2 PIC 仿真烧写器"连接时，推荐使用 ICD2 主机为实验板供电，但要保证实验板消耗电流小于 200 mA。不要既连通数码管，又插上 LCD 液晶屏，还将 LED 打开，这样实验板消耗电流太大，容易损坏"ICD2 PIC 仿真烧写器"。

9.1.2 增强型 PIC 实验板各模块说明

本小节将详细介绍增强型 PIC 实验板上的各功能模块，给出模块的原理图、实物图以及使用中需要注意的地方；并在实验板附带的光盘内收录了各模块编写的实例程序，方便初学者参考学习。

1. 所有 I/O 对外输出

增强型 PIC 实验板上所有 I/O 资源都设计为对外输出，用户可以在实验板现有资源的基础上，搭建自己的电路，如图 9.3 所示。

本模块主要有以下 3 部分组成：

① 40 脚芯片的所有 I/O(PORTA/B/C/D/E)；

② 串行编程电压 V_{PP}；

③ 电源 V_{CC} 和 GND。

2. 芯片插座和时钟选择

该模块主要由以下 3 部分组成：

① 40PIN 芯片插座。

第 9 章 PIC 开发套件快速入门

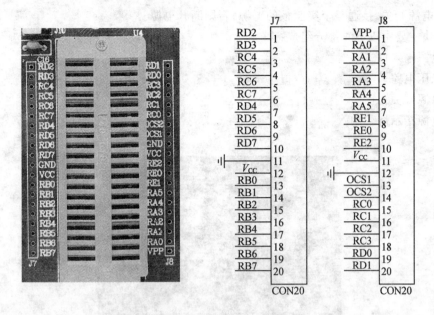

图 9.3 所有 I/O 对外输出及其原理图

② 28PIN 芯片插座。

③ 系统时钟选择(晶体或者外部 RC)。

增强型 PIC 实验板可以支持引脚与 PIC16F87X 兼容的 PIC16FXXX 和 PIC18FXXX 的所有 40 脚和 28 脚芯片,如图 9.4(a)和图 9.4(b)所示,电路原理图如图 9.4(c)所示。

  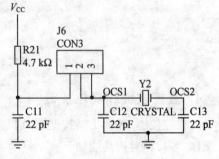

(a) 增强型PIC实验板的震荡电路　　　(b) 晶振　　　(c) 系统时钟选择原理图

图 9.4 芯片插器实物图和原理图

跳线短接 J6 的下面两端(靠晶振方向)时,选择晶振作为系统时钟,跳上面两端时,选择外部 RC 振荡作为系统时钟。

3. 电源模块

增强型 PIC 实验板电源采用了 7805 降压,降至 5 V 电压提供实验板工作电源,稳压电源的输出电压范围为 9~12 V,电流大于 200 mA 的直流电源即可直接使用。该模块实物图如图 9.5(a)所示,电路原理图如图 9.5(b)所示。

拨动电源开关,接通整个实验板的电源;否则断开电源。

该模块主要由以下 4 部分组成:

① 电源输入口;

② 稳压电路;

③ 电源开关;

④ 电源指示灯。

(a) 电源电路实物图

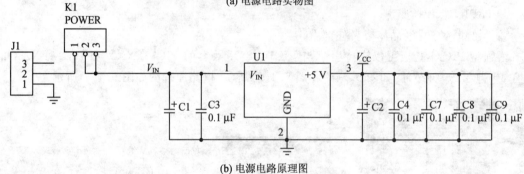

(b) 电源电路原理图

图 9.5　电源模块实物图和原理图

4. 直控按键和复位按键

直控按键(外部中断按键)分别与单片机的数据口相连,复位按键用于对单片机进行复位操作,各按键对应功能如下:

- 按键 K1　RESET 复位;
- 按键 K2　RB0/INT0;
- 按键 K3　RB1/INT1;
- 按键 K4　RB2/INT2;
- 按键 K5　RB3/INT3;
- 按键 K6　RB4/INT4。

对该模块做如下 4 点说明:

① 所有按键按下时为低电平,释放后为高阻态(使用时需开启单片机内部上拉,使其释放后为高电平)。

② K2～K6 不但可以做普通的按键使用,还可以用来触发外部中断。
③ 所有按键连接到单片机的 B 口。
④ 随机附带的光盘内收录有相关的实例供参考。

实物如图 9.6(a)所示,电路原理图如图 9.6(b)所示。

(a) 按键实物图

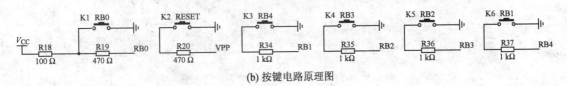

(b) 按键电路原理图

图 9.6 按键模块实物图和原理图

5. RS232 通信模块

本模块的主要实验为:如何通过单片机的 USART 功能模块与外部设备(如 PC 机)进行通信,如图 9.7(a)所示,原理图如图 9.7(b)所示。

该模块主要由以下部分组成:
① RS232 电平转换芯片;
② RS232 通信接口(9 针串口)。

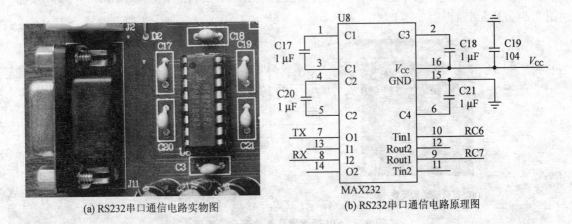

(a) RS232 串口通信电路实物图   (b) RS232 串口通信电路原理图

图 9.7 RS232 通信模块实物图和原理图

对该模块做如下两点说明:
① 串口模块连接到单片机的 USART 模块接口 RC6 与 RC7。
② 随机附带的光盘内收录有串口通信的简单实例供参考。

6. DS18B20 温度模块

本模块主要实验内容为 DS18B20 温度传感器的使用,如图 9.8(a)所示,原理图如图 9.8(b)所示。

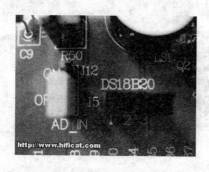
(a) DS18B20温度传感器专用插座

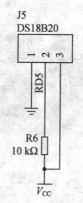
(b) DS18B20温度传感器电路原理图

图 9.8　DS18B20 温度模块实物图和原理图

对该模块做如下 5 点说明:
① DS18B20 为选购产品。
② DS18B20 的资料收录在随机光盘内。
③ DS18B20 输出与单片机的 RD5 脚相连。
④ 不使用 DS18B20 时,请将它取下放好。
⑤ 随机附带的光盘内收录有读写 DS18B20 的实例供参考。

7. SPI 通信模块

本模块主要通过单片机读写外部设备 EEPROM 93C 系列芯片,学习 SPI 通信协议,如图 9.9(a)所示,原理图如图 9.9(b)所示。

(a) SPI总线通信模块—93C46

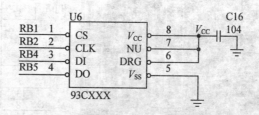
(b) SPI总线通信模块电路原理图

图 9.9　SPI 通信模块实物图和原理图

对该模块做如下 3 点说明:
① 93CXXX EEPROM 的资料收录在随机附带的光盘内。
② 93CXXX 的 SPI 通信口 SDI、SDO 和 SCL 连接到单片机的通信口 RB4、RB5 和 RB2,片选信号连接到单片机 RB1 脚,因此可使用硬件控制。

③ 随机附带的光盘收录有读/写 93C46 EEPROM 的程序供参考。

8. I²C 通信模块

本模块主要通过单片机读写外部设备 EEPROM 24CXX,学习 I²C 协议,如图 9.10(a)所示,原理图如图 9.10(b)所示。

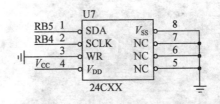

(a) I²C 总线通信模块—24C02　　(b) I²C 总线通信模块电路原理图

图 9.10　I²C 通信模块实物图和原理图

对该模块做如下 3 点说明:
① 24CXX EEPROM 的资料收录在随机附带的光盘内。
② 24CXX 的 I²C 通信口 SDA 和 SCK 连接到单片机的 I²C 通信口 RB5 和 RB4,因此可以使用硬件控制。
③ 随机附带的光盘收录有读写 24C01B EEPROM 的程序供参考。

9. LCD12864 和 LCD1602 液晶模块

本模块主要包括 LCD12864 和 LCD1602 连接座,如图 9.11(a)所示,实际显示效果如图 9.11(b)和 9.11(c)所示,液晶屏背光灯跳线如图 9.11(d)所示,本模块原理图如图 9.11(e)和 9.11(f)所示。

对该模块做如下几点说明:
① LCD12864 和 LCD1602 均采用 PORTA 做控制位,PORTC 做数据位,只有具有 PORTC 的单片机才能做 LCD 显示实验。

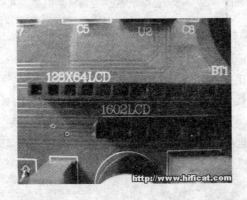

(a) LCD12864液晶屏和LCD1602液晶屏专用插座　　(b) LCD1602 实际显示效果图

图 9.11　液晶模块实物图和原理图

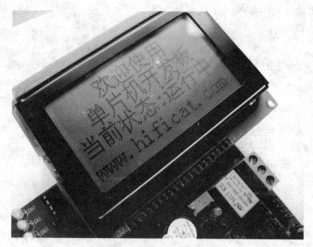

(c) LCD12864 实际显示效果图　　　　(d) LCD12864液晶屏和LCD1602液晶屏背光灯跳线

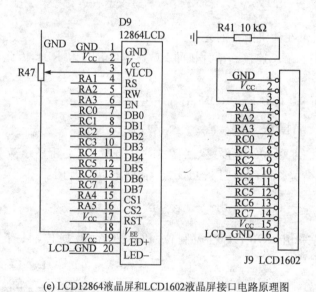

(e) LCD12864液晶屏和LCD1602液晶屏接口电路原理图　　(f) LCD12864液晶屏和LCD1602液晶屏背光控制电路原理图

图 9.11　液晶模块实物图和原理图（续）

② 在不使用 LCD 液晶屏时建议把 LCD 从插座上取下。

③ 电位器 R47 可以用来调节 LCD12864 的对比度。

④ LCD12864 和 LCD1602 液晶屏背光灯由跳线 J10 控制。处于"ON"为打开背光灯；处于"OFF"为关闭背光灯。

⑤ LCD12864 和 LCD1602 资料收录在随机光盘里。

⑥ LCD12864 和 LCD1602 使用实例收录在随机光盘里。

10. A/D 转换模块

本模块主要实现模拟信号到数字信号的转变，如图 9.12(a) 所示，原理图如图 9.12(b) 所示。

本模块主要由以下两部分组成：

① 1 个 10 kΩ 的可调电位器 R50。
② 跳线 J12。

 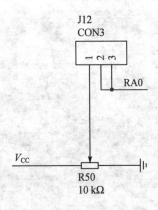

(a) A/D 转换电路实物图　　　　(b) A/D 转换电路原理图

图 9.12　A/D 转换模块实物图和原理图

对该模块做如下 3 点说明：
① 电位器通过跳线 J12 连接到单片机 RA0 口。
② 在使用 A/D 转换功能时,请确保跳线 J12 处于"ON"状态；在不使用该模块时,应断开跳线,置于"OFF"位置,以免影响其他模块的 RA0 口正常工作。
③ 随机附带的光盘内收录有关于 A/D 转换的实例供参考。

11. 红外遥控接收解码模块

本模块主要实现红外遥控接收并完成解码,如图 9.13(a)所示,原理图如图 9.13(b)所示。

 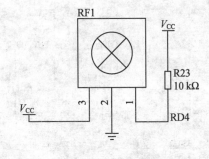

(a) 红外线遥控接收解码电路实物　　(b) 红外线遥控接收解码电路原理图

图 9.13　红外遥控接收解码模块实物图和原理图

对该模块做以下 3 点说明：
① 红外遥控编码芯片 6121 的资料收录在随机光盘内。
② 遥控接收头输出通过跳线连接到单片机的 RD4 口。
③ 随机附带的光盘内收录有遥控解码的实例供参考。

12. 6位数码管模块

该模块主要介绍多位数码管的使用,其实物如图9.14(a)所示,原理图如图9.14(b)所示。

(a) 6位数码管实物图

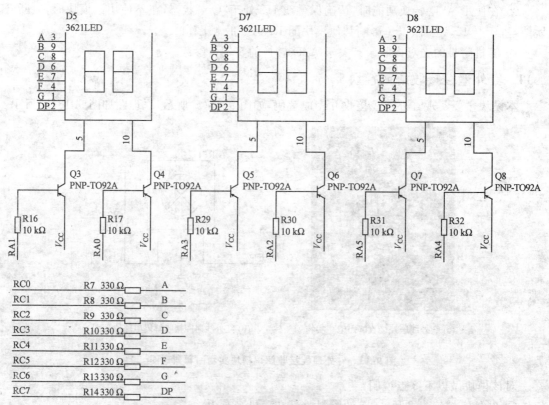

(b) 6位数码管显示电路原理图

图 9.14　6位数码管模块实物图和原理图

该模块主要由以下两部分组成:
① 6位数码管。
② 驱动电路。
对该模块做如下4点说明:
① 数码管的段控制通过拨码开关连接到单片机的PORTC。
② 数码管的位控制通过拨码开关连接到单片机的PROTA。
③ 6位数码管为共阳极接法。
④ 随机附带的光盘内收录有数码管显示的程序供参考。

13. 8位LED流水灯模块

本模块如图9.15(a)所示,其电路原理图如图9.15(b)所示。

(a) 8位LED流水灯实物图

(b) 8位LED流水灯电路原理图

图9.15 8位LED流水灯模块实物图和原理图

对该模块做如下两点说明:
① 8个LED均在I/O输出高电平时点亮。
② 在随机光盘里收录了本模块的简单实例,包括"点亮单个LED"和"简单的跑马灯",供读者参考使用。

14. 步进电机模块

本模块主要实验为步进电机的操作。通过学习,可以了解步进电机的相关知识,如图9.16(a)所示,原理图如图9.16(b)所示。

该模块由以下3部分组成:
① 步进电机接口;
② 驱动电路;

③ 步进电机电压选择跳线 J4。

(a) 步进电机接口实物图

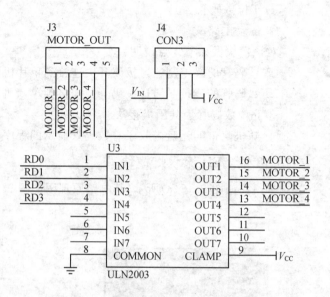
(b) 步进电机接口电路原理图

图 9.16　步进电机模块实物图和原理图

对该模块做如下 3 点说明：

① 驱动电路采用东芝的 ULN2003 专用驱动 IC 芯片。

② 步进电机电压选择跳线 J4：选择"V_{IN}"为外部电压输入，选择"V_{CC}"为板上 V_{CC} 电压供电。

③ 随机附带的光盘里收录有步进电机的使用实例供参考，包括速度控制、方向控制和步进距离控制。

15. 小喇叭发声模块

本模块主要实验为：如何利用单片机控制小喇叭发声，如图 9.17(a) 所示，原理图如图 9.17(b) 所示。

(a) 5 V 有源蜂鸣器

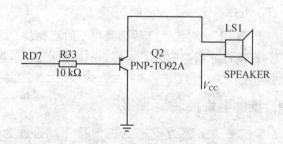
(b) 5 V 有源蜂鸣器电路原理图

图 9.17　小喇叭发声模块实物图和原理图

第9章 PIC开发套件快速入门

对该模块做如下两点说明：
① 通过单片机 RD7 口驱动三极管控制喇叭发出声音。
② 随机附带的光盘内收录有发声程序供参考。

9.1.3 PIC Pro 编程器

PIC Pro 编程器支持大部分流行的 PIC 芯片烧写、读出、加密等功能，无需电源适配器，通信和供电仅一条 USB 下载线即可完成，具有性能稳定、烧录速度快、性价比高等优点，实物如图 1.12 所示。

1. 支持烧写的芯片型号

此编程器支持目前最为经典和市场占有量最大的 10 系列、12C 系列、12F 系列、16C 系列、16F 系列、18 系列等芯片，特别适合于渴望学习 PIC 单片机又想尽量减小学习投入的初学者。PIC 单片机以其更高的稳定性与抗干扰性，广泛应用于工业生产领域及一些恶劣环境场所。学习 PIC 单片机，使一切都在单片机的控制下变得智能化，是每一个单片机爱好者和发烧友的梦想。其中 PIC16F877A 芯片是一个非常经典的型号，涵盖了 PIC16F 子系列的所有功能，特别适合初学者使用，它在 PIC 家族中的地位类似 MCS51 家族中的 AT89S51 或 AT89S52，其内部包含了更多的功能，如内部集成了 A/D 等特殊单元。

支持的 PIC 烧写芯片如下（支持芯片的数量随软件更新增加）：

10 系列：

PIC10F200 PIC10F202 PIC10F204 PIC10F206

12C 系列：

PIC12C508   PIC12C508A   PIC12C509   PIC12C509A   PIC12C671   PIC12C672
PIC12CE518 PIC12CE519   PIC12CE673 PIC12CE674

12F 系列：

PIC12F508   PIC12F509   PIC12F629   PIC12F675   PIC12F683

16C 系列：

PIC16C505   PIC16C554   PIC16C558   PIC16C61   PIC16C62   PIC16C62A
PIC16C62B   PIC16C63   PIC16C63A   PIC16C64   PIC16C64A   PIC16C65
PIC16C65A   PIC16C65B   PIC16C66   PIC16C66A   PIC16C67   PIC16C620
PIC16C620A PIC16C621   PIC16C621A PIC16C622   PIC16C622A PIC16C71
PIC16C71A   PIC16C72   PIC16C72A   PIC16C73   PIC16C73A   PIC16C73B
PIC16C74   PIC16C74A   PIC16C74B   PIC16C76   PIC16C77   PIC16C710
PIC16C711   PIC16C712   PIC16C716   PIC16C745   PIC16C765   PIC16C773
PIC16C774   PIC16C83   PIC16C84

16F 系列：

PIC16F54   PIC16F57   PIC16F627
PIC16LF627A PIC16F627A PIC16F628   PIC16LF628A PIC16F628A PIC16F630

PIC16F648A	PIC16F676	PIC16F683	PIC16F684		
PIC16F688					
PIC16F72	PIC16F73	PIC16F74	PIC16F76	PIC16F77	PIC16F737
PIC16F747	PIC16F767	PIC16F777	PIC16F83	PIC16F84	
PIC16F84A	PIC16F87	PIC16F88	PIC16F818	PIC16F819	PIC16F870
PIC16F871	PIC16F872	PIC16F873	PIC16F873A	PIC16LF873A	
PIC16F874	PIC16F874A				
PIC16F876	PIC16F876A	PIC16F877	PIC16F877A		

18 系列：

PIC18F242	PIC18F248	PIC18F252	PIC18F258	PIC18F442	PIC18F448
PIC18F452	PIC18F458	PIC18F1220	PIC18F1320	PIC18F2220	PIC18F2320
PIC18F4220	PIC18F4320	PIC18F6525	PIC18F6621	PIC18F8525	PIC18F8621
PIC18F2331	PIC18F2431	PIC18F4331	PIC18F4431	PIC18F2455	PIC18F2550
PIC18F4455	PIC18F4550	PIC18F4580	PIC18F2580	PIC18F2420	PIC18F2520
PIC18F2620	PIC18F6520	PIC18F6620	PIC18F6720	PIC18F6585	PIC18F6680
PIC18F8585	PIC18F8680				

2. 编程器的特点

① 具有 USB 通信方式即插即用，方便台式机和没有串口的笔记本计算机使用。

② 烧写速度要比 PICSTART-PLUS 快很多。

③ 可以方便地读出芯片程序区的内容。

④ 全自动烧写校验。

⑤ 全面的信息提示，让用户清楚了解工作状态。

⑥ 配备 40 引脚的 ZIF 烧写座，能直接烧写 8～40 引脚的 DIP 芯片。

⑦ 8～40 引脚以外的芯片可通过板载 ICSP 输出直接在线下载。

⑧ 兼容 Windows 98、Windows 2000/NT、Windows XP、Windows 2003、Windows Vista 等操作系统。

⑨ 采用优质 3M 镀金锁紧座，杜绝芯片引脚与插座接触不良，耐磨损。

3. 编程器的硬件连接与软件使用

(1) USB 驱动安装

首先安装光盘附带的编程器软件，安装好后，如果是第一次使用，当插上 USB 线后，计算机就会提示找到新的硬件并要求安装新硬件的驱动程序，只需按照常规方法安装驱动程序即可，USB 驱动程序位于配套光盘中。安装好后，在计算机中会增加一个串口，这时编程器硬件就连接在这个 USB 串口上，如图 9.18 所示。

(2) 软件运行

软件运行前，应该先连接好编程器硬件，即插入 USB 线；退出运行时先关闭软件，再拔出 USB 线。第一次进入软件后出现如图 9.19 所示窗口，首先要做的是端口选择：通过"我的电脑"→"硬件"→"设备管理器"查看使用了哪个端口，然后在软件菜单中选择"文件"→"选择端口"。

端口选择好以后，这时屏幕的中下方显示了当前使用的串口号和软件的当前运行状态，如果硬件未连接好可重新选择连接端口,输入串口号或选择"编程"→"复位编程器"复位硬件。

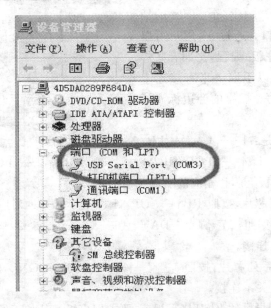

图 9.18　USB 驱动程序的安装

图 9.19　编程器软件窗口

　　以上就绪后选择要烧写的器件,并加载要烧写的 HEX 文件,按软件窗口右边的芯片插放图片在锁紧座上插好目标器件。如果芯片带内部时钟且程序中写了时钟校正程序,则接下来的步骤就是时钟校正,单击窗口下方"时钟校正"按钮,按提示操作即可。单击窗口下方"配置位"按钮,设置好各配置位。单击窗口下方"编程"按钮,即开始编程。编程过程中可能会弹出,如图 9.20 所示窗口,这个窗口提示芯片的 ROM、EEPROM 及配置位没有被擦除掉,问是否继续擦除芯片,此时只需单击 YES 即可,然后就可以看到烧写的进度条。烧写完成后,会弹出"烧写成功"的提示信息,否则会弹出相应的错误提示。

(3) ISCP 编程

在 PIC 编程器的下方有一个 6PIN 的插针,这就是在线编程接口。通过它,用户可以直接对芯片进行在线(在板)编程,比如有些焊在电路板上的芯片,可以不取下来直接连上 ISCP 线来进行编程烧写。插座的旁边标注了每根插针的序号和定义。

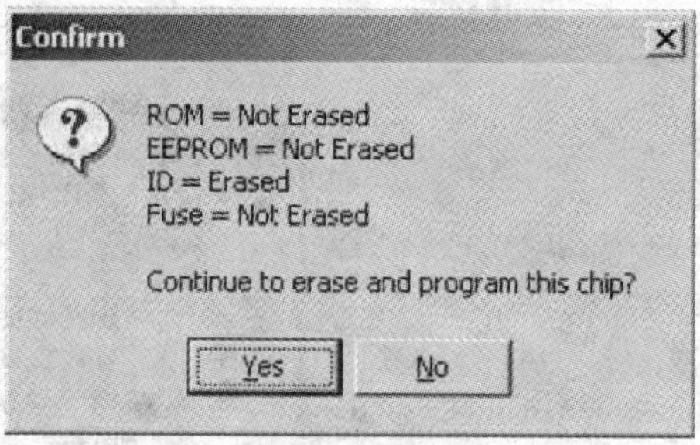

图 9.20 编程器软件提示信息

这些插针分别是:1——V_{PP}/MCLR;2——V_{DD}/V_{CC};3——GND;4——PGD/RB7;5——PGC/RB6;6——LOW/RB3(一般不用)。各插针与用户电路板上芯片相应的引脚相连。

对于 12CXXX 系列芯片,按照 RB6——GP1,RB7——GP0 的对应关系连接。

对于 PIC16F57 按照 17 脚——DAT,16 脚——CLK,2 脚——V_{CC},4 脚——GND,2 脚——V_{PP} 的对应关系连接。

对于 PIC10FXXX 系列芯片,按照 1 脚——DAT,2 脚——GND,3 脚——CLK,5 脚——V_{CC},6 脚——V_{PP} 的对应关系连接。

根据 Microchip 公司提供的 ICSP 烧写规范,要求用户板遵从如下约束,其示意图如图 9.21 所示。

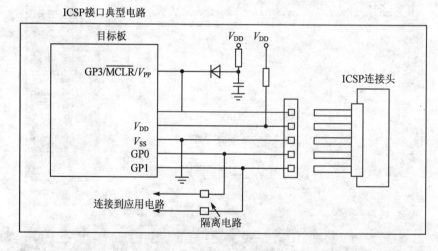

图 9.21 ICSP 接口典型电路

ICSP 功能的使用限制如下:

① 隔离 V_{PP} 与复位电路。由于烧写时 V_{PP} 上电压达到 13 V,不得通过其他电路把 13 V 电压引到其他芯片上,引起芯片烧毁。

② 把 GP1 和 GP0 与其他电路隔离。这两根信号线是烧写时序线,不得跟其他电路发生关系。

③ 烧写口的这 5 根线应当直接跟 CPU 相连,中间不得有其他导致信号单向的电路存在,如二极管等,否则芯片自动检测会有问题。

④ V_{DD}、V_{PP}、GP1 和 GP0 引脚的电容不能太大,尤其是 V_{DD} 上的电容,用户经常在上面添加大电容以降低噪音,但最多不得超过几百 μF,电容太大将导致信号上升时间拉长,影响时序的精确性,严重时导致烧写识别问题。

9.1.4 ICD2 PIC 仿真烧写器

ICD2 PIC 仿真烧写器是完全兼容 Microchip 的在线调试器 MPLAB ICD2 的功能强大、低成本、高运行速度的开发工具。它利用 Flash 工艺芯片的程序区自读写功能,使用芯片来实现仿真调试功能,如图 1.13 所示。

ICD2 PIC 仿真烧写器使用的软件平台是 Microchip 的 MPLAB-IDE(集成开发环境软件包)或更高版本,兼容 Windows 95/98/ME、Windows NT 和 Windows 2000/2003/XP 等操作系统。其通信接口方式为 USB2.0 高速接口(最高可达 12 Mb/s),工作电压范围为 2.0~5.5 V。可烧写大约 270 种芯片、仿真大约 250 种芯片、无限升级,Microchip 将不断更新 MPLAB IDE 软件。与 MPLAB ICD2 USB 完全兼容,是 PIC 单片机初学者与专业设计人员的最佳选择。

(1) ICD2 PIC 仿真烧写器的主要功能特性
- 源程序编辑;
- 直接在源程序界面调试;
- 可设置一个 1 次断点;
- 变量和寄存器观察;
- 程序代码区观察;
- 修改寄存器;
- 停止冻结(当上位机停止运行程序时,冻结芯片的运行);
- 过电压/短路保护电路,过流保护电路,输出反相保护电路;
- 实时背景调试;
- 可支持的目标器件电压范围为 2~5.5 V,方便较多低压器件的烧写与调试(国内较多其他同类产品无法调试或烧压低压器件);
- 可以支持大部分的 Flash 工艺芯片;不仅可以用作调试器,还可以作为开发型/生产型的烧写器使用;
- 对于 ICE 在线仿真器是一个廉价的替代品(为 ICE 仿真器价格的 1/10);可以做很多以前需要在昂贵的硬件上才能实现的功能,但这些好处是以在线仿真器的一些便利为代价的。

(2) ICD2 PIC 仿真烧写器的优势
- 可以做很多以前需要在昂贵的硬件上才能实现的功能。
- 可直接与目标板相连,而不需要先取下单片机芯片,再插上仿真头。
- 可以对目标系统应用进行再编程,而不需要其他连接或设备。
- 对一些 PIC 单片机熟练者而言,PIC 仿真头的本质就是利用了 ICSP 接口,即使 PIC 单片机芯片已经被焊接在目标板上了也没有关系,只要把 ICD2 USB 的 ICSP 接口和目标板上的 PIC 单片机相应的端口连接即可,总共 5 条连接线,就可以实现在线仿真调试和在线重新烧写。这 5 条线对应 PIC 单片机的时钟(PDC)、数据(PDG)、编程高压脉冲(V_{PP})、电源地(GND)、电源正极(V_{CC})引脚,正是它们构成的 ICSP 接口,实际上就是在线仿真调试和烧写所需的全部通信接口。
- 支持 USB 供电或外接电源供电,其内有硬件保护电路。

9.2 如何建立第一个工程项目

9.2.1 开发环境和烧写软件的安装

准备好了学习 PIC 单片机的硬件设备后还需要准备好哪些软件平台呢？完成软件开发又需要完成哪些步骤呢？

需要安装的软件主要有两个，分别是"MPLAB 集成开发环境"和"PIC 编程器烧写软件"。MPLAB 集成开发环境（IDE）是一个综合性的设计平台，适用于使用 Microchip PICmicro 和 dsPIC 单片机进行嵌入式设计的应用开发。在这个软件界面中编写程序代码，并通过它将写好的源程序代码编译成目标代码，即 HEX 文件，同时配合硬件调试器、开发板完成软件程序的调试工作，最终通过编程器将定型的目标代码写入到开发板的单片机芯片中去。

首先，在配套光盘中找到 MPLAB-IDE 安装文件，该文件也可以从 Microchip 网站下载，双击 Install.exe 文件根据向导安装完成即可。注意：此时 MPLAB IDE 软件只支持使用汇编语言进行编程，若要使用 C 语言来进行程序编辑，还需要为 MPLAB IDE 软件安装 C 编译器插件，其具体安装方法详见第 3 章内容。

其次，将光盘"PIC 编程器驱动软件"目录复制到计算机硬盘上，这是将要使用的烧写软件，用来将编好的程序烧入 PIC 单片机芯片内。现在，将 PIC 编程器插上 USB 线与计算机连接，系统提示发现新硬件，要求用户指定驱动程序所在路径，将其指定到配套光盘"USB 驱动程序"目录，单击"确定"按钮后，系统完成了编程器 USB 驱动程序的安装。

"MPLAB 集成开发环境"和"PIC 编程器烧写软件"都安装完成后，就可以进行程序编写和烧录工作了，以下将与这些单片机开发设备相结合来讲述具体的实践学习过程。

9.2.2 实验电路原理分析

第一个实验是要用 PIC 单片机点亮实验板上的其中一只 LED 发光管。用单片机来完成一些智能化的控制，这是一个最简单的程序例子，以给大家一个感性的认识。在此，从通俗易懂的角度出发，使用 PIC 编程器与增强型 PIC 实验板配合来完成本次实验，力求用最简捷的代码、最方便的操作方式，让大家了解到底该如何让单片机工作。本次实验使用的芯片为 PIC16F877A，它涵盖了 PIC16FXXX 子系列的所有功能，特别适合初学者使用。它在 PIC 家族中的地位类似 51 家族中的 S51 或者 S52，不过内部包含了更多的功能，比如内部集成了 A/D 等特殊单元。

图 9.15(b)是增强型 PIC 实验板上与 LED 控制相关部分的电路，可以看到 LED 上串接的电阻是 470 Ω，如果此时 LED 上的电压是 2.0 V，那么通过 LED 的电流则为 (5 V−2 V)/470 Ω≈6.38 mA；如果需要提高亮度，一般将电流控制在 10 mA 左右，则此时电阻应该选择 (5 V−2 V)/10 mA＝300 Ω，所以可以就近选择 330 Ω。

电路已经确定，然后就是连接到单片机的 I/O 口上，从图 9.15(b)可以看到 LED 的正极通过限流电阻连接到 PIC 单片机的 I/O 口，负极连接到了 GND，要使 LED 发光，也就是使电

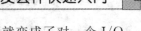

流流过 LED，只需要把 I/O 口置成高电平即可，所以最终对 LED 的控制就变成了对一个 I/O 端口的控制，如要点亮标号为"D11"的 LED，就是把 RC1 设置成高电平而已。

9.2.3 程序代码编写与工程创建

下面就开始写程序了，打开 MPLAB - IDE 软件，选择 File→New，出现一个文本编辑窗口，在该窗口中输入以下 C 语言源程序：

```c
#include <pic.h>
main()
{
    TRISC = 0X00;      /* TRISC 寄存器被赋值，PORTC 每一位都为输出 */
    while(1)           /* 循环执行点亮发光二极管的语句 */
    {
        PORTC = 0X02;  /* 向 PORTC 送数据，点亮第 2 个 LED 发光管 */
    }
}
```

这是一个最简单的点阵 LED 的 C 程序代码，也希望能给初学者一个感性的认识。这里已把能省略的语句尽量都省去了，如果能把每句话都看懂，PIC 的 C 程序最小框架也就明白了。

#include <pic.h> 用于加载标准库函数，如 51 单片机中的 reg51.h 库文件一样。

main() 是 C 语言中的主函数，在一个 C 程序代码中只有一个 main() 主函数，程序就是从这里开始执行的。

语句"TRISC=0X00;"用来设置 RC 口的输入、输出状态。

while(1) 是死循环语句，即周而复始地执行{ }内的语句体，如现在程序的作用就是不停地执行"PORTC=0X02;"这条语句。

语句"PORTC=0X02;"的功能则是给 RC 端口赋值，即第 2 个引脚 RC1 为高电平，用 1 来表示。

说明：PIC 系列单片机各类数据存储器都是以寄存器方式工作和寻址的。专用寄存器包括了定时寄存器 TMR0、选择寄存器 OPTION（又称项选寄存器）、程序计数器 PCL、状态寄存器 STATUS、间接寻址寄存器 INDF 和 FSR、端口 I/O 寄存器（如 PORTA、PORTB、…）和相对应的端口 I/O 控制寄存器（又称端口 I/O 数据方向寄存器，如 TRIAS、TRISB、…）、保持寄存器 PCLATH 和中断控制寄存器 INTCON 等。现在暂时只用到了 TRISC 和 PORTC 端口寄存器。

先创建文件夹 D:\FirstPro，然后将上面输入的源程序保存到该文件夹，注意文件名为 led.c。文件保存完成后，可以发现源程序编辑窗口中的程序字体颜色改变了，这些颜色能帮助我们更好地阅读源程序，快速发现输入错误的命令。文件保存后，需要进行项目的创建，项目将文件组织起来以便进行编译。选择 Project→new，出现 New Project 对话框，在对话框中，将项目命名为 MyPro，使用 Browse 按钮，将项目放在刚才创建的 FirstPro 文件夹中。单击 OK 按钮，在 MPLAB IDE 窗口中会看到已创建项目的项目窗口，如果项目窗口未打开，请选择 View→Project。现在，需要将刚才创建好的源程序文件追加到项目中去，在此，源文件是必须添加的;其他文件,如头文件、库文件、链接描述文件,视项目具体情况来确定是否追加。现在只需要将追加源文件 led.c,在屏幕左面的项目窗口中找到 Source Files,右击,在弹出菜单中选择 Add Files,双击要添加的文件 led.c 即可。

项目和源程序创建完成后,需要给项目设置好目标芯片型号和配置位。

选择 Configure→Select Device,在 Device 下拉列表框中选择 PIC16F877A,注意后面带有字母 A。(提醒:PIC16F877A 和 PIC16F877 是两个内部结构和功能不同的芯片,两个芯片不能直接替换。)设置完成后,单击 OK 即可,如图 9.22 所示。

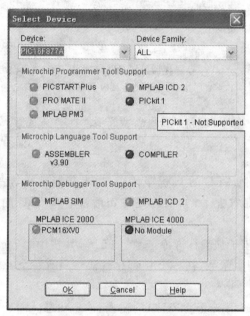

图 9.22 选择芯片型号窗口

设置配置位,选择 Configure→ConfigurationBits。通过单击 Settings 中的内容,可以更改这些配置位,配置如图 9.23 所示。

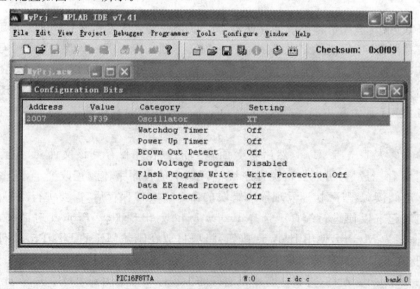

图 9.23 工程配置位窗口

接下来，要为源程序做一项编译工作，即产生目标文件，接着就要把该文件烧入到 PIC16F877A 单片机芯片中。选择 Project→Build All，或者按 Ctrl+F10 键就可以完成编译工作了，这时，在 led.c 文件所在目录下发现一个名为 led.hex 的文件，这就是完成烧写芯片工作时使用到的目标程序文件，该文件为十六进制文件。

9.2.4 烧写芯片与程序验证

咱们继续讲，现在已经完成了软件程序的编制工作，下面进行最后一道工序，即程序定形后，如何将其烧到单片机芯片中去。

打开 PIC 编程器烧写软件，软件运行前，应该先连接好编程器硬件，即插入 USB 线；退出运行时先关闭软件，再拔出 USB 线。首先，在第一次使用前需要进行端口配置。通过"我的电脑"→"硬件"→"设备管理器"查看使用了哪个端口，然后在软件菜单中选择"文件"→"选择端口"，输入端口号，如 COM3，选择好以后，这时屏幕的中下方其中一栏显示连接的串口号以及软包装执行状态。

然后在软件窗口右下角选择芯片型号为 16F877A，单击"载入"按钮，选择刚才已经生成等待烧写的 led.hex 文件，按软件窗口右边的芯片插放图片，在锁紧座上插好目标器件。单击窗口下方"编程"按钮开始编程，烧写完成后，会弹出"烧写成功"的提示信息，否则会弹出相应的错误提示。OK，大功告成。至此，已经完成了从软件编写直到烧写芯片的全部步骤。下面就来看看我们的成果吧，把刚才烧写好的 PIC16F877A 芯片插在增强型 PIC 实验板上，接上外接电源，来看看板上的一个 LED 发光管是不是亮了。结果如图 9.24 所示，板上的一个 LED 发光管点亮，现在我们已经脱离了仿真器使用的是单片机芯片。

图 9.24　点亮一个发光管实例

至此，整个实验、开发步骤已经全部完成，虽然这是一个很简单的实验，但很多复杂的例子都是基于各种简单的原理之上，所有的实验方法、步骤完全一样，只是程序代码变了。

9.3　如何使用 ICD2 测试程序

前面已经讲述了如何创建源程序文件和工程建立的方法,在此不再重复这些步骤,接着来看一下,如何通过 ICD2 连接增强型 PIC 实验板来测试程序运行的效果。

9.3.1　通过 ICD2 仿真程序方式执行程序

将随机光盘 PIC Program 例程库目录集复制到 C 盘根目录下,注意:源程序和工程文件所在路径不能出现中文路径或文件名。

注意: 在进行硬件连接之前,请先安装 MPLAB-IDE 软件环境以及 PICC 编译器插件,安装方法以及与 PICC 编译器相关的设置请参考本书第 3 章内容。

进行硬件连接顺序如下:
① 在增强型 PIC 实验板插上 PIC16F877A 芯片,用锁紧座压杆将芯片夹住。
② 插上 6 针扁平线将 ICD2 与增强型 PIC 实验板连接。
③ 插上 9 V 外接稳压电源,打开电源开关给增强型 PIC 实验板供电。

注意: 也可以不接外接电源而直接使用 ICD2 的 USB 端口电压给增强型 PIC 实验板供电,若负载最大电流超过 400 mA,建议使用外接稳压电源供电。

④ 使用 USB 线连接 ICD2 与 PC 机,插上线后 PC 机将出现"叮咚"的声音。第一次使用 ICD2 时,系统将检测到 USB 设备的存在,发现新硬件,并提示安装 USB 驱动程序,只要将 USB 驱动程序文件选择指向 MPLAB-IDE 系统安装目录"\ICD2\Drivers"下即可。如 MPLAB-IDE 是默认安装在 C 盘下的,则 USB 驱动程序所在的路径为:C:\Program Files\Microchip\MPLAB IDE\ICD2\Drivers。

现在,以 10.1 节"闪动的发光管"例程为例,打开例程目录下的 mcp 工程文件,进入如图 9.25 所示窗口。如果是第一次使用 ICD2,请务必完成下载系统的任务,下载过一次,以后使用就无需再下载了,除非更新了 MPLAB-IDE 的软件版本。首先在菜单 Debugger→Select Tool 下选择当前工具为 MPLAB ICD2;然后选择 Debugger→Download ICD2 operating system,如图 9.26 所示;之后,系统会弹出一个对话框,要求选择将要下载操作系统的 HEX 文件,一般系统弹出的对话框路径已经指向了该 HEX 文件,如图 9.27 所示,要下载的文件名为 ICD01020701.hex,该文件位于 MPLAB-IDE 安装目录的 ICD2 子目录下。下载完操作系统后,执行 Debugger→Connect,此时,系统将检测到 PIC16F877A 芯片的存在,如图 9.28 所示。单击编译按钮,屏幕将提示有提示信息:"Loaded C:\PIC Program\10.1 led\demo.cof. BUILD SUCCEEDED: Tue Jan 13 12:40:33 2009"说明源程序编译成功;然后,需要将 HEX 文件烧入芯片,单击按钮 Program target device(烧入目标芯片)(注意:这是仿真模式下的"在线烧入芯片",与编程器模式下的烧入概念不同,仿真模式下烧入芯片当连接断开后,片内自动清除,而在编程器模式下烧入的程序将永久保存在芯片里),如图 9.29 所示。最后,只要单击 Run(运行)按钮,程序就可以开始运行了,如图 9.30 所示,此时,可以看到增强型 PIC 实验板上的发光管已开始闪动。

第9章 PIC 开发套件快速入门

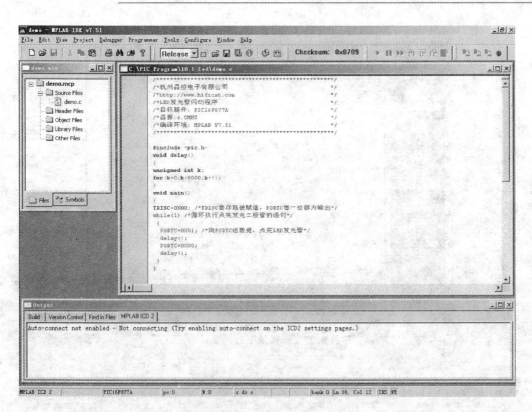

图 9.25　打开工程文件

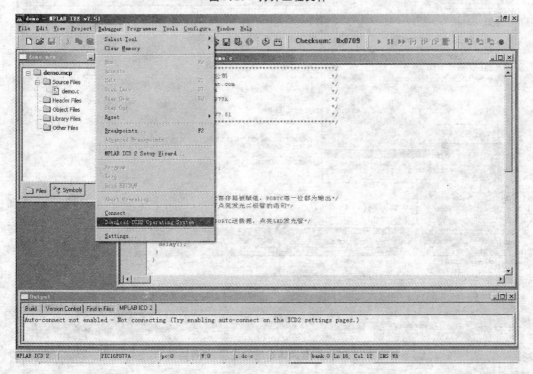

图 9.26　初次使用，执行下载操作系统命令

PIC® 单片机快速入门

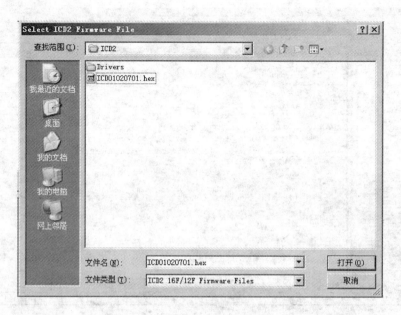

图 9.27 选择要下载的文件

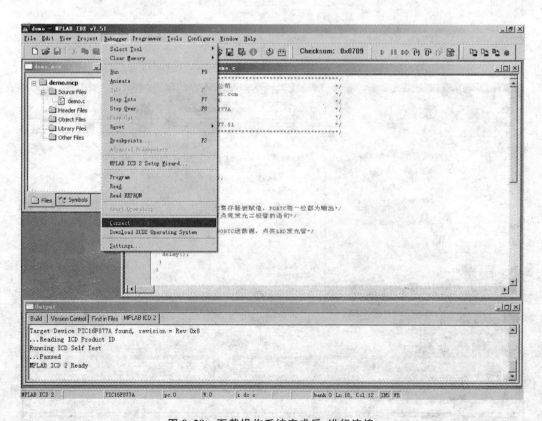

图 9.28 下载操作系统完成后,进行连接

第9章 PIC开发套件快速入门

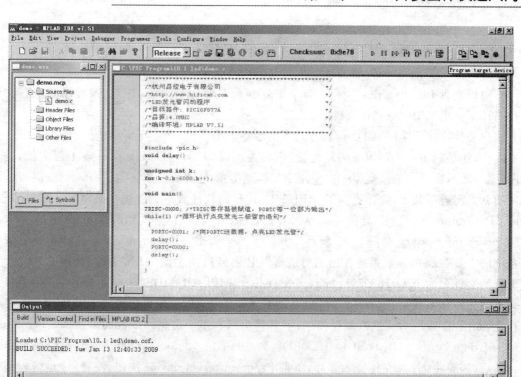

图 9.29 烧入目标芯片

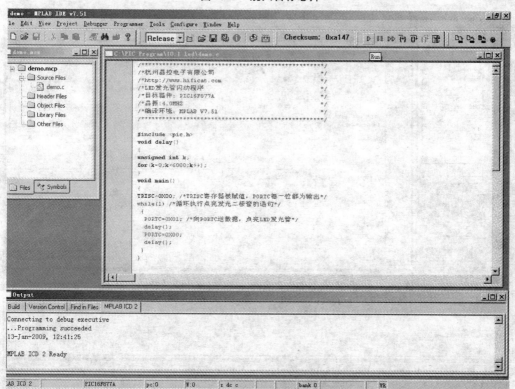

图 9.30 单击 Run(运行)按钮,程序开始执行

9.3.2 通过 ICD2 烧写程序方式执行程序

将随机光盘 PIC Program 例程库目录集复制到 C 盘根目录下,注意:源程序和工程文件所在路径不能出现中文路径或文件名。

进行硬件连接顺序同 ICD2 仿真方式下的顺序完全一致,在此不再详述。

同样,还是以 10.1 节"闪动的发光管"例程为例,打开例程目录下的 mcp 工程文件,进入如图 9.31 所示窗口。如果是第一次使用 ICD2,请务必完成下载系统的任务,下载过一次,以后使用就无需再下载了,除非更新了 MPLAB-IDE 的软件版本。首先在菜单 Programmer→Select Programmer 下选择当前工具为 MPLAB ICD2,然后选择 Programmer→Download ICD2 operating system,如图 9.32 所示;之后,系统会弹出一个对话框,要求选择将要下载操作系统的 HEX 文件,一般系统弹出的对话框路径已经指向了该 HEX 文件,如图 9.33 所示,要下载的文件名为 ICD01020701.hex,该文件位于 MPLAB-IDE 安装目录的 ICD2 子目录下。下载完操作系统后,选择 Programmer→Connect,此时,系统将检测到 PIC16F877A 芯片的存在,如图 9.34 所示。点击编译按钮,屏幕将提示有提示信息:"Loaded C:\PIC Program\10.1 led\demo.cof. BUILD SUCCEEDED:Tue Jan 13 12:56:52 2009"说明源程序编译成功。然后,需要将 HEX 文件烧入芯片,单击 Program target device 按钮(注意:这是编程器模式下的"烧入芯片",与仿真模式下的"烧入"概念有所不同,仿真模式下烧入芯片当连接断开

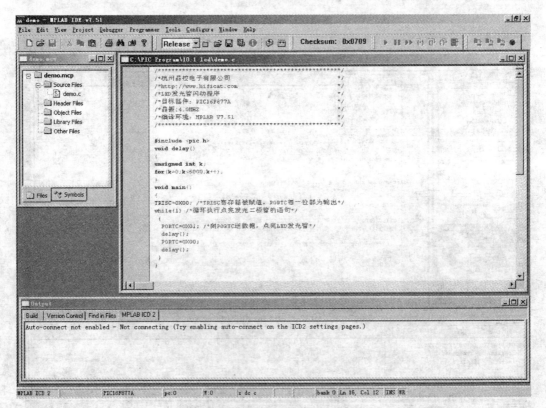

图 9.31 打开工程文件

第 9 章 PIC 开发套件快速入门

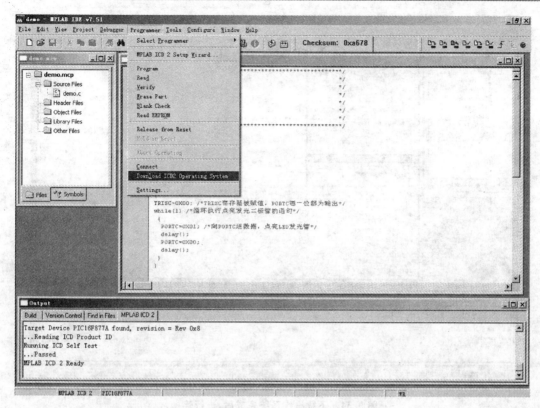

图 9.32 初次使用,执行下载操作系统命令

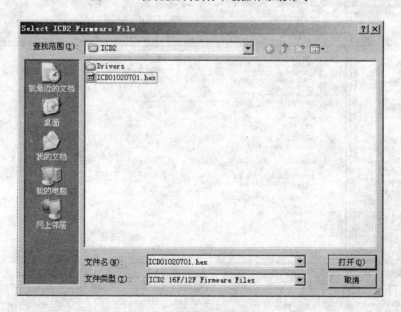

图 9.33 选择要下载的文件

后,片内自动清除,而在编程器模式下烧入的程序将永久保存在芯片里)。如果使用的芯片是旧的,片内已经有程序内容的,那还需要先执行 Programmer 菜单下的 Erase Part 擦除器件命令将芯片内容擦除后再重新写入,如图 9.35 所示。最后,断开 ICD2 的 USB 连接线以及与增

·217·

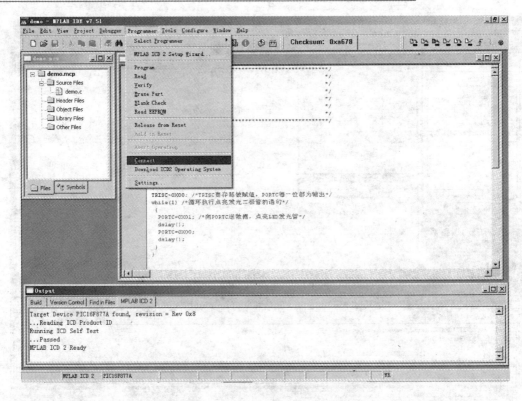

图 9.34 下载操作系统完成后,进行连接

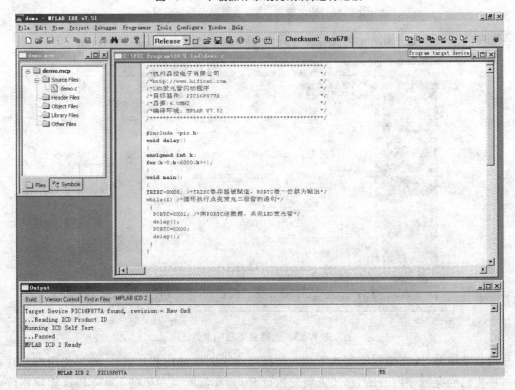

图 9.35 烧入目标芯片

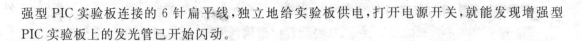

强型 PIC 实验板连接的 6 针扁平线,独立地给实验板供电,打开电源开关,就能发现增强型 PIC 实验板上的发光管已开始闪动。

9.4 PIC 开发套件常见问题解答

如果用户是初学者,那么强烈建议用户仔细阅读以下内容,并反复校对自己可能错误的地方。

(1) 为什么我的系统编程或校验失败?

答:按照 9.1.3 小节 ICSP 接口典型电路描述内容检测 GP0、GP1 和 V_{PP} 连接,确认目标 PIC 单片机有电源提供,如果有 AV_{SS} 和 AV_{PP} 引脚,校验这些引脚是否都正确连接。

(2) 为什么我需要 ICD 适配头?

答:对于 ICD2 支持的低引脚数器件,如果在线调试引脚被保留,它们将不能被有效的使用。试想一下,对于 8 脚的器件,6 个 I/O 将用去其中的 3 个引脚,这是不能被接受的。由此,生产了特殊的 PIC 单片机通过一个适配头来仿真这些低引脚数的器件。这样将允许在目标应用中使用所有的引脚,这些特殊的 PIC 单片机具有在线通信引脚与 ICD2 接口。这样做的优点是可以在 ICD2 上使用低引脚数的器件来开发,缺点是这些器件不能直接与 ICD2 连接使用。这些定制的 PIC 单片机类似于仿真器芯片,它们能支持不止一个型号,在适配头上有跳线用来配置芯片以匹配相应的开发器件。这些低引脚数的器件能使用 ICD2 的通用编程器适配头来编程,或者在目标应用板上放置一个 ICD2 连接座,将它们的 V_{PP}、PGC 和 PGD 连接。

(3) 我不能连接到 ICD2,现在该怎么做?

答:ICD2 的电源灯亮了吗?发光管应该被点亮。如果它比较暗淡,可能是只连接了 USB,用户可能还需要再接一个电源。注意:有些 USB 不能提供电源,针对当前的故障线索查看在线帮助。USB 的驱动安装是否正确?ICD2 USB 驱动应该在 Windows 设备管理器对话框中可以看到。一些 USB 集线器不能为相应的 USB 设备提供电源,那么使用这些集线器时,需要一个电源与 ICD2 连接。

(4) ICD2 应答"Target not in debug mode error.",这表示什么意思?

答:通常这意味着 ICD2 不能与调试执行程序通信,要将调试执行程序下载到目标 PIC 单片机,只能通过选择 Debugger→Program 来编程器件;也有其他原因导致调试执行程序不能通信,如目标时钟或电源的问题。检查配置位,看 BackgroundDebug 是否被使能;查看 Config→Configuration Bits,确认看门狗定时器被关闭,代码保护被关闭,振荡器设置正确。

(5) ICD2 能将目标器件在低电压下运行吗?

答:能。只要目标 PIC 单片机支持低电压运行,它就能运行在约 2 V 的低电压下。在 ICD2 的输入/输出缓冲器中有电压级别转化器,它们通过目标器件的 V_{DD} 来供电。并且,MPALB ICD2 将感应目标器件的操作电压,并正确地调整它的功能以处理这一操作,即使用正确的 Flash 擦除算法。在 ICD2 对话框 Settings 中,V_{DD} 需要选择 From Target,并且在目标板上要有一个电源用于低电压运行。

(6) MPALB ICD2 支持低电压编程(LVP)吗?

答:不能。但这并不意味着当目标器件运行在低电压 V_{DD} 时它不能正常工作,只是表示施加到 V_{PP} 的编程电压总是+12 V。

(7) 当我配置 PLL 振荡器时,为什么会出现 ICD2 被挂起的问题?

答:这是 PIC 单片机的一个要求,在将配置位编程到 PLL 振荡器时,电源需要被断开然后再加到目标板上。如果没有这样做,目标 PIC 单片机将不会有时钟,没有时钟,调试模式将不能工作。同样,如果在切换到 PLL 模式时电源没有被断开和再连接,器件可能会运行,但没有使用 PLL。

(8) 当我安装驱动时,为什么驱动无法找到?此时我能在驱动文件夹中看到它们,并且将驱动向导指向了正确的文件夹。

答:碰到这个问题,可以退出驱动安装向导,进入控制面板的"添加新硬件"。在系统搜索新硬件后,选择"不,设备不在列表中",然后选择"不,我想从列表中选择硬件",接着选择"通用串行总线控制器",当"磁盘安装"按钮出现时,进入到驱动文件夹,选择正确的驱动。

(9) 我能使用 ICD2 做代码保护吗?

答:不能。代码保护,特别是在程序存储器中任何区域的表读保护都将阻止 ICD2 的正常工作。当使用 ICD2 进行调试时,不要使用任何的代码保护或表读保护的配置设置;当编程器件用于测试时,可以使能代码保护。

(10) ICD2 是如何处理校验数的?

答:它是自动处理的。在 ICD2 进行擦除、编程和调试操作时,在程序存储器中被 PIC 单片机使用的用于校验数的任何值都将被读出并保存,所以不需要任何操作来保护这一数据。

(11) 为什么我从 EEDATA 区域获得错误的值?

答:ICD2 能直接读取 EEDATA 区域,而不需要进行 EECON 寄存器要求的 TABLRD 指令顺序。MPLAB 使用的缓冲器有时会干涉用户的代码。当单步执行代码时,应避免来回切换从程序读数据到 ICD2 读 EEDATA 区域。

(12) 为什么"Erase All Before Programming"变成灰色?

答:在一些较新的 Flash 器件中,编程算法要求非邻近的程序存储器区域按 bank 编程。对于这些器件,在编程之前所有的存储器必须被擦除。

(13) 如果不与 ICD2 连接,我的程序能从 PORTB 或 GPIO 进行读或写吗?

答:能。当在线调试功能被使能时,PGC 和 PGD 总是被 ICD2 使用,从 PORTB 对用户代码进行读或写将不会受到干扰。注意:从 PGC 和 PGD 读的值不一定是正确的,对这两个引脚的写操作将被忽略;另外,如果 PORTB 电平变化中断被使能,PGC 和 PGD 上的信号将不能产生中断。

(14) 当单步运行时,为什么定时器运行不正常?

答:这是使用在线调试器的一个缺点。由于代码实际是在调试执行代码中运行,在此期间,定时器会持续的运行,即使用户的应用程序被中止。

(15) 当我使用 PIC12F629/675 或 PIC16F630/676 时,为什么会有警告和错误?

答:当使用 ICD2 时,这些器件的 GP1/RA1 引脚不能被拉高。

(16) 什么因素会使电源和忙 LED 闪烁?

答:这可能表示目标 ICD2 连接头的接线顺序不对(与接线框图方向相反),闪烁表示 ICD2 由于高电流被关断。下面的测试表示目标被反序连接:

① 查看闪烁的电源和忙 LED(电源可能一起断掉);

② 执行一遍"Self Test",查看 MCLR=V_{PP}上的错误(其他所有的测试可能都会通过);

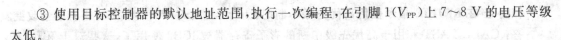

③ 使用目标控制器的默认地址范围,执行一次编程,在引脚 $1(V_{PP})$ 上 7~8 V 的电压等级太低。

如果目标被反序连接,ICD2 中的保护电路将阻止对模块的破坏;当目标器件连线正确,应该看到正常的操作。

(17) ICD2 自检做些什么?

答:在确定 ICD2 模块或目标连接的问题时,自检是很有用的。

① Target V_{DD} 如果选择了"Power from ICD2",将测试从 ICD2(只能为 5 V)提供的 V_{DD};如果没有选择"Power from target",将测试从目标板(2~6 V)提供的 V_{DD}。通过/失败代码如下:

- 00=通过　　　　　V_{DD} 在指定范围之内;
- 01=最小错误　　　V_{DD} 低于指定范围;
- 80=最大错误　　　V_{DD} 高于指定范围。

错误的出现表示不正确的电源设置。

模块 V_{PP} 在编程过程中,测试从 ICD2 提供给目标 V_{PP}/MCLR 引脚的编程电压(V_{PP})。通过/失败代码如下:

- 00=通过　　　　　V_{PP} 在指定范围之内;
- 01=最小错误　　　V_{PP} 低于指定范围;
- 80=最大错误　　　V_{PP} 高于指定范围。

出现错误表示目标 V_{PP}/MCLR 引脚接线不正确。

MCLR=GND。

② 测试 ICD2 提供复位电压给目标 V_{PP}/MCLR 引脚用于目标复位的能力。通过/失败代码如下:

- 00=通过　　　　　地能提供给目标 V_{PP}/MCLR 引脚;
- 80=最大错误　　　地电压对于 V_{PP}/MCLR 引脚太高。

出现错误表示目标 V_{PP}/MCLR 引脚接线不正确。

MCLR=V_{DD}。

③ 测试在正常操作过程中(如 Run)ICD2 提供 V_{DD} 给目标 V_{PP}/MCLR 引脚的能力。通过/失败代码如下:

- 00=通过　　　　　V_{DD} 能提供给目标 V_{PP}/MCLR 引脚;
- 01=最小错误　　　V_{DD} 对于目标 V_{PP}/MCLR 引脚太低;
- 80=最大错误　　　V_{DD} 对于目标 V_{PP}/MCLR 引脚太高。

出现错误表示错误的电源设置。

MCLR=V_{PP}。

④ 测试在编程操作过程中 ICD2 提供 V_{PP} 给目标 V_{PP}/MCLR 引脚的能力。通过/失败代码如下:

- 00=通过　　　　　V_{PP} 能提供给目标 V_{PP}/MCLR 引脚;
- 01=最小错误　　　V_{PP} 对于目标 V_{PP}/MCLR 引脚太低;
- 80=最大错误　　　V_{PP} 对于目标 V_{PP}/MCLR 引脚太高。

出现错误表示目标 V_{PP}/MCLR 引脚连线不正确。

(18) 当在 RETFIE 指令使用高优先级中断时，为什么 W、STATUS 和 BSR 寄存器会改变？

答：CALL FAST 和用于高优先级中断的影子寄存器被 ICD2 使用了，这些对于 ICD2 操作是保留资源。如果断点设置在 CALL FAST 子程序内，或在针对高优先级中断的服务程序中，通过 RETURN FAST 或 RETFIE 指令使用了影子寄存器，那么将会遇到问题。

(19) 在我的程序起始位置设置一个断点时，为什么它停止在地址 0001H，而不是 0000H？

答：ICD2 停止在断点之后的指令，这表示在地址 0000H 的断点会被执行，然后当它获得一个断点时程序计数器将指向地址 0001H。如果用户需要在代码的第一条指令处停止，则必须在地址 0000H 放置一条 NOP 指令。

(20) 为什么我的校验存储器显示为擦除值？

答：MPLAB IDE 显示的是默认的存储器值，要显示这个器件真实的值，必须使用 ICD2 进行一次器件读操作。

(21) 当单步运行代码时，我的定时器计时溢出，但为什么定时器中断程序没有执行？

答：当单步运行时，在线调试器将不允许 PIC 单片机响应中断。假如允许的话，并且用户有外部中断，那么单步运行将总是停留在中断程序结束。要调试一个中断，可以在中断服务程序内设置一个断点并运行，这样在发生中断后进入断点。

第10章 单片机基础实例

经过前面理论学习之后,从本章开始要进入真正的实践过程。结合作者本身的经历,在进入单片机领域之前一直感觉单片机是个非常神奇的东西,写好程序后居然可以看到整个电路能根据自己的思想在运行。虽然在入门之前已经学了基本的软、硬件理论,但想要真正把整个过程顺利执行还是感到一时间无从下手。本章就从最基本的实例讲起,希望读者可以一步一步地跟着实践下去,学完本章也就是对单片机入门了。

那么,在正式进入基础实例之前,先简单介绍一下开发单片机系统的流程和必备条件。开发单片机的流程主要分为这几步:设计硬件原理图→画软件流程图→编程调试→修改完善。当然要成功开发一个单片机系统首先要有相关的硬件设备,如计算机、编程器等开发工具,其次还要有相关软件的配合,如 MPLAB-IDE、Protel 等。对于初学者来说,在学习本章内容的同时要不断地回顾第 2 章的内容,因为本章所有的实例全部要以第 2 章为基础,只有学好了第 2 章内容再来学本章才会事半功倍。

10.1 发光二极管闪动实验

10.1.1 实例功能

发光二极管,简称 LED,在日常生活中经常看到有些电器上带有 LED 指示灯有节奏地闪动,通过这个 LED 指示灯可以了解系统的工作状态。图 10.1 为发光二极管闪动实验演示图。

10.1.2 器件和原理

本实验中主要应用到单片机的端口操作及延时循环程序。首先需要知道如何让一个发光二极管工作。发光二极管有很多类,如图 10.2 所示的是几种直径 3 mm 的普通亮度发光二极管,电气原理图则如图 10.3 所示,当在它的 A 和 K 两个电极加上合适的电压时,它就会亮起来。说"合适的电压",是因为不同的发光二极管工作电压并不相同,一般为 1.6~2.8 V,而工作电流则一般为 2~30 mA,但是实际工作的选择范围一般是 4~10 mA。

图 10.1 发光二极管闪动实验演示图

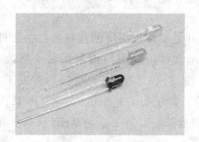

图 10.2 发光二极管实物图

图 10.3 发光二极管电气原理图

10.1.3 硬件电路

10.1.2 小节介绍的发光管电压、电流参数,实际是为了说明 LED 上串接电阻大小的选择。例如系统供电为 5 V,LED 上串接的电阻是 1 kΩ,如果此时 LED 上的电压是 2.0 V,那么此时通过 LED 的电流则为(5 V−2 V)/1 000 Ω=3 mA,如果需要提高亮度,一般会电流控制在 10 mA 左右,则此时电阻应该选择(5 V−2 V)/10 mA=300 Ω,所以可以就近选择 330 Ω。

电路已经确定,然后就是连接到单片机的 I/O 口上,见图 10.4,可以看到 LED 的 A 极通过限流电阻连接到 V_{cc},K 极连接到了单片机的 I/O 口。因此要使 LED 发光,也就是使电流流过 LED,只需要把 I/O 口置成低电平即可,所以最终对 LED 的控制变成了对一个 I/O 口的控制,比如要点亮 LED,就是把 RCx 设置成低电平而已,这就是实现方法。实验电路可以参考图 10.4。

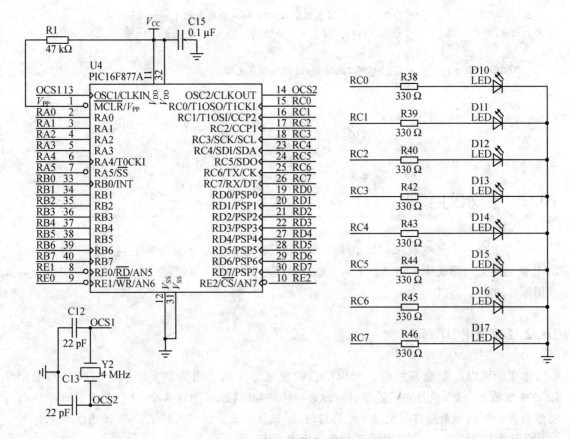

图 10.4 硬件原理图

10.1.4 程序设计

通过 10.1.3 小节内容已经知道,要使图 10.4 中的 LED 发光,只要把 RCx 置成高电平就可以了,相反,把 RCx 置成低电平就可以使 LED 灭掉,而要想让它闪动起来,其实也就是亮和灭在一段连续时间上交替出现。因此,实现方法就是使 RCx 每隔一段时间轮流出现高低电平。因为单片机的程序执行速度很快,如果是在很短的时间内改变 RCx 的状态,人眼是看不出来的,中间必须有个合适的延迟时间,所以一般闪动的延迟是在 300 ms 左右,据说以这个频率闪烁不太会令人觉得很紧张。到这里就可以编写如下程序来实现 LED 的闪动发光。程序代码如下:

```
#include <pic.h>
void delay()
{
unsigned int k;
for(k = 0;k<6000;k++);
}
void main()
{
```

```
    TRISC = 0X00;           //TRISC 寄存器被赋值,PORTC 每一位都为输出
    while(1)                //循环执行点亮发光二极管的语句
    {
      PORTC = 0x01;         //向 PORTC 送数据,点亮 LED 发光管
      delay();
      PORTC = 0x00;
      delay();
    }
}
```

10.2 流水灯实验

10.1 节介绍了最基本的 LED 闪动实验,但在日常生活中还会经常见到一些广告牌等以 LED 流动发光的形式来增加美观。本节就以最简单的流水灯为例,介绍一些流水灯的编程与应用原理。

10.2.1 实例功能

本实验可以在配套开发板上模拟广告牌流水灯实验。因为在实验板上暂时还只能用 LED 来模拟 8 个灯,但是它们的控制原理是一样的,并且如果把这 8 个 LED 替换成 8 个继电器然后再去控制 8 个彩灯甚至是 8 组彩灯时,结果就是真正的流水灯了。图 10.5 为流水灯的 4 个瞬间状态,从实物图中可以看到发光管轮流发光。

图 10.5 流水灯实验演示图

图 10.5　流水灯实验演示图(续)

10.2.2　器件和原理

用配套开发板来实现流水灯的原理是：使 8 个编号为 D10～D17 的 LED 从 D10 开始亮起，每次只点亮一个，并按次序往 D17 移动，结束后再次从头开始。参照表 10.1，实际上就是在程序开始执行之后，使程序一直在"复位状态"到"状态 8"之间按顺序执行。如果把这些文字整理成一个状态表的话更有助于初学者理解，流水灯的状态变化见表 10.1。

表 10.1　流水灯状态表

LED 序号	D10	D11	D12	D13	D14	D15	D16	D17
对应的 I/O 口	RC0	RC1	RC2	RC3	RC4	RC5	RC6	RC7
复位状态								
状态 1	●							
状态 2		●						
状态 3			●					
状态 4				●				
状态 5					●			
状态 6						●		
状态 7							●	
状态 8								●

从 10.1 节已经知道了控制一个 LED 的方法，所以要实现这个程序，关键是了解整个过程。下面先来比较一下"复位状态"和"状态 1"的区别，有什么地方不一样呢？就是 D10 在这里被点亮了，所以从"复位状态"到"状态 1"，需要完成的操作是"点亮 D10"，然后从"状态 1"到

"状态2",我们很容易发现,区别有两个地方,就是D11亮了,D10却灭了,所以在这一步需要做的事情是"点亮D11"和"熄灭D10",按照这样的过程其他步骤需要完成的任务也不难看出来。为了方便理解,将D10记为LED1,D11记为LED2,……,给出图10.6的流程图。

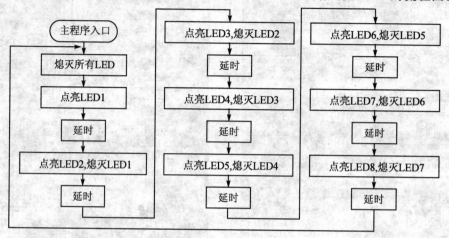

图10.6 流水灯程序流程图

10.2.3 硬件电路

有了以上理论基础,再参考10.1.3小节的电路设计经验,可以设计出如图10.7的硬件电路。

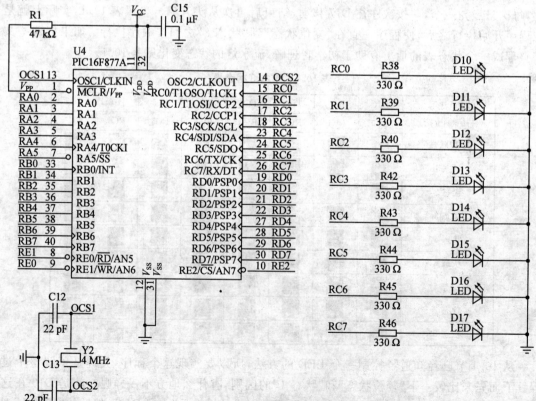

图10.7 硬件原理图

10.2.4 程序设计

```
void Delay()
{
    unsigned char i,j;
    for(i=0;i<255;i++)
        for(j=0;j<255;j++);
}

void main()
{
    unsigned char i;
    unsigned char temp;

    TRISC = 0x00;              //设置 RC 口为输出口
    PORTC = 0x00;              //熄灭所有的 LED
    while(1)
    {
        temp = 0x01;
        for(i=0; i<8; i++)
        {
            PORTC = temp;      //将 temp 送 RC 口输出
            Delay();           //调用延时函数
            temp = temp << 1;  //temp 中的数据左移 1 位
        }
    }
}
```

10.3 按键实验

按键是单片机系统中常用的信息输入部件，同时也是人机对话中不可缺少的输入设备，其外形如图 10.8 所示。在和单片机构成系统的时候，按键通常有两种接法，一种叫做独立式按键，另外一种叫做行列式或者是扫描式按键。本书在基础实例中只学习独立式的按键电路。

图 10.8 按钮实物图

10.3.1 实例功能

在该实验里，用 RB0 来控制 LED 的亮和灭，如图 10.9 所示。

图 10.9　按键实验演示图

10.3.2　器件和原理

首先来了解一下按键的结构。一般的按键从实物来看,是一个四端口器件,但是其实它是一个二端口器件。

参照图 10.8 中的按钮实物就不难明白,在按下塑料柱子之前,两个触点之间是不导通的,按下的时候就导通,通过外部电路的不同接法,就可以使其中一个端口在按下和不按下的时候产生电平变化,而单片机正是通过检测到这种变化来完成对按键输入信息的获得。

我们知道单片机在按键按下之前,端口 RB0 保持在高电平状态,当按键按下时,RB0 通过按键接到 V_{ss},这个时候就是低电平。所以,要想在程序里检测到是否有按键按下,关键就是检查对应端口的状态变化,这就是单片机系统中的按键编程的原理。

针对程序设计目的,本实验的方法就是不断地检测 RB0,然后根据检测结果控制 LED。

10.3.3 硬件电路

根据实例要求,可以设计出如图 10.10 所示的硬件原理图。

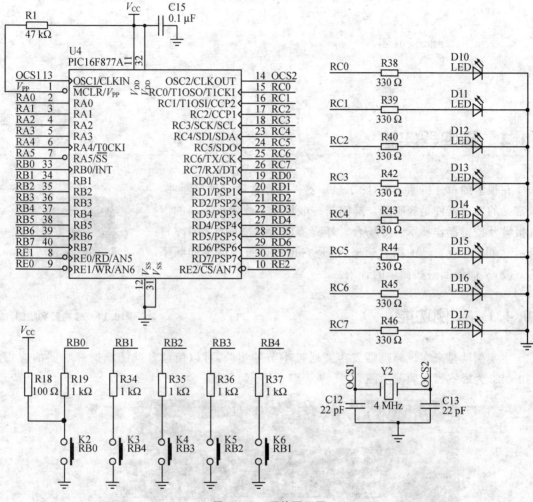

图 10.10 硬件原理图

10.3.4 程序设计

```
#include<pic.h>

void main(void)
{
TRISB = 0xFF;           //设置 RB 口为输入口
TRISC = 0x00;           //设置 RC 口为输出口
PORTC = 0x00;           //熄灭所有的发光管
    while(1)
```

```
        {
            if((PORTB&0x01) == 0x00)        //如果 RB0 被按下,则进入
            {
                PORTC = 0x01;
            }
            else
            {
                PORTC = 0x00;
            }
        }
```

10.4 蜂鸣器实验

在很多的单片机系统中,除了显示器件外经常还有发声器件,最常见的发声器件是蜂鸣器。蜂鸣器一般用于一些要求不高的声音报警及按键操作提示音等场合。蜂鸣器的形状一般如图 10.11 所示。虽然它有自己的固有频率,但是它也可以被加以不同频率的方波,从而编制一些简单的音乐。

图 10.11 蜂鸣器实物图

10.4.1 实例功能

本实例就是来实现蜂鸣器发声。通过本节的实验,可以使读者熟练掌握蜂鸣器的应用,图 10.12 为蜂鸣器实验演示图。

图 10.12 蜂鸣器实验演示图

10.4.2 器件和原理

蜂鸣器与普通扬声器相比,最重要一个特点是,只要按照极性要求加上合适的直流电压,就可以发出固有频率的声音,因此使用起来比扬声器简单。由此可知,蜂鸣器的控制与 LED 的控制对单片机而言是没有区别的。

10.4.3 硬件电路

虽然蜂鸣器的控制和 LED 的控制对单片机是一样的,但在外围硬件电路上却有所不同。因为蜂鸣器是一个感性负载,一般不建议用单片机 I/O 口直接对它进行操作,所以最好加一个驱动三极管,在要求较高的场合还会加上反相保护二极管。本例实验只为了达到学习目的,并没有加反相二极管保护,硬件电路如图 10.13 所示。

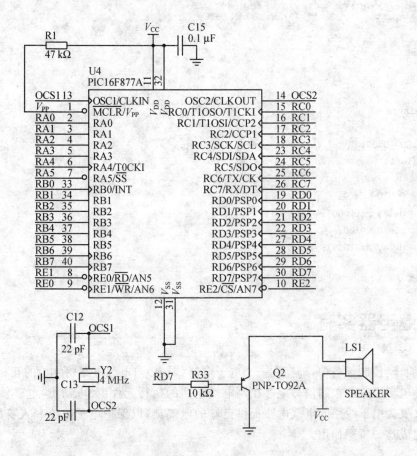

图 10.13 硬件原理图

通过硬件原理图可知,三极管用了 PNP 型,所以要使蜂鸣器发声只要给单片机 RD7 置低电平即可,由此可以为程序编写提供关键参考。

10.4.4 程序设计

```c
#include<pic.h>

void delay_1ms(void)
{
    unsigned int n;
    for(n=0;n<50;n++)
    {
        NOP();
    }
}
void delay_ms(unsigned int time)
{
    for(;time>0;time--)
    {
        delay_1ms();
    }
}

void main(void)
{
    TRISD = 0x00;
    while(1)
    {
        PORTD = 0x00;
        delay_ms(1000);
        PORTD = 0x80;
        delay_ms(1000);
    }
}
```

10.5 继电器实验

在现代自动控制设备中,都存在一个电子电路(弱电)与电气电路(强电)的互相连接问题,一方面要使电子电路的控制信号能够控制电气电路的执行元件(如电动机、电磁铁、电灯等),另一方面又要为电子线路的电气电路提供良好的电隔离,以保护电子电路和人身的安全。继电器便能完成这一桥梁作用。

10.5.1 实例功能

本实例通过单片机来控制继电器吸合、释放,读者也可以用继电器的常开、常闭触点控制电灯的亮灭,实现"以小控大"。图10.14为继电器实验演示图。

(a) D4为继电器释放时的指示灯

(b) D4为继电器吸合时的指示灯

图 10.14 继电器实验演示图

10.5.2 器件和原理

继电器是一种电子控制器件,它具有控制系统(又称输入回路)和被控制系统(又称输出回路),通常应用于自动控制电路中。它实际上是用较小的电流去控制较大电流的一种"自动开关",故在电路中起着自动调节、安全保护、转换电路等作用。在大多数的情况下,继电器就是一个电磁铁,这个电磁铁的衔铁可以闭合或断开一个或数个接触点。当电磁铁的绕组中有电流通过时,衔铁被电磁铁吸引,因而就改变了触点的状态。继电器一般可以分为电磁式继电器、热敏干簧继电器、固态继电器等。本实验板上配置的继电器如图 10.15 所示。

继电器也属于感性器件,所以不能用单片机的 I/O 口直接来控制,且要在三极管等控制器件上加反相保护电路。一般实验中都是单片机通过一个 PNP 型三极管,把三极管作为电子开关来驱动继电器,继电器的开和关完全由三极管的基极电平进行控制。当三极管基极为高电平,PNP 型三极管截止,这时继电器不工作;反之为低电平的话,PNP 型三极管导通,继电器通电吸合。

图 10.15　继电器实物图

10.5.3　硬件电路

继电器实验原理图如图 10.16 所示。

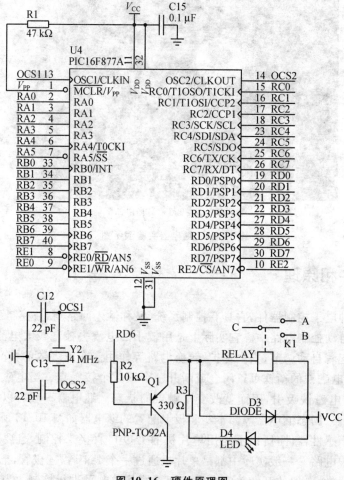

图 10.16　硬件原理图

10.5.4 程序设计

```c
#include<pic.h>
void delay_1ms(void)
{
    unsigned int n;
    for(n=0;n<50;n++)
    {
        NOP();
    }
}
void delay_ms(unsigned int time)
{
    for(;time>0;time--)
    {
        delay_1ms();
    }
}
void main(void)
{
    TRISD = 0x00;
    while(1)
    {
        PORTD = 0x80;
        delay_ms(1000);
        PORTD = 0xC0;
        delay_ms(1000);
    }
}
```

10.6 数码管实验

在一般的人机对话中，输入器件一般都是以按键为主，但输出器件则以数码管或LCD为主。在本章的基础实验中先介绍数码管的应用。数码管作为一种应用十分普遍的显示器件，可以在各种各样的设备上见到，例如图10.17就是某数字表头显示时候的效果图。它很适合用在对价格、亮度等条件比较敏感，同时基本上只要求显示数字量的时候，所以在数据显示、定时控制等场合用得很多。常见的数码管实物如图10.18所示。

图 10.17 数码管显示效果图

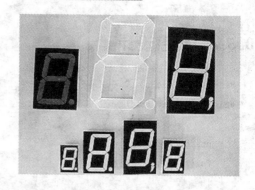

图 10.18 数码管实物图

10.6.1 实例功能

在本节里,将介绍数码管的原理和最简单的使用方法。本例要在第一个数码管上实现每隔一定时间循环显示数字 0~9 的程序。

10.6.2 器件和原理

数码管也叫 LED 数码显示器,其实是由多个 LED 排列封装而成。图 10.18 给出了一些常见的数码管的实物图,都是由 8 个 LED 组合而成的。当然也有其他类型,其结构图如图 10.19 所示,其中 7 个发光二极管排列成 8 字形,另外一个则是圆点状的,通常用来显示数据的小数点。

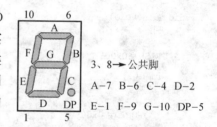

3、8 → 公共脚
A-7 B-6 C-4 D-2
E-1 F-9 G-10 DP-5

图 10.19 数码管结构图

由于驱动方式的差异,也就是对应在各个显示段是低电平还是高电平点亮,数码管又分成两种类型,即共阳极和共阴极数码管。所谓"共阳极"即是 8 个 LED 的阳极连接在一起组成公共端,同理"共阴极"则是 8 个 LED 的阴极连接在一起组成公共端,其内部 LED 的连接方式可以参考图 10.20。

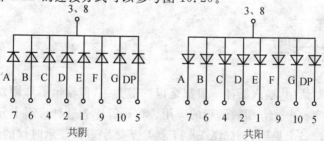

图 10.20 数码管内部结构图

虽然通过上文的原理介绍,对数码管的工作原理已经了解,但当拿到一个数码管时要正确地应用它还是一时不知如何下手,比如现在要求数码管显示"5",该怎么办呢?首先需要明白一件事情,数码管是不认识"5"的,当然也不认识其他数字,所以千万别说,"给数码管写个'5'

就行了",数字只是一种符号,对人来说是这样的,对单片机而言也是,单片机只是通过 LED 把内部的结果用约定的方式显示出来而已,这个"约定"就是数字该如何在 LED 上显示的方法。比如需要显示的数字 0~9 如图 10.21 所示,并且假设使用共阴极数码管,然后对照图 10.19 和 10.20 来看看"5"是如何显示出来的。

图 10.21 显示数字效果图

首先对数码管而言,要想显示数字"5",可以发现有如下一些段是需要点亮的,即 A、C、D、F、G,对应到单片机的 I/O 口,除去 RC1、RC4 及 RC7 清零之外,其他的端口都要置成 1。如果在程序里,是通过先查表,然后送出去来实现段码显示的,并且高低位刚好对应起来,那么可以得出如表 10.2 所列的段码对应关系表。

表 10.2 数码管显示数字"5"的段码表

段名称	DP	G	F	E	D	C	B	A	对应段码
对应引脚	RC7	RC6	RC5	RC4	RC3	RC2	RC1	RC0	
数字 6	0	1	1	0	1	1	0	1	6DH

参照上面的过程,可以列出共阴和共阳数码管 0~9 十个数字的段码表,如表 10.3 所列,在不改变硬件对应关系的前提下,段码表可以通用。

表 10.3 共阴、共阳数码管段码表

数字	0	1	2	3	4	5	6	7	8	9
共阴	3FH	06H	5BH	4FH	66H	6DH	7DH	07H	7FH	6FH
共阳	C0H	F9H	A4H	B0H	99H	92H	82H	F8H	80H	90H

现在已经了解了整个显示过程,也就有了写程序的思路:程序中应该有一个变量,每隔一定时间在 0~9 之间变化,然后按照这个数据去查找段码表,把查到的数据送到 RC 口。

图 10.22 为数码管实验演示图。

图 10.22 数码管实验演示图

10.6.3 硬件电路

硬件电路图如图 10.23 所示。

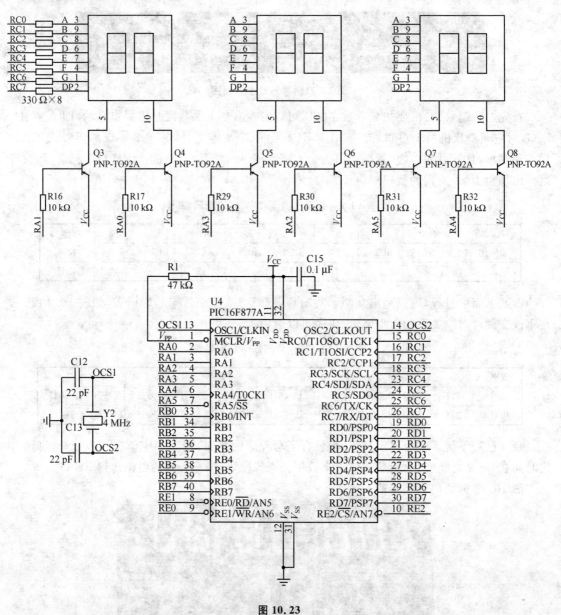

图 10.23

10.6.4 程序设计

```
#include<pic.h>

const unsigned char display_numb[10] = {0xc0,0xf9,0xa4,0xb0,0x99,0x92,0x82,0xd8,0x80,0x90};
```

```c
void delay_1ms(void)
{
    unsigned int n;
    for(n = 0;n<50;n++)
    {
        NOP();
    }
}
void delay_ms(unsigned int time)
{
    for(;time>0;time--)
    {
        delay_1ms();
    }
}


void main(void)
{
    TRISC = 0x00;
    TRISA = 0x00;
    while(1)
    {
        PORTC = display_numb[0];
        PORTA = 0x00;
        delay_ms(1000);
        PORTC = display_numb[1];
        delay_ms(1000);
        PORTC = display_numb[2];
        delay_ms(1000);
        PORTC = display_numb[3];
        delay_ms(1000);
        PORTC = display_numb[4];
        delay_ms(1000);
        PORTC = display_numb[5];
        delay_ms(1000);
        PORTC = display_numb[6];
        delay_ms(1000);
        PORTC = display_numb[7];
```

```
            delay_ms(1000);
            PORTC = display_numb[8];
            delay_ms(1000);
            PORTC = display_numb[9];
            delay_ms(1000);
            PORTC = display_numb[10];
        }
    }
```

10.7 串行口实验

看了以上实例后是否觉得大部分都是基于单片机端口操作原理呢？是否觉得这样一个单片机系统似乎缺少点什么呢？不错，本节将介绍单片机与计算机通信，使单片机与计算机联机工作。

10.7.1 实例功能

本例将介绍用单片机的串行口将 PC 端发送过来的数据接收并在数码管上显示出来。图 10.24 为串行通信实验演示图。

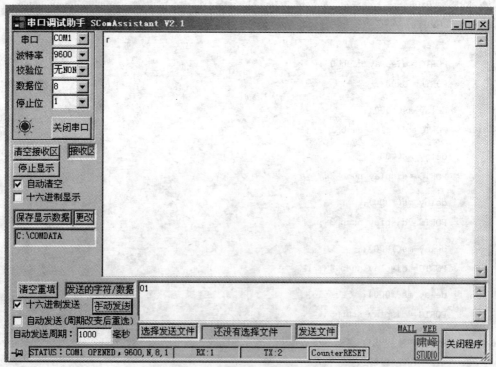

(a) PC机上串口调试助手发送十六进制数01

图 10.24　串行通信实验演示图

第 10 章 单片机基础实例

(b) 增强型PIC实验板收到串口01数据后点亮D10发光管

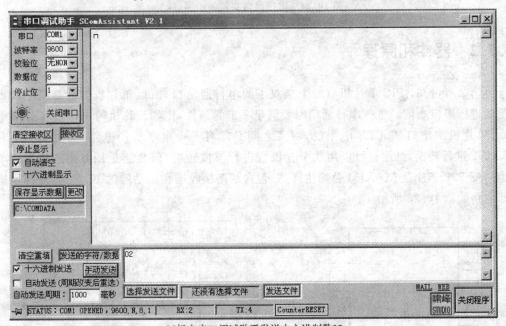

(c) PC机上串口调试助手发送十六进制数02

图 10.24 串行通信实验演示图(续)

(d) 增强型PIC实验板收到串口02数据后点亮D11发光管

图 10.24 串行通信实验演示图(续)

10.7.2 器件和原理

由第 2 章可知，PIC 单片机有一个全双工的串行通信口，所以单片机和计算机之间可以方便地进行串口通信。进行串行通信时要满足一定的条件，比如计算机的串口是 RS232 电平的，而单片机的串口是 TTL 电平的，两者之间必须有一个电平转换电路，采用了专用芯片 MAX232 进行转换，虽然也可以用几个三极管进行模拟转换，但是还是用专用芯片更简单可靠。MAX232 芯片是 MAXIM 公司生产的、包含两路接收器和驱动器的 IC 芯片，外部引脚和内部电路如图 10.25 所示。

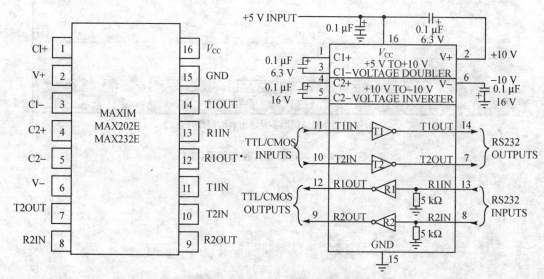

图 10.25 MAX232 引脚及内部框图

在实际应用中一般采用如图 10.26 所示的硬件电路图,这是最简单的连接方法,但是对我们来说已经足够使用了。

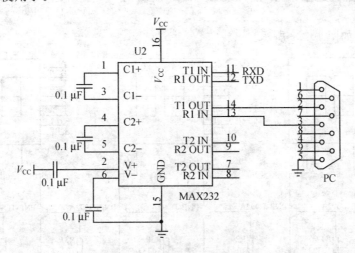

图 10.26 电平转换原理图

为了能够在计算机端看到单片机发出的数据,必须借助一个 Windows 软件进行观察,这里推荐一个免费的计算机串口调试软件——串口调试助手。

软件如图 10.27 所示,可设置串口号、波特率、校验位等参数,非常实用。

在实际应用中一定要保证上位机设置与单片机相统一,否则数据将会出错。

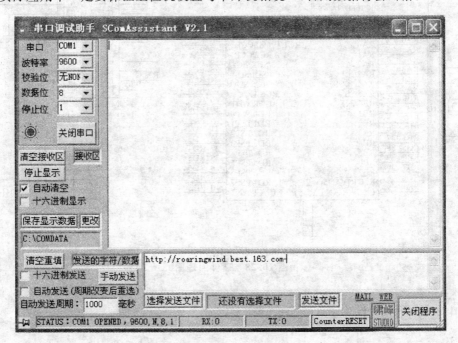

图 10.27 串口调试助手界面图

10.7.3 硬件电路

硬件原理图如图 10.28 所示。

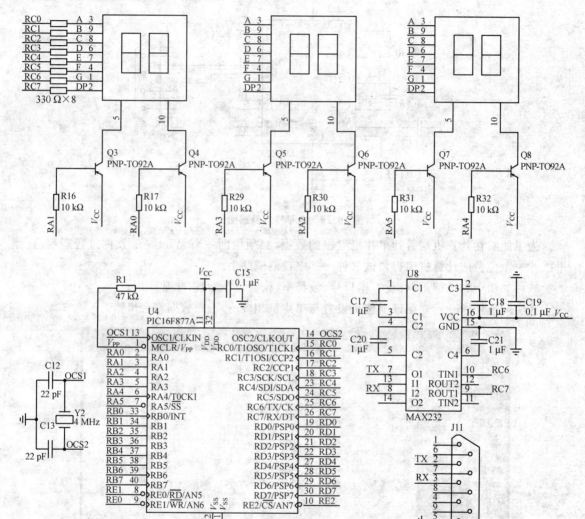

图 10.28 硬件原理图

10.7.4 程序设计

```
#include<pic.h>                //包含单片机内部资源预定义
unsigned char recdata;

void delay()                   //延时子程序
```

```c
{
    unsigned int k;
    for(k = 0;k<300;k ++);
}

//主程序
void main()
{
    // TRISC = 0xff;                //设置 C 口方向全为输入
    TRISC = 0xC0;
    TRISA = 0xC0;                   //RA0~RA5 为输出
    SPBRG = 0x19;                   //设置波特率为 9 600
    TXSTA = 0x24;                   //使能串口发送,选择高波特率
    RCSTA = 0x90;                   //使能串口工作,连续接收
    RCIE = 0x1;                     //使能接收中断
    GIE = 0x1;                      //开放全局中断
    PEIE = 0x1;                     //使能外部中断

    while(1)                        //等待中断
    {
        switch (recdata)
        {
            case 0x01:PORTC = 0x01;break;
            case 0x02:PORTC = 0x02;break;
            case 0x03:PORTC = 0x04;break;
            case 0x04:PORTC = 0x08;break;
            case 0x05:PORTC = 0x10;break;
            case 0x06:PORTC = 0x20;break;
        }
        delay();
    }
}

//中断函数

void interrupt usart(void)
{
    if(RCIF)                        //判断是否为串口接收中断
    {
        RCIF = 0;
        recdata = RCREG;            //接收数据并存储
        TXREG = recdata;            //返送接收到的数据,把接收到的数据发送回去
    }
}
```

第 11 章
单片机高级应用实例

11.1 步进电机应用实例

11.1.1 步进电机简介

步进电机是一种将电脉冲信号转化为角位移或线位移的开环控制元件。当步进驱动器接收到一个脉冲信号,它就驱动步进电机按设定的方向转动一个固定的角度(称为步距角)。可以通过控制脉冲个数来控制角位移量,从而达到准确定位的目的;同时可以通过控制脉冲频率来控制电机转动的速度和加速度,从而达到调速的目的;可以通过改变各相的通电顺序,控制步进电机的转动方向。

1. 步进电机的分类与结构

步进电动机可分为 3 类。

(1) 永磁式步进电机

永磁式步进电机(PM,Permanent Magnet),其转子是用永磁材料制成的,转子本身就是一个磁源。它的输出转矩大,动态性能好,转子的极数与定子的极数相同,所以步距角一般较大。

(2) 反应式步进电机

反应式步进电机(VR,Variable Reluctance),其转子是用软磁材料制成的,转子中没有绕组。它的结构简单,成本低,步距角可以做的很小,但动态性能很差。

(3) 混合式步进电机

混合式步进电机(HB,Hybrid)综合了反应式和永磁式的优点。它的输出转矩大,动态性能好,步距角小,但结构复杂,成本较高。这种步进电机的应用最为广泛。

常用步进电机的内部模型如图 11.1 所示。

2. 步进电机的基本参数

在应用选型时可以根据电机的不同参数来决定应用范围,一般步进电机主要由以下几个

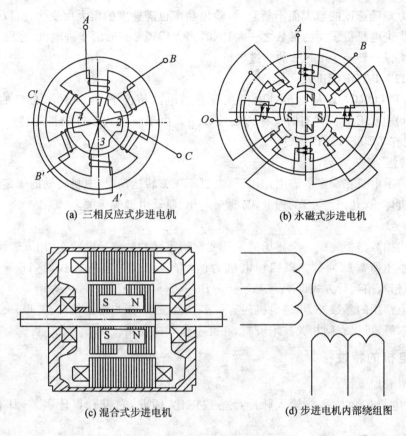

(a) 三相反应式步进电机　　(b) 永磁式步进电机

(c) 混合式步进电机　　(d) 步进电机内部绕组图

图 11.1　常用步进电机内部模型图

参数：步距角、相数、保持转矩、静转矩、拍数等。

(1) 步距角

电机固有步距角表示控制系统每发一个步进脉冲信号电机转动的角度。一般电机出厂时都给出了一个步距角的值，如 86BYG250A 型电机给出的值为 0.9°/1.8°（表示半步工作时为 0.9°，整步工作时为 1.8°），这个步距角可以称之为"电机固有步距角"，它不一定是电机实际工作时的真正步距角，真正的步距角还与驱动器有关。

电机转子转过的角位移用 θ 表示，$\theta=360°/$（转子齿数 J × 运行拍数）。以常规二、四相，转子齿为 50 齿电机为例，四拍运行时步距角为 $\theta=360°/(50×4)=1.8°$（俗称整步），八拍运行时步距角为 $\theta=360°/(50×8)=0.9°$（俗称半步）。

(2) 相　数

步进电机的相数是指电机内部的线圈组数，常用 m 表示。目前常用的有二相、三相、四相、五相步进电机。电机相数不同，其步距角也不同，一般二相电机的步距角为 0.9°/1.8°、三相的为 0.75°/1.5°、五相的为 0.36°/0.72°。在没有细分驱动器时，用户主要靠选择不同相数的步进电机来满足自己步距角的要求。

(3) 保持转矩

保持转矩（HOLDING TORQUE）是指步进电机通电但没有转动时，定子锁住转子的力矩，是步进电机最重要的参数之一。通常步进电机在低速时的力矩接近保持转矩。由于步进电机的输出力矩随速度的增大而不断衰减,输出功率也随速度的增大而变化,所以保持转矩就成为了衡量步进电机最重要的参数之一。比如,当人们说 2 Nm 的步进电机,在没有特殊说明的情况下是指保持转矩为 2 Nm 的步进电机。

(4) DETENT TORQUE

DETENT TORQUE 是指步进电机在没有通电的情况下,电机转子自身的锁定力矩。DETENT TORQUE 在国内有时也称为定位转矩。由于反应式步进电机的转子不是永磁材料,所以它没有 DETENT TORQUE。

(5) 静转矩

静转矩表示电机在额定静态电作用下,电机不作旋转运动时,电机转轴的锁定力矩。此力矩是衡量电机体积(几何尺寸)的标准,与驱动电压、驱动电源等无关。

(6) 拍　数

步进电机拍数是指完成一个磁场周期性变化所需脉冲数或导电状态,用 n 表示,或指电机转过一个齿距角所需脉冲数。以四相电机为例,有四相四拍运行方式即 $AB \rightarrow BC \rightarrow CD \rightarrow DA \rightarrow AB$,四相八拍运行方式即 $A \rightarrow AB \rightarrow B \rightarrow BC \rightarrow C \rightarrow CD \rightarrow D \rightarrow DA \rightarrow A$。

除了以上常用的参数外,步进电机还有很多其他参数,如步距角精度、失步、失调角和最大空载启动频率等,可以查阅相关技术资料,在此不作一一介绍。

3. 步进电机的特性

步进电机有如下特点:

① 步进电机的角位移与输入脉冲严格成正比,因此,它没有累计误差,具有良好的跟随性。

② 步进电机的动态响应快,易于启停、正反转及变速。

③ 由步进电机与驱动电路组成的开环数控系统,既简单廉价,又非常可靠。同时,它也可以与角度反馈环节组成高性能的闭环数控系统。

④ 速度可在相当宽的范围内平滑调节,低速下仍能保证获得较大转矩,因此,一般可以不用减速装置而直接驱动负载。

⑤ 步进电机只能通过脉冲电源供电才能运行,它不能直接使用交流电源和直流电源。

⑥ 步进电机存在振荡和失步现象,必须对控制系统和机械负载采取相应的措施。

⑦ 步进电机自身的噪声和振动较大,带惯性负载的能力较差。

4. 反应式步进电机的结构

这里以反应式步进电机为例,介绍其基本原理与应用方法。三相反应式步进电机结构图如图 11.2 所示,从图中可以看出,它分成转子和定子两部分。

定子是由硅钢片叠成的。定子上有 6 个磁极(大级),每 2 个相对的磁极(N、S 极)组成一对,共 3 对。每对磁极都缠有同一绕组,也即形成一相,这样 3 对磁极有 3 个绕组,形成三相。类似地,四相步进电动机有 4 对磁极、4 相绕组;五相步进电动机有 5 对磁极、5 相绕组;……每个磁极的内表面都分布着多个小齿,它们大小相同,间距相同。

转子是由软磁材料制成的,其外表面也均匀分布着小齿,这些小齿与定子磁极上的小齿的齿距相同,形状相似。

由于小齿的齿距相同,所以不管是定子还是转子,其步距角都可计算如下:

$$\theta_Z = 2\pi/Z$$

其中，Z 为转子齿数。

例如，如果转子的齿数为 40，则齿距角为 $\theta_Z = 2\pi/40 = 9°$。

把定子小齿与转子小齿对齐的状态称为对齿，把定子小齿与转子小齿不对齐的状态称为错齿，如图 11.3 所示。错齿的存在是步进电机能够旋转的前提条件，所以，在步进电机的结构中必须保证有错齿存在，也就是说，当某一相处于对齿状态时，其他相必须处于错齿状态。

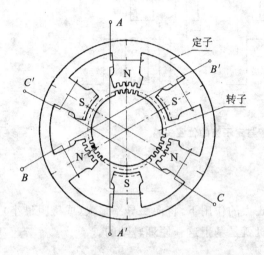

图 11.2　三相反应式步进电机结构图

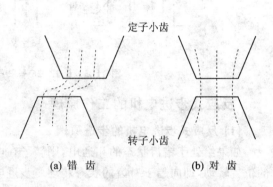

图 11.3　定子小齿与转子小齿间的磁导现象

例如，如果转子有 40 个齿，则转子的齿距角为 9°，因为定子的齿距角与转子相同，定子的齿距角也是 9°。不同的是，转子的齿是圆周分布的，而定子的齿只是分布在磁极上，属于不完全齿。当某一相处于对齿状态时，该相磁极上定子的所有小齿都与转子上的小齿对齐。图 11.4 给出 A 相对齿时定转子齿的位置关系。

三相步进电机的每一相磁极在空间上相差 120°。假如当前 A 相处于对齿状态，以 A 相位置作为参考点，B 相与 A 相相差 120°，C 相与 A 相相差 240°。下面可以计算当 A 相处于对齿状态时，B、C 两相的错齿程度，如图 11.5 所示。

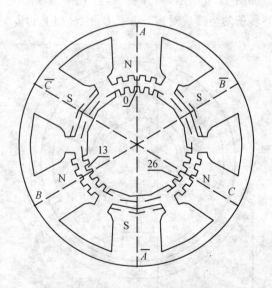

图 11.4　A 相对齿时定转子齿的位置关系

将 A 相磁极中心线看成 0°，在 0°处的转子齿为 0 号齿，则在 120°处的 B 相磁极中心线上对应的转子齿号为 $120°/9° = 13\frac{1}{3}$，即 B 相磁极中心线处于转子第 13 号齿再过 1/3 个齿距角的地方，如图 11.5 所示。这说明 B 相错了 1/3 个齿距角，即错齿 3°。

同理，与 A 相相差 $240°$ 的 C 相磁极中心线上对应的齿号为 $240°/9°=26\frac{2}{3}$，即 C 相磁极中心线处于转子第 26 号齿再过 2/3 齿距角的地方，如图 11.5 所示。这说明 C 相错齿 $6°$。

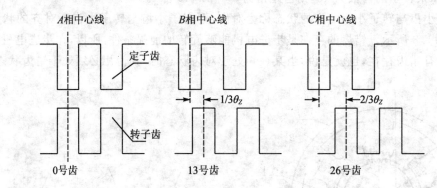

图 11.5 0、13、26 号转子齿与定子齿的位置关系

5．反应式步进电机的工作原理

(1) 反应式步进电机的步进原理

如果给处于错齿状态的相通电，则转子在电磁力的作用下，将向磁导率最大（或磁阻最小）的位置转动，即向趋于对齿的状态转动。步进电机就是基于这一原理转动的。

步进电机的步进过程可如下描述。

如图 11.6 所示，当开关 K_A 合上时，A 相绕组通电，使 A 相磁场建立。A 相定子磁极上的齿与转子的齿形成对齿，同时，B 相、C 相上的齿与转子的齿形成错齿。

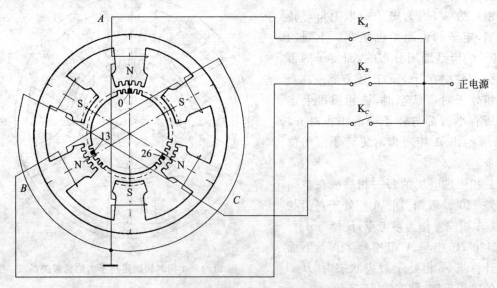

图 11.6 步进电动机的步进原理

将 A 相断电，同时将 K_B 合上，使处于错 1/3 个齿距角的 B 相通电，并建立磁场。转子在电磁力的作用下，向与 B 相成对齿的位置转动，结果是：转子转动了 1/3 个齿距角；B 相与转子形成对齿；C 相与转子错 1/3 个齿距角；A 相与转子错 2/3 个齿距角。

同理，在 B 相断电的同时，闭合开关 K_C 给 C 相通电，并建立磁场，转子又转动了 1/3 个齿距角,与 C 相形成对齿,并且 A 相与转子错 1/3 个齿距角,B 相与转子错 2/3 个齿距角。

当 C 相断电,再给 A 相通电时,转子又转动了 1/3 个齿距角,与 A 相形成对齿,与 B、C 两相形成错齿。至此,所有的状态与最初时一样,只不过转子累计转过了一个齿距角。

可见,由于按 A→B→C→A 的顺序轮流给各相绕组通电,磁场按 A→B→C 反向转过了一周,转子则沿相同方向转过一个步距角。

同样,如果改变通电顺序,按与上面相反的方向(A→C→B→A)通电,则转子的转向也改变。

如果对绕组通电一次的操作称为一拍,那么前面所述的三相反应式步进电动机的三相轮流通电就需要三拍。转子每拍走一步,转一个齿距角需要 3 步。

转子走一步所转过的角度称为步距角 $\theta_N = 2\pi/Z$,可用下式计算:

$$\theta_N = \theta_Z/N = 2\pi/(NZ)$$

式中:N 为步进电动机工作拍数,Z 为转子齿数。

例如,对于转子有 40 个齿的三相步进电动机来说,转过一个齿距角相当于转过 9°,共用了 3 步,每换相一次走一步,这样每步走了 3°,步距角为 3°。

从以上分析可知,反应式步进电动机对结构的要求如下:

① 定子绕组磁极的分度角(如三相的 120°和 240°)不能被齿距角整除,否则无法形成错齿。

② 定子绕组磁极的分度角被齿距角除后所得的余数(如三相中的 1/3 齿距角和 2/3 齿距角),应是步距角的倍数(1 倍或 2 倍),而且倍数值与相数不能有公因子,否则无法形成对齿。

(2)步进电机工作方式

三相步进电机按通电方式分为单三拍工作方式、双三拍工作方式和六拍工作方式。

单三拍工作方式就是按 A→B→C→A 方式循环通电。其中"单"指的是每次对一相通电,所以单三拍工作方式又称为 1 相励磁工作方式;"三拍"指的是磁场旋转一周需要换相 3 次,这时转子转动一个齿距角。

用单三拍工作方式工作时,各相通电的波形如图 11.7 所示。

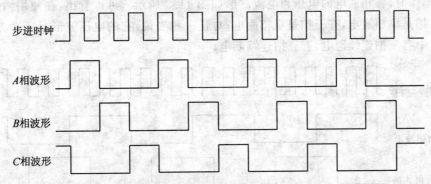

图 11.7 单三拍工作方式波形

单三拍工作方式时,由于只对单相通电,所以产生转矩较小,地磁阻尼也较小,高频性能差,容易产生振荡。

双三拍的工作方式是:每次对两相同时通电,即所谓"双",所以双三拍工作方式又称为 2 相励磁工作方式;磁场旋转一周需要换相 3 次,即所谓"三拍",转子转过一个齿距角。在双三拍工作方式中,步进电动机正转的通电顺序为:$AB \to BC \to CA$;反转的通电顺序为:$BA \to AC \to CB$。

在用双三拍方式工作时,各相通电的波形如图11.8所示。由图可见,每一拍中,都有两相同时通电,每一相通电时间都持续两拍。注意:双三拍工作时的磁导率最大位置并不是在转子处于对齿的位置。

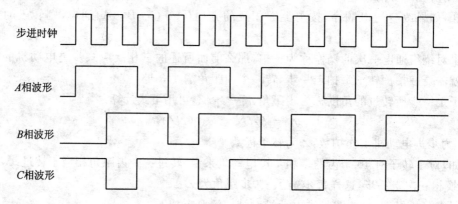

图11.8 双三拍工作方式波形

双三拍工作方式时,因为两相通电后,两相绕组中的电流幅值不同,产生的电磁力方向也不同,所以其中一相产生的电磁力起了阻尼作用。绕组中电流越大,阻尼作用就越大,这有利于步进电机在低频区工作,不易产生失步。同时,双三拍通电时间长,获得的电磁转矩大,消耗功率也大。

六拍工作方式是单三拍和双三拍交替使用的一种方法,也称作单双六拍或1—2相励磁法。步进电机的正转通电顺序为:$A \to AB \to B \to BC \to C \to CA$;反转通电顺序为:$A \to AC \to C \to CB \to B \to BA$。可见,磁场旋转一周,通电需要换相6次(即六拍),转子才转动一个步距角。

由于转子转动一个步距角需要六拍,六拍工作时的步距角要比单三拍和双三拍时的步距角小一半,所以步进精度要高一倍。

六拍工作时,各相通电的电压和电流波形如图11.9所示。可以看出,在使用六拍工作方式时,有三拍是单相通电,有三拍是双相通电;对任一相来说,它的电压波形是一个方波,周期为六拍,其中有三拍连续通电,有三拍连续断电。

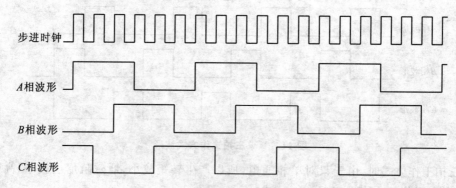

图11.9 六拍工作方式时的波形图

六拍工作方式除了步进精度高一倍的优点,还有能够产生较大转矩,而且功耗适中,高频性能较好。

这三种工作方式的区别较大,一般来说,六拍工作方式的性能最好,单三拍工作方式的性能最差。因此,在步进电机控制的应用中,选择合适的工作方式非常重要。

6. 步进电机的失步、振荡及解决方法

步进电机的失步和振荡是一种普遍存在的现象,它影响了系统的正常运行,因此要尽量避免。下面通过分析失步和振荡的原因,找出较好的解决方法。

(1) 失步的原因

① 转子的转速慢于旋转磁场的速度,或者说慢于换相速度。步进电机在启动时,如果脉冲的频率较高,由于电机来不及获得足够的能量,使其无法令转子跟上旋转磁场的变化,所以引起失步。

② 转子的平均速度大于旋转磁场的速度。这主要发生在制动和突然换向时,转子获得过多的能量,产生严重的过冲,引起失步。

(2) 解决失步的方法

步进电机有一个技术参数:空载启动频率,即步进电机在空载情况下能够正常启动的脉冲频率,如果脉冲频率高于该值,电机不能正常启动,可能发生失步或堵转。在有负载的情况下,启动频率应更低。如果要使电机达到高速转动,脉冲频率应该有加速过程,即启动频率较低,然后按一定加速度升到所希望的高频,电机转速从低速升到高速。

注意:启动频率不是一个固定值,提高电动机的转矩、减小负载转动惯量、减小步距角都可以提高步进电机的启动频率。

(3) 振荡的原因

步进电机的振荡现象主要发生在:步进电机工作在低频区、步进电机工作在共振区以及步进电动机突然停车时。

① 当步进电机工作在低频区时,由于励磁脉冲间隔的时间较长,步进电动机表现为单步运行。当励磁开始时,转子在电磁力的作用下加速转动。在达到平衡点时,电磁驱动转矩为零,但转子的转速最大,由于惯性,转子冲过平衡点。这时电磁力产生负转矩,转子在负转矩的作用下,转速逐渐降为零,并开始反向转动。当转子反转过平衡点后,电磁力又产生正转矩,迫使转子又正向转动。如此循环,形成转子围绕平衡点的振荡。由于有机械摩擦和电磁阻尼的作用,这个振荡表现为衰减振荡,最终稳定在平衡点。

② 当步进电机工作在共振区时,步进电机的脉冲频率接近步进电机的振荡频率或振荡频率的分频或倍频,这会使振荡加剧,严重时造成失步。

振荡失步的过程可描述如下:在第1个脉冲到来后,转子经历了一次振荡;当转子回摆到最大幅值时,恰好第2个脉冲到来,转子受到的电磁转矩为负值,使转子继续回摆;接着第3个脉冲到来,转子受正电磁转矩的作用回到平衡点;这样,转子经过3个脉冲仍然回到原来位置,也就是丢了3步。

③ 当步进电机工作在高频区时,由于换相周期短,转子来不及反冲。同时,绕组中的电流还没有上升到稳定值,转子没有获得足够的能量,所以在这个工作区不会产生振荡。

减小步距角可以减小振荡幅值,以达到削弱振荡的目的。

(4) 解决振荡的方法

消除振荡是通过增加阻尼的方法来实现的,主要有机械阻尼法和电子阻尼法。机械阻尼

法比较单一,就是在电机轴上加阻尼器。电子阻尼法则有以下几种:

① 多相励磁法。采用多相励磁会产生电磁阻尼,削弱或消除振荡现象。例如,三相步进电机的单三拍工作方式改成双三拍工作方式或六拍工作方式。

② 变频变压法。步进电机在高频和低频时转子所获得的能量不一样。在低频时,绕组中的电流上升时间长,转子获得能量大,因此容易产生振荡;在高频时则相反。因此,可以设计一种电路,使电压随频率的降低而减小,这样使绕组在低频时的电流减小,可以有效地消除振荡。

③ 细分步法。细分步法是将步进电动机绕组中的稳定电流分成若干级,每进一步时,电流升一级;同时,也相对地提高步进频率,使加速过程平稳进行。

④ 反相阻尼法。这种方法用于步进电机的制动。在步进电机转子要过平衡点之前,加一个反向作用力去平衡惯性力,使转子到达平衡点时的速度为0,实现准确制动。

11.1.2 步进电机的控制

步进电机是纯粹的数字控制电机。它将电脉冲信号转变成角位移,即给一个脉冲信号,步进电机就转动一个角度,因此非常适合单片机的控制。

一般一个完整的步进电机控制系统包括控制器、驱动器、电机三部分,框图如图 11.10 所示。

图 11.10 步进电机控制系统

本小节以反应式步进电机为例,介绍其基本原理与应用方法。反应式步进电机可实现大转矩输出,步进角一般为 1.5°。反应式步进电机的转子磁路由软磁材料制成,定子上有多相励磁绕组,利用磁导的变化产生转矩。常用小型步进电机的实物如图 11.11 所示。

图 11.11 步进电机实物图

1. 步进电机的励磁方式

步进电机的励磁方式一般分为 1 相励磁、2 相励磁、1—2 相励磁。

1 相励磁时,步进电动机按 $A \to B \to \overline{A} \to \overline{B}$ 方式循环通电,每次只对一相通电,磁场旋转一周需要换相 4 次,转子转动一个齿距角。其通电方式最为简单,转矩最小。励磁方式见表 11.1。

2 相励磁时,每次对两相同时通电,磁场旋转一周需要换相 4 次,转子转动一个齿距角。在双三拍工作方式中,步进电动机正转的通电顺序为:$AB \to \overline{A} \to \overline{AB} \to \overline{B}A$;反转的通电顺序为:$BA \to A\overline{B} \to \overline{AB} \to B\overline{A}$。双三拍工作方式的优点是:可产生较大的转矩,不易产生失步。励磁方式见表 11.2。

表 11.1　1 相励磁方式

步数	A	B	$\overline{A}$	$\overline{B}$
1	1	0	0	0
2	0	1	0	0
3	0	0	1	0
4	0	0	0	1

表 11.2　2 相励磁方式

步数	A	B	$\overline{A}$	$\overline{B}$
1	1	1	0	0
2	0	1	1	0
3	0	0	1	1
4	1	0	0	1

1—2 相励磁是 1 相励磁和 2 相励磁交替使用的方法。磁场旋转一周需要换相 8 次,转子才转过一个步距角,属于半步的方式,也就是说 1—2 相励磁时的步距角比前两种方式的步距角小一半,所以步进精度提高了一倍。1—2 相励磁方式见表 11.3。

表 11.3　1—2 相励磁方式

步数	A	B	$\overline{A}$	$\overline{B}$	步数	A	B	$\overline{A}$	$\overline{B}$
1	1	0	0	0	5	0	0	1	0
2	1	1	0	0	6	0	0	1	1
3	0	1	0	0	7	0	0	0	1
4	0	1	1	0	8	1	0	0	1

2. 步进电机现场应用驱动电路

在此使用的是小型步进电机,对电压和电流要求不是很高。为了说明应用原理,故采用最简单的驱动电路,目的在于验证步进电机的使用,在正式工业控制中还需在此基础上改进。一般的驱动电路可以用图 11.12 的形式。

在实际应用中一般驱动路数不止一路,用图 11.12 的分立电路体积大,很多场合用现成的集成电路作为多路驱动。常用的小型步进电机驱动电路可以用 ULN2003 或 ULN2803。本书配套实验板上用的是 ULN2003。ULN2003 是高压大电流达林顿晶体管阵列系列产品,具有电流增益高、工作电压高、温度范围宽、带负载能力强等特点,适应于各类要求高速大功率驱动的系统。

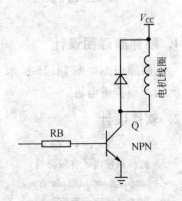

图 11.12　一般驱动电路

ULN2003A 由 7 组达林顿晶体管阵列和相应的电阻网络以及钳位二极管网络构成,具有同时驱动 7 组负载的能力,为单片双极型大功率高速集成电路。ULN2003 内部结构及等效电路图如图 11.13 所示。

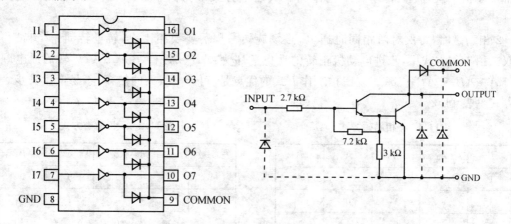

图 11.13 ULN2003 内部结构图及等效电路图

ULN2003A 型高压大电流达林顿晶体管阵列电路的典型应用电路框图如图 11.14 所示。钳位二极管用于保护线圈通断时的反电动势击穿集成电路,可以看出,该电路的应用非常简单。

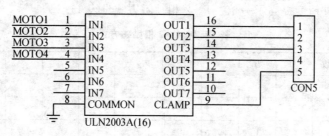

图 11.14 达林顿晶体管阵列电路典型应用图

11.1.3 步进电机的软、硬件设计

1. 硬件原理图设计

电路原理图如图 11.15 所示,RD0～RD3 为电机脉冲输出引脚,通过 ULN2003 集成芯片来驱动小型步进电机。

2. 软件设计

```
/*********************************************************/
/* 杭州晶控电子有限公司                                    */
/* http://www.hificat.com                                 */
/* 步进电机演示程序                                        */
/* 目标器件:PIC16F877A                                    */
/* 晶振:4.0 MHz                                           */
/* 编译环境:MPLAB V7.51                                   */
/*********************************************************/
```

第 11 章 单片机高级应用实例

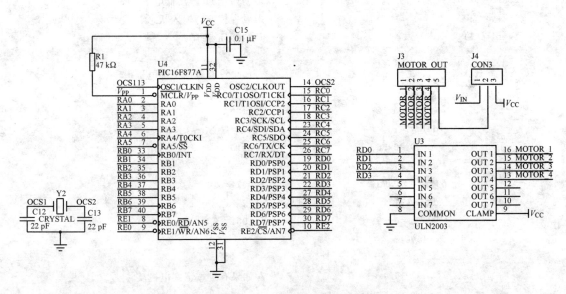

图 11.15 步进电机控制硬件原理图

```
/*************************************************
包含头文件
*************************************************/
#include <pic.h>
/*************************************************
端口定义
*************************************************/
#define  key  RB0
/*************************************************
函数功能:延时子程序
入口参数:
出口参数:
*************************************************/
void delay(void)
{
    int k;
    for(k = 0;k<2000;k ++);
}
/*************************************************
函数功能:主程序
入口参数:
出口参数:
*************************************************/
void main()
{
    TRISD = 0x00;                //设置 RD 为输出口
    TRISB = 0xFE;                //设置 RB0 为输出口,RB1~RB7 为输入口
```

```c
        PORTD = 0x00;                    //初始化 RD 输出低电平
        key = 1;                         //设置按键为输入状态
        while(1)                         //主循环
        {
            if(key == 1)                 //如果没有键按下则电机正转
            {
                PORTD = 0xFC;            //1100
                delay();
                PORTD = 0xF6;            //0110
                delay();
                PORTD = 0xF3;            //0011
                delay();
                PORTD = 0xF9;            //1001
                delay();
            }
            else                         //如果有键按下则电机反转
            {
                PORTD = 0xFC;            //1100
                delay();
                PORTD = 0xF9;            //1001
                delay();
                PORTD = 0xF3;            //0011
                delay();
                PORTD = 0xF6;            //0110
                delay();
            }
        }
    }
```

11.2 单总线数字温度传感器 DS18B20 应用实例

随着现代化信息技术的飞速发展和传统工业改造的逐步实现,能独立工作的温度检测系统已广泛应用于各种不同领域。传统的温度检测系统大多采用热敏电阻作为传感器,该系统必须经过专门的接口电路转换成数字信号后才能由单片机进行处理,存在可靠性差、成本高、精度低等诸多缺点。现在很多温度检测场合已广泛使用单总线的温度传感器,使整个系统简单可靠。

11.2.1 单总线技术简介

目前单片机外设的接口形式主要有单总线接口、I²C 接口、SPI 接口、PS/2 接口等。SPI 接口与单片机通信需要三根线,I²C 接口也要两根线,而单总线器件与单片机间数据通信只要一根线。美国 DALLAS 公司推出的单总线(1 Wire BUS)技术与 I²C、SPI、PS/2 总线不同,它

第 11 章 单片机高级应用实例

采用单根信号线,既可以传输时钟信号又可以传送数据信号,而数据又可双向传送,因而这种总线技术具有线路简单、成本低廉、便于扩展和维护等优点。

单总线适用于单主机系统,能够控制一个或多个从机设备。主机可以是单片机,从机可以是单总线器件,它们之间的数据交换只通过一条信号线。当只有一个从机设备时,系统可按单节点系统操作;当有多个从设备时,系统则按多节点系统操作。主机或从机通过一个漏极开路或三态端口连接到这个数据线,以允许设备在不发送数据时能够释放总线,而让其他设备使用总线,其内部等效电路图如图 11.16 所示。单总线通常要求接一个约为 4.7 kΩ 的上拉电阻,这样,当总线空闲时,其状态为高电平。主机和从机之间的通信可以通过三个步骤完成,分别是初始化单总线器件、识别单总线器件和数据交换。由于它们是主从结构,只有主机呼号从机时,从机才能应答,因此主机访问单总线器件时都必须严格遵循单总线命令序列。如果出现序列混乱,单总线器件将不响应主机。

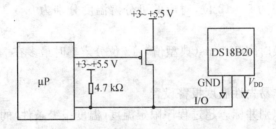

图 11.16 内部等效电路图

所有的单总线器件都要遵循严格的通信协议,以保证数据的完整性。单总线协议定义了复位信号、应答信号、写 0、读 0、写 1、读 1 的几种时序信号类型。所有的单总线命令序列都是由这些基本的信号类型组成的。在这些信号中,除了应答脉冲外,其他均由主机发出同步信号,并且发送的所有命令和数据都是字节的低位在前。

所有单总线器件的读、写时序至少需要 60 μs,且每两个独立的时序间至少需要 1 μs 的恢复时间。在写时序中,主机将在拉低总线 15 μs 之内释放总线,并向单总线器件写 1;如果主机拉低总线后能保持至少 60 μs 的低电平,则向总线器件写 0。单总线器件仅在主机发出读时序时才向主机传输数据,所以,当主机向单总线器件发出读数据命令后,必须马上产生读时序,以便单总线器件能传输数据。

11.2.2 单总线温度传感器 DS18B20 简介

在多点温度测量系统中,单总线数字温度传感器因其体积小、构成的系统结构简单等优点,应用越来越广泛。每一个数字温度传感器内均有唯一的 64 位序列号(最低 8 位是产品代码,其后 48 位是器件序列号,最后 8 位是前 56 位循环冗余校验码),只有获得该序列号后才可能对其进行操作,也才能在多传感器系统中将它们一一识别。

DS18B20 是 DALLAS 公司生产的单总线式数字温度传感器,它具有微型化、低功耗、高性能、抗干扰能力强、易配处理器等优点,特别适用于构成多点温度测控系统,可直接将温度转化成串行数字信号(提供 9 位二进制数字)给单片机处理,且在同一总线上可以挂接多个传感器芯片。它具有 3 引脚 TO-92 小体积封装形式,温度测量范围为 −55~+125 ℃,可编程为

9~12位A/D转换精度,测温分辨率可达0.0625℃,被测温度用符号扩展的16位数字量方式串行输出,其工作电源既可在远端引入,也可采用寄生电源方式产生。多个DS18B20可以并联到3根或2根线上,CPU只需一根端口线就能与多个DS18B20通信,占用微处理器的端口较少,可节省大量的引线和逻辑电路。以上特点使DS18B20非常适用于远距离多点温度检测系统。DS18B20还具有以下新特性:

- 独特的单线接口仅需一个端口引脚进行通信。
- 简单的多点分布应用。
- 无需外部器件。
- 可通过数据线供电。
- 零待机功耗。
- 测温范围-55~+125℃,以0.5℃递增。华氏器件-67~+2570F,以0.90F递增。
- 可编程的分辨率为9~12位,对应的可分辨温度分别为0.5℃、0.25℃、0.125℃和0.0625℃。
- 温度数字量转换时间200 ms(典型值),12位分辨率时最多在750 ms内把温度值转换为数字。
- 用户可定义的非易失性温度报警设置。
- 报警搜索命令识别并标志超过程序限定温度(温度报警条件)的器件。
- 应用于温度控制、工业系统、消费品、温度计或任何热感测系统。
- 负压特性。电源极性接反时,温度计不会因发热而烧毁,但不能正常工作。

1. DS18B20外形及引脚说明

DS18B20外形及引脚如图11.17所示。

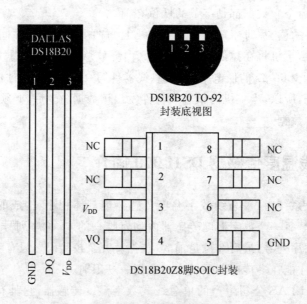

图11.17 引脚排列图

在TO-92和SO-8的封装中引脚有所不同,具体差别请查阅PDF手册,在TO-92封装中引脚分配如下:

① GND:地。
② DQ,单线运用的数据输入输出引脚。
③ V_{DD},可选的电源引脚。

2. DS18B20 的内部结构

DS18B20 内部结构如图 11.18 所示,主要由 4 部分组成:64 位 ROM、温度传感器、非易失性温度报警触发器 TH 和 TL、配置寄存器。ROM 中的 64 位序列号是出厂前被光刻好的,它可以看作是该 DS18B20 的地址序列码,每个 DS18B20 的 64 位序列号均不相同。64 位激光 ROM 从高位到低位依次为 8 位 CRC、48 位序列号和 8 位家族代码(28H)组成。ROM 的作用是使每一个 DS18B20 都各不相同,这样就可以实现一根总线上挂接多个 DS18B20 的目的。非易失性温度报警触发器 TH 和 TL 可通过软件写入用户报警上下限值。配置寄存器为高速暂存存储器中的第 5 个字节。DS18B20 在工作时按此寄存器中的分辨率将温度转换成相应精度的数值,其各位定义如图 11.19 所示。其中,TM:测试模式标志位,出厂时被写入 0,不能改变;R0、R1:温度计分辨率设置位,其对应 4 种分辨率如表 11.4 所列的配置寄存器与分辨率关系表。出厂时 R0、R1 置为缺省值:R0=1,R1=1(即 12 位分辨率),用户可根据需要改写配置寄存器以获得合适的分辨率。

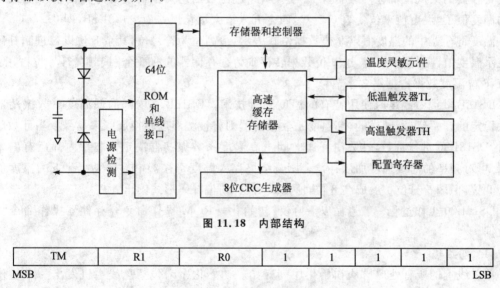

图 11.18 内部结构

TM	R1	R0	1	1	1	1	1
MSB							LSB

图 11.19 寄存器各位定义

表 11.4 配置寄存器与分辨率关系表

R0	R1	温度计分辨率/bit	最大转换时间/ms
0	0	9	93.75
0	1	10	187.5
1	0	11	375
1	1	12	750

3. DS18B20 工作过程及时序

DS18B20 内部的低温度系数振荡器是一个振荡频率随温度变化很小的振荡器，为计数器 1 提供一个频率稳定的计数脉冲。

高温度系数振荡器是一个振荡频率对温度很敏感的振荡器，为计数器 2 提供一个频率随温度变化的计数脉冲。

初始时，温度寄存器被预置成 −55 ℃，每当计数器 1 从预置数开始减计数到 0 时，温度寄存器中寄存的温度值就增加 1 ℃，这个过程重复进行，直到计数器 2 计数到 0 时便停止。

初始时，计数器 1 预置的是与 −55 ℃ 相对应的一个预置值，以后计数器 1 每一个循环的预置数都由斜率累加器提供。为了补偿振荡器温度特性的非线性特性，斜率累加器提供的预置数也随温度相应变化。计数器 1 的预置数也就是在给定温度处使温度寄存器寄存值增加 1 ℃，计数器所需要的计数个数。

DS18B20 内部的比较器以四舍五入的量化方式确定温度寄存器的最低有效位。在计数器 2 停止计数后，比较器将计数器 1 中的计数剩余值转换为温度值后与 0.25 ℃ 进行比较。若低于 0.25 ℃，温度寄存器的最低位就置 0；若高于 0.25 ℃，最低位就置 1；若高于 0.75 ℃ 时，温度寄存器的最低位就进位然后置 0。这样，经过比较后所得的温度寄存器的值就是最终读取的温度值了，温度值末位代表 0.5 ℃，四舍五入最大量化误差为 ±1/2LSB，即 0.25 ℃。

温度寄存器中的温度值以 9 位数据格式表示，最高位为符号位，其余 8 位以二进制补码形式表示温度值。测温结束时，这 9 位数据转存到暂存存储器的前 2 个字节中，符号位占用第 1 字节，8 位温度数据占据第 2 字节。

DS18B20 测量温度时使用特有的温度测量技术。DS18B20 内部的低温度系数振荡器能产生稳定的频率信号；同样的，高温度系数振荡器则将被测温度转换成频率信号。当计数门打开时，DS18B20 进行计数，计数门开通时间由高温度系数振荡器决定。芯片内部还有斜率累加器，可对频率的非线性度加以补偿。测量结果存入温度寄存器中。一般情况下的温度值应该为 9 位，但因符号位扩展成高 8 位，所以最后以 16 位补码形式读出。

DS18B20 工作过程一般遵循以下协议：初始化→ROM 操作命令→存储器操作命令→处理数据。

(1) 初始化

单总线上的所有处理均从初始化序列开始。初始化序列包括总线主机发出一个复位脉冲，接着由从属器件送出存在脉冲。存在脉冲让总线控制器知道 DS18B20 在总线上且已准备好操作。

(2) ROM 操作命令

一旦总线主机检测到从属器件的存在，它便可以发出器件 ROM 操作命令。所有 ROM 操作命令均为 8 位长。这些命令如下：

① Read ROM（读 ROM）[33H]。

此命令允许总线主机读 DS18B20 的 8 位产品系列编码、唯一的 48 位序列号以及 8 位的 CRC。此命令只能在总线上仅有一个 DS18B20 的情况下使用。如果总线上存在多于一个的从属器件，那么当所有从片企图同时发送时将发生数据冲突的现象（漏极开路下拉会产生线与的结果）。

② Match ROM(符合 ROM)[55H]。

此命令后继以 64 位的 ROM 数据序列,允许总线主机对多点总线上特定的 DS18B20 寻址。只有与 64 位 ROM 序列严格相符的 DS18B20 才能对后继的存储器操作命令作出响应。所有与 64 位 ROM 序列不符的从片将等待复位脉冲。此命令在总线上有单个或多个器件的情况下均可使用。

③ Skip ROM(跳过 ROM)[CCH]。

在单点总线系统中,此命令通过允许总线主机不提供 64 位 ROM 编码而访问存储器操作来节省时间。如果在总线上存在多于一个的从属器件而且在 Skip ROM 命令之后发出读命令,那么由于多个从片同时发送数据,会在总线上发生数据冲突(漏极开路下拉会产生线与的效果)。

④ Search ROM(搜索 ROM)[F0H]。

当系统开始工作时,总线主机可能不知道单线总线上的器件个数或者不知道其 64 位 ROM 编码。搜索 ROM 命令允许总线控制器用排除法识别总线上的所有从机的 64 位编码。

⑤ Alarm Search(告警搜索)[ECH]。

此命令的流程与搜索 ROM 命令相同。但是,仅在最近一次温度测量出现告警的情况下,DS18B20 才对此命令作出响应。告警的条件定义为温度高于 TH 或低于 TL。只要 DS18B20 一上电,告警条件就保持在设置状态,直到另一次温度测量显示出非告警值或者改变 TH 或 TL 的设置,使得测量值再一次位于允许的范围之内。存储在 EEPROM 内的触发器值用于告警。

(3) 存储器操作命令

① Write Scratchpad(写暂存存储器)[4EH]。

这个命令向 DS18B20 的暂存器中写入数据,开始位置在地址 02H。接下来写入的 2 个字节将被存到暂存器中的地址位 2 和 3。可以在任何时刻发出复位命令来中止写入。

② Read Scratchpad(读暂存存储器)[BEH]。

这个命令读取暂存器的内容。读取将从字节 0 开始,一直进行下去,直到第 9(字节 8,CRC)字节读完。如果不想读完所有字节,控制器可以在任何时间发出复位命令来中止读取。

③ Copy Scratchpad(复制暂存存储器)[48H]。

此命令把暂存器的内容复制到 DS18B20 的 EEPROM 里,即把温度报警触发字节存入非易失性存储器里。如果总线控制器在这条命令之后跟着发出读时间隙,而 DS18B20 又正在忙于把暂存器复制到 EEPROM,DS18B20 就会输出一个 0,如果复制结束的话,DS18B20 则输出 1。如果使用寄生电源,总线控制器必须在这条命令发出后立即启动强上拉并最少保持 10 ms。

④ Convert T(温度变换)[44H]。

此命令启动一次温度转换而无需其他数据。温度转换命令被执行,而后 DS18B20 保持等待状态。如果总线控制器在此命令之后跟着发出读时间隙,而 DS18B20 又忙于做时间转换的话,DS18B20 将在总线上输出 0;若温度转换完成,则输出 1。如果使用寄生电源,总线控制器必须在发出这条命令后立即启动强上拉,并保持 500 ms。

⑤ Recall EEPROM(重新调整 EEPROM)[B8H]。

此命令把存储在 EEPROM 中温度触发器的值重新调至暂存存储器。这种重新调整的操作在对DS18B20上电时也自动发生,因此只要器件一上电,暂存存储器内就有了有效的数据。在这条命令发出之后,对于发出的第一个读数据时间片,器件会输出温度转换忙的标识:0=忙,1=准备就绪。

⑥ Read Power Supply(读电源)[B4H]。

对于在此命令发送至DS18B20之后发出的第一读数据的时间片,器件都会给出其电源方式的信号:0=寄生电源供电,1=外部电源供电。

(4) 处理数据

DS18B20的高速暂存存储器由9个字节组成,其分配如图11.20所示。当温度转换命令发布后,经转换所得的温度值以二进制补码形式存放在高速暂存存储器的第0和第1个字节。单片机可通过单线接口读到该数据,读取时低位在前,高位在后。

温度低位	温度高位	TH	TL	配置	保留	保留	保留	8位CRC
LSB								MSB

图11.20 高速暂存存储器分配

表11.5是DS18B20温度采集转化后得到的12位数据,存储在DS18B20的两个8位RAM中,二进制中的前面5位是符号位,如果测得的温度大于或等于0,这5位为0,只要将测到的数值乘于0.0625即可得到实际温度;如果温度小于0,这5位为1,测到的数值需要取反加1再乘于0.0625即可得到实际温度。

表11.5 DS18B20温度数据表

温度/℃	二进制表示															十六进制表示
	符号位(5位)					数据位(11位)										
+125	0	0	0	0	0	1	1	1	1	1	0	1	0	0	0	07D0H
+25.0625	0	0	0	0	0	0	0	0	1	1	0	0	1	0	0	1	0191H
+10.125	0	0	0	0	0	0	0	0	0	0	1	0	1	0	0	1	0	00A2H
+0.5	0	0	0	0	0	0	0	0	0	0	0	0	1	0	0	0	0008H
0	0	0	0	0	0	0	0	0	0	0	0	0	0	0	0	0	0000H
−0.5	1	1	1	1	1	1	1	1	1	1	1	1	1	0	0	0	FFF8H
−10.125	1	1	1	1	1	1	1	0	1	0	1	1	1	1	0	FF5EH
−25.625	1	1	1	1	1	1	0	0	1	1	0	1	1	1	1	FE6FH
−55	1	1	1	1	1	1	0	0	1	0	0	1	0	0	0	0	FC90H

以下介绍温度转换计算方法。

例如:当DS18B20采集到+125 ℃的实际温度后,输出为07D0H,则:

$$实际温度 = 07D0H\ ℃ \times 0.0625 = 2\ 000\ ℃ \times 0.0625 = 125\ ℃$$

当DS18B20采集到−55 ℃的实际温度后,输出为FC90H,则应先将11位数据位取反加1得

370H(符号位不变,也不作为计算),则:

$$实际温度 = 370H\ ℃ \times 0.0625 = 880\ ℃ \times 0.0625 = 55\ ℃$$

(5) 时 序

主机使用时间隙来读/写 DS18B20 的数据位和写命令字的位。初始化及读/写时序如图 11.21 和图 11.22 所示。

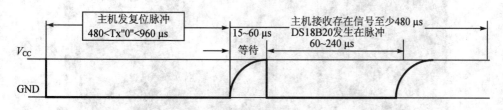

图 11.21 初始化时序

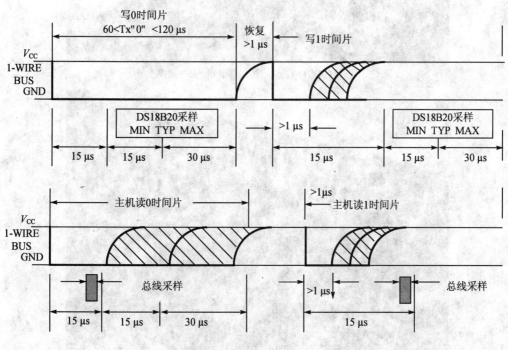

图 11.22 读/写时序

3. DS18B20 软、硬件设计

本实例介绍 DS18B20 与单片机之间的软、硬件接口,通过单片机来读取 DS18B20 的温度值,并将温度值通过数码管显示出来。首先,在增强型 PIC 实验板的"J5"三芯插座插上 DS18B20 温度传感器,注意,此时不要提供电源,插好 DS18B20 后上电程序运行,此时数码管显示 13.50 ℃。由于 DS18B20 灵敏度比较高,温度值会有微小的变化。现在给 DS18B20 做加温实验,用打火机的火焰增加热量,此时,温度迅速上升,瞬间温度值升为 15.50 ℃,随后马上增至为 46.87 ℃,离开热源后,温度值开始慢慢下降,温度已经下降到 23.50 ℃,如图 11.23 所示。

(a) 将DS18B20温度传感器插到"J5"插座上

(b) 数码管实时显示温度值

图 11.23　DS18B20 实验演示图

第 11 章 单片机高级应用实例

(c) 用打火机增加热量,温度提升到46.87 ℃

(d) 去掉热源,温度值开始不断下降

图 11.23 DS18B20 实验演示图(续)

1. 硬件原理图

图 11.24 为硬件原理图。

2. 软件流程图

图 11.25 为软件流程图。

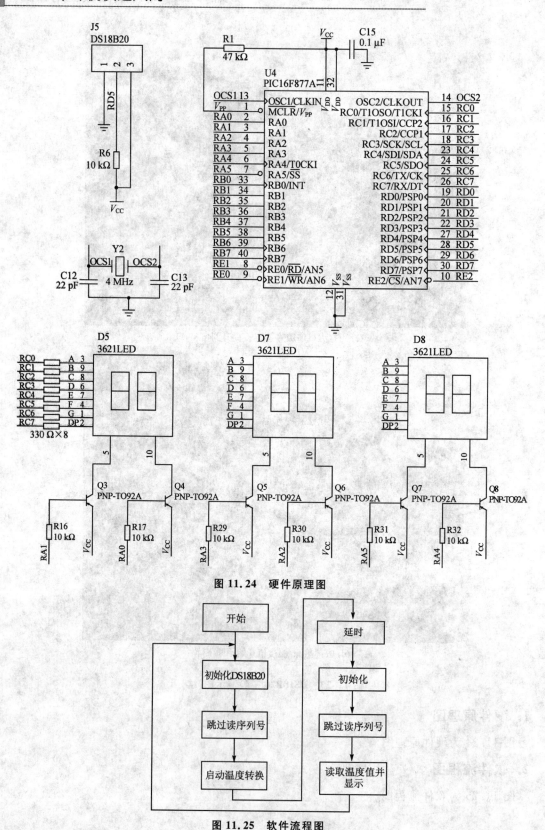

图 11.24 硬件原理图

图 11.25 软件流程图

3. 软件代码

```c
/***********************************************************/
/* 杭州晶控电子有限公司                                     */
/* http://www.hificat.com                                   */
/* DS18B20 测温程序                                         */
/* 目标器件：PIC16F877A                                     */
/* 晶振：4.0 MHz                                            */
/* 编译环境：MPLAB V7.51                                    */
/***********************************************************/

/***********************************************************
包含头文件
***********************************************************/
#include<pic.h>
/***********************************************************
宏定义
***********************************************************/
#define uch unsigned char
/***********************************************************
端口定义
***********************************************************/
#define DQ      RD5
#define DQ_DIR  TRISD5
/***********************************************************
端口操作定义
***********************************************************/
#define DQ_HIGH()  DQ_DIR = 1
#define DQ_LOW()   DQ = 0; DQ_DIR = 0     //设置数据口为输出
/***********************************************************
变量定义
***********************************************************/
unsigned char  TLV = 0;       //采集到的温度高8位
unsigned char  THV = 0;       //采集到的温度低8位
unsigned char  TZ = 0;        //转换后的温度值整数部分
unsigned char  TX = 0;        //转换后的温度值小数部分
unsigned int   wd;            //转换后的温度值BCD码形式

unsigned char  shi;           //整数十位
unsigned char  ge;            //整数个位
unsigned char  shifen;        //十分位
unsigned char  baifen;        //百分位
unsigned char  qianfen;       //千分位
unsigned char  wanfen;        //万分位
/***********************************************************
共阴LED段码表
```

```c
*******************************************************/
unsigned char   table[] = {0xc0,0xf9,0xa4,0xb0,0x99,0x92,0x82,0xf8,0x80,0x90};   //0~9 的显示代码
/************************************************************
函数功能:数码管延时子程序
入口参数:
出口参数:
*******************************************************/
void delay(char x,char y)
{
  char z;
  do{
      z = y;
      do{;}while( -- z);
    }while( -- x);
}
```
//其指令时间为:7+(3×(Y-1)+7)×(X-1),如果再加上函数调用的 call 指令、页面设定、传递参数
//花掉的 7 个指令则是:14+(3×(Y-1)+7)×(X-1)
```c
/************************************************************
函数功能:数码管显示子程序
入口参数:
出口参数:
*******************************************************/
void display()
{
  TRISA = 0x00;                          //设置 A 口全为输出
  PORTC = table[shi];                    //显示整数十位
  PORTA = 0xEF;
  delay(10,70);
  PORTC = table[ge]&0x7F;                //显示整数个位,并点亮小数点
  PORTA = 0xDF;
  delay(10,70);
  PORTC = table[shifen];                 //显示小数十分位
  PORTA = 0xFB;
  delay(10,70);
  PORTC = table[baifen];                 //显示小数百分位
  PORTA = 0xF7;
  delay(10,70);
  PORTC = table[qianfen];                //显示小数千分位
  PORTA = 0xFE;
  delay(10,70);
  PORTC = table[wanfen];                 //显示小数万分位
  PORTA = 0xFD;
  delay(10,70);
}
/************************************************************
函数功能:系统初始化函数
```

入口参数:
出口参数:
**/
```c
void init()
{
    ADCON1 = 0x07;                      //设置 A 口为普通数字口
    TRISA = 0x00;                       //设置 A 口方向为输出
    TRISD = 0x00;                       //设置 D 口方向为输出
    TRISC = 0x00;
    PORTD = 0xFF;
}
```
/**
函数功能:复位 DS18B20
入口参数:
出口参数:
**/
```c
reset(void)
{
    char presence = 1;
    while(presence)
    {
        DQ_LOW();                       //主机拉至低电平
        delay(2,70);                    //延时 503 μs
        DQ_HIGH();                      //释放总线等电阻拉高总线,并保持 15~60 μs
        delay(2,8);                     //延时 70 μs
        if(DQ = = 1)
            presence = 1;               //没有接收到应答信号,继续复位
        else
            presence = 0;               //接收到应答信号
        delay(2,60);                    //延时 430 μs
    }
}
```
/**
函数功能:向 DS18B20 写字节
入口参数:val
出口参数:
**/
```c
void write_byte(uch val)
{
    uch i;
    uch temp;
    for(i = 8;i>0;i--)
    {
        temp = val&0x01;                //最低位移出
        DQ_LOW();
        NOP();
```

```c
        NOP();
        NOP();
        NOP();
        NOP();                            //从高拉至低电平,产生写时间隙
        if(temp == 1)
            DQ_HIGH();                    //如果写1,拉高电平
        delay(2,7);                       //延时 63 μs
        DQ_HIGH();
        NOP();
        NOP();
        val = val >> 1;                   //右移一位
    }
}
/************************************************************
函数功能:向 DS18B20 读字节
入口参数:
出口参数:
*************************************************************/
uch read_byte(void)
{
    uch i;
    uch value = 0;                        //读出温度
    static bit j;
    for(i = 8;i>0;i--)
    {
        value >> = 1;
        DQ_LOW();
        NOP();
        NOP();
        NOP();
        NOP();
        NOP();
        NOP();                            //6 μs
        DQ_HIGH();                        //拉至高电平
        NOP();
        NOP();
        NOP();
        NOP();
        NOP();                            //4 μs
        j = DQ;
        if(j) value| = 0x80;
        delay(2,7);                       //63 μs
    }
    return(value);
}
```

/***
函数功能:启动温度转换函数
入口参数:
出口参数:
***/
```c
void get_temp()
{
    int i;
    DQ_HIGH();
    reset();                          //复位等待从机应答
    write_byte(0xCC);                 //忽略 ROM 匹配
    write_byte(0x44);                 //发送温度转化命令
    for(i = 20;i>0;i--)
    {
        display();                    //调用多次显示函数,确保温度转换完成所需要的时间
    }
    reset();                          //再次复位,等待从机应答
    write_byte(0xCC);                 //忽略 ROM 匹配
    write_byte(0xBE);                 //发送读温度命令
    TLV = read_byte();                //读出温度低 8 位
    THV = read_byte();                //读出温度高 8 位
    DQ_HIGH();                        //释放总线
    TZ = (TLV >> 4)|(THV << 4)&0x3f;  //温度整数部分
    TX = TLV << 4;                    //温度小数部分
    if(TZ>100)
        TZ/100;                       //不显示百位
    ge = TZ % 10;                     //整数部分个位
    shi = TZ/10;                      //整数十位
    wd = 0;
    if (TX & 0x80)
        wd = wd + 5000;
    if (TX & 0x40)
        wd = wd + 2500;
    if (TX & 0x20)
        wd = wd + 1250;
    if (TX & 0x10)
        wd = wd + 625;                //以上 4 条指令把小数部分转换为 BCD 码形式
    shifen = wd/1000;                 //十分位
    baifen = (wd % 1000)/100;         //百分位
    qianfen = (wd % 100)/10;          //千分位
    wanfen = wd % 10;                 //万分位
    NOP();
}
```
/***
函数功能:主函数

入口参数：
出口参数：
**/
```
void main()
{
    init();                           //调用系统初始化函数
    while(1)
    {
        get_temp();                   //调用温度转换函数
        display();                    //调用结果显示函数
    }
}
```

11.3　24CXX系列存储器应用实例

I^2C(Inter Integrated Circuit)总线实际上已经成为一个国际标准,已在超过100种不同的IC上实现而且得到超过50家公司的许可。I^2C总线通过一个简单的双向两线总线实现了IC之间的有效控制,使厂商和设计者都从中得益,减少了软、硬件的开发时间。

AVR单片机内部集成了TWI(Two Wire Serial Interface)串行总线接口。该接口是一个面向字节和基于中断的硬件接口,弥补了某些单片机只能依靠时序模拟完成I^2C总线工作的缺陷,在操作和使用上比I^2C总线更为灵活。

本节将在学习I^2C总线协议的基础上,介绍AVR的TWI总线特点,并以读/写24C系列存储器为例,说明I^2C总线在实际中的应用。

11.3.1　I^2C总线简介

I^2C总线是NXP公司推出的一种双向两线制串行总线,是具备多主机系统所需的包括总线裁决和高低速器件同步功能的高性能串行总线。表11.6为I^2C总线术语说明。

表11.6　I^2C总线术语说明

术　语	描　　述
发送器	发送数据到总线的器件
接收器	从总线接收数据的器件
主机	初始化发送产生时钟信号和终止发送的器件
从机	被主机寻址的器件
多主机	同时有多于一个主机尝试控制总线但不破坏报文
仲裁	是一个在有多个主机同时尝试控制总线但只允许其中一个控制总线并使报文不被破坏的过程
同步	两个或多个器件同步时钟信号的过程

I^2C 总线只有两根双向信号线,一根是数据线 SDA,另一根是时钟线 SCL。所有连接到 I^2C 总线上器件的数据线都连接到 SDA 线上,各器件的时钟线均接到 SCL 线上。I^2C 总线的基本结构如图 11.26 所示。

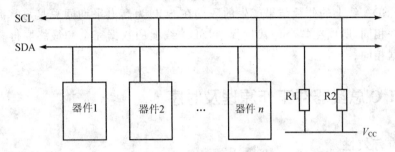

图 11.26 I^2C 总线基本结构

I^2C 总线是一个多主机总线,即总线上可以有一个或多个主机,总线运行由主机控制。通常,主机由各种单片机或其他微处理器充当。从机可以是各种单片机或其他处理器,也可以是其他器件,如存储器、LCD 或 LED 驱动器、A/D 或 D/A 转换器、存储器或键盘接口等。每个连接到 I^2C 总线上的器件都有一个唯一的地址识别,而且都可以作为一个发送器或接收器(由器件的功能决定)。

I^2C 总线的 SDA 和 SCL 是双向的,均通过上拉电阻接正电源,如图 11.26 所示。当总线空闲时,两根线均为高电平。连接到总线上的器件的输出级必须是漏级或集电极开路的,任一器件输出的低电平都将使总线的信号变低,即各器件的 SDA 和 SCL 都是线"与"关系。

注意:与总线连接的器件数目与总线上连接的器件的总电容量有关,总线上连接的器件越多,电容值越大,总线上的连接器件的总电容量要低于 400 pF。在 I^2C 标准模式下,总线速度可达 100 kb/s,快速模式下可达 400 kb/s。

下面分析一下数据在两个连接到 I^2C 总线的微控制器之间传输的过程。

传输的过程体现了 I^2C 总线的主机、从机和接收器、发送器的关系。应当注意的是:这些关系不是持久不变的,只由当时数据传输的方向决定。传输数据的过程如下:

① 如果微控制器 A 要发送信息到微控制器 B,则:
- 微控制器 A(主机)寻址微控制器 B(从机);
- 微控制器 A(主机——发送器)发送数据到微控制器 B(从机——接收器);
- 微控制器 A 终止传输。

② 如果微控制器 A 从微控制器 B 接收信息,则:
- 微控制器 A(主机)寻址微控制器 B(从机);
- 微控制器 A(主机——接收器)从微控制器 B(从机——发送器)接收数据;
- 微控制器 A 终止传输。

连接多于一个微控制器到 I^2C 总线意味着超过一个主机可以同时尝试初始化传输数据。为了避免由此产生混乱,发展出一个仲裁过程。

首先,将所有的主机时钟进行与操作,会生成组合的时钟,其高电平时间等于所有主机中高电平时间最短的一个,低电平时间则等于所有主机中低电平时间最长的一个。

然后,总线仲裁的过程是:如果两个或多个主机尝试发送信息到总线,在其他主机都产生

0的情况下,首先产生一个1的主机将丢失仲裁;仲裁时的时钟信号是用"线与"方式连接到SCL线,它与主机的时钟进行同步结合,由于它依靠"线与"连接所有I^2C总线接口到I^2C总线,某个主机发出的1会被其他主机发出的0屏蔽;仲裁是在起始信号后的第1位开始,并逐位进行,由于SDA线上的仲裁结果产生的数据在SCL为高电平期间总是与掌握控制权的主机发出的数据相同,所以在整个仲裁过程中,SDA线上的数据完全和最终取得总线控制权的主机发出数据相同。

11.3.2 I^2C总线器件工作原理及时序

1. 数据的有效性

I^2C总线进行数据传输时,SDA线上的数据必须在时钟的高电平周期保持稳定。数据线的高或低电平状态只有在SCL线的时钟信号是低电平时才能改变,如图11.27所示。

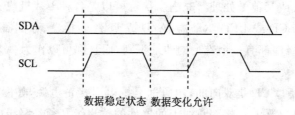

图11.27 数据位的有效性规定

2. 起始和停止条件

根据I^2C总线协议的规定,在SCL线是高电平时,SDA线从高电平向低电平切换表示起始条件;当SCL是高电平时,SDA线由低电平向高电平切换表示停止条件,如图11.28所示。

起始和停止条件一般由主机产生。总线在起始条件后被认为处于忙的状态,在停止条件的某段时间后总线被认为再次处于空闲状态。

如果连接到总线的器件合并了必要的接口硬件,那么用它们检测起始和停止条件十分简便。但是,没有这种接口的单片机在每个时钟周期,至少要采样SDA线两次来判别有没有发生电平切换。

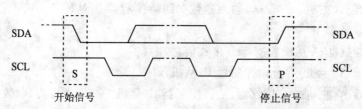

图11.28 起始和停止信号

3. 传输数据

(1) 字节格式与应答

发送到SDA线上的每个字节必须为8位,每次传输可以发送的字节数量不受限制,每个字节后必须跟一个响应位(ACK)。首先传输的是数据的最高位(MSB),如图11.29所示。如果从机要完成一些其他功能后(例如一个内部中断服务程序)才能接收或发送下一个完整的数据字节,可以使时钟线 SCL 保持低电平迫使主机进入等待状态。当从机准备好接收下一个数据字节并释放时钟线 SCL 后,数据传输继续。

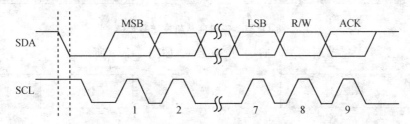

图 11.29　字节格式与应答

数据传输必须带响应。相关的响应时钟脉冲由主机产生。在响应的时钟脉冲期间,发送器释放 SDA 线(高电平);接收器必须将 SDA 线拉低,使它在这个时钟脉冲的高电平期间保持稳定的低电平。

当从机不能响应从机地址时(例如它正在执行一些实时函数不能接收或发送),从机必须使数据线保持高电平,然后主机产生一个停止条件终止传输或者产生重复起始条件开始新的传输。如果从机接收器响应了从机地址但是在传输了一段时间后不能接收更多数据字节,主机必须再一次终止传输。这个情况用从机在第 1 个字节后没有产生响应来表示。从机使数据线保持高电平,主机产生一个停止或重复起始条件。

当主机接收数据时,它收到最后一个数据字节后,必须向从机发出一个结束传送的信号。这个信号是由主机对从机的"非应答"来实现的;然后,从机释放 SDA 线,以允许主机产生终止或重复起始信号。

(2) 数据帧格式

I²C 总线上传输的数据信号是广义的,既包括地址信号,又包括真正的数据信号。

I²C 总线规定,在起始条件(S)后发送了一个从机地址,这个地址共有 7 位,紧接着的第 8 位是数据方向位(R/$\overline{W}$),用 0 表示发送数据($\overline{W}$),1 表示接收数据(R)。数据传输一般由主机产生的停止位(P)终止,如图 11.30 所示。但是如果主机仍希望在总线上通信,它可以产生重复起始条件(Sr)和寻址另一个从机,而不是首先产生一个停止条件。

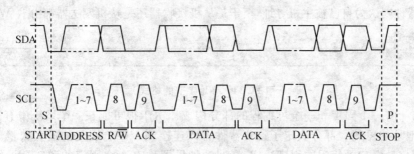

图 11.30　数据传输格式

在这种传输中,可以有以下 3 种读/写的组合方式。图 11.31～图 11.36、图 11.39 和图 11.40 中,阴影部分表示主机向从机发送数据;无阴影部分表示主机向从机读取数据。A 表示应答;$\overline{A}$ 表示非应答。S 表示起始信号;P 表示终止信号。

① 主机向从机发送数据,数据的传送方向在传输过程中不改变,如图11.31所示。

图 11.31　主机向从机发送数据

② 主机在第1个字节后,立即向从机读取数据,如图11.32所示。

图 11.32　主机在第1个字节后立即读从机

③ 复合格式,如图11.33所示。传输改变方向的时候,起始条件和从机地址都会被重复,但 R/$\overline{W}$ 位取反。如果主机接收器发送一个停止或重复起始信号,它之前应该发送了一个不响应信号($\overline{A}$)。

| S | 从机地址 | 0 | A | 数据 | A/$\overline{A}$ | S | 从机地址 | 1 | A | 数据 | $\overline{A}$ | P |

图 11.33　复合格式

由以上格式可见,无论哪种传输方式,起始信号、终止信号和地址均由主机发出(阴影部分),数据字节的传送方向则由寻址字节中的方向位规定,每个字节的传送都必须有应答位(A 或 $\overline{A}$)。

4. I²C 总线的寻址

(1) 第1个字节的位定义

I²C 总线的寻址过程中通常在起始条件后的第1个字节决定了主机选择哪一个从机。

第1个字节的前7位组成了从机地址,如图11.34所示。最低位(LSB)是第8位,它决定了报文的方向。第1个字节的最低位是0表示主机会写数据到被选中的从机,1表示主机会向从机读数据。

当发送了一个地址后,系统中的每个器件都将起始条件后的前7位与它自己的地址比较。如果一样,器件则认为自己被主机寻址,至于是从机接收器还是从机发送器都由 R/$\overline{W}$ 位决定。

MSB(7)	6	5	4	3	2	1	LSB(0)
从机地址							R/$\overline{W}$

图 11.34　寻址字节的格式

从机地址由一个固定和一个可编程的部分构成。由于很可能在一个系统中有几个同样的器件,从机地址的可编程部分决定了这些器件可以连接到 I²C 总线上的最大数量。器件可编程地址位的数量由它可使用的引脚决定。例如,如果器件有4个固定的和3个可编程的地址位,那么相同的总线上共可以连接8个相同的器件。

(2) 寻址字节中的特殊地址

I²C 总线规定了一些特殊地址。两组8位地址(0000xxxx 和 1111xxxx)已被保留作为特殊用途,见表11.7。

第 11 章 单片机高级应用实例

表 11.7 I²C 总线特殊地址表

从机地址	R/W̄	描述	从机地址	R/W̄	描述
0000000	0	通用呼叫地址	0000011	x	
0000000	1	起始地址	00001xx	x	保留
0000001	x	CBUS 地址	11111xx	x	
0000010	x	保留给不同总线的地址	11110xx	x	十位从机地址

起始信号后的第 1 字节的 8 位为 00000000 时,称为通用呼叫地址,用于寻访连接到 I²C 总线上所有器件的地址。但是,如果器件在通用呼叫结构中不需要任何数据,它可以通过不发出响应来忽略这个地址。如果器件要求从广播呼叫地址得到数据,它会响应这个地址并作为从机接收器运转。第 2 个和接下来的字节会被能处理这些数据的每个从机接收器响应。通用呼叫地址的含义通常在第 2 个字节说明。格式如图 11.35 所示。

第1个字节(通用呼叫地址)								第2个字节							LSB
0	0	0	0	0	0	0	0	A	x	x	x	x	x	x	B	A

图 11.35 通用呼叫地址使用格式

当第 2 个字节的方向位 B 为 0 时,分以下两种情况:
① 第 2 个字节为 06H(00000110)时,硬件复位和通过硬件写入从机地址的可编程部分,即接收到这个两字节序列时,所有打算响应这个通用呼叫地址的器件将复位并接受它们地址的可编程部分。要保证能响应命令的从机器件复位时不拉低 SDA 和 SCL 线,以免堵塞总线。
② 第 2 个字节为 04H(00000100)时,通过硬件写从机地址的可编程部分。所有通过硬件定义地址可编程部分的器件会在接收这两个字节序列时锁存可编程的部分,但器件不会复位。

当第 2 个字节的方向位 B 为 1 时,这两字节序列是一个硬件通用呼叫,即序列由一个硬件主机器件发送,例如,键盘扫描器不能编程来发送一个期望的从机地址。由于硬件主机预先不知道报文要传输给哪个器件,它只能产生这个硬件通用呼叫和它自己的地址让系统识别,如图 11.36 所示。

第 2 个字节中剩下的 7 位是硬件主机的地址。这个地址被一个连接到总线的智能器件识别(例如单片机)并指引硬件主机的信息。如果硬件主机作为从机,它的从机地址和主机地址一样。

| S | 0000 0000 | A | 主机地址 | I | A | 数据 | A | 数据 | A | P |

图 11.36 硬件通用呼叫格式

在一些系统中,可以选择系统复位时硬件主机器件工作在从机接收器方式,这时由系统中的主机告诉硬件主机器件,数据应送往的从机器件地址,当硬件主机器件要发送数据时,就可以直接向指定机器发送数据了。

(3) 起始字节

微控制器可以用两种方法连接到 I²C 总线。有片上硬件 I²C 总线接口的单片机可被编程为只由总线请求中断。当器件没有这种接口时,它必须经常通过软件监控总线。显然,单片机监控或查询总线的次数越多,用于执行自己功能的时间越少。

因此,快速硬件器件和相关依靠查询的慢速微控制器有速度差别。

此时,数据传输前应有一个比正常时间长的起始过程,如图 11.37 所示。起始过程由起始条件(S)、起始字节(00000001)、响应时钟脉冲(ACK)和重复起始条件(Sr)组成。

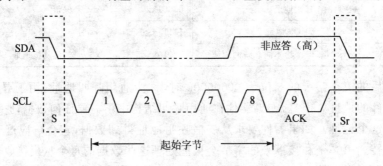

图 11.37 起始过程

在起始信号后的应答脉冲仅仅是为了和总线使用的格式一样,并不要求器件在这个脉冲期间作应答。

11.3.3 AT24C 系列存储器的软、硬件设计

1. AT24C 系列存储器介绍

AT24C 系列存储器是 ATMEL 公司的典型串行 EEPROM 产品。24CXX 系列的引脚设置如图 11.38 所示,引脚介绍见表 11.8。

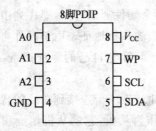

图 11.38 AT24C 系列 EEPROM 引脚图

表 11.8 引脚介绍

引脚	功能
A0~A2	地址编码输入
GND	接地
V_{CC}	电源
WP	写保护
SCL	时钟信号输入
SDA	数据信号

AT24C 系列存储器型号与容量的关系如下:

AT24C01　128 B(128×8 位);

AT24C02　256 B(256×8 位);

AT24C04　512 B(512×8 位);

AT24C08　1 KB(1K×8 位);

AT24C16　2 KB(2K×8 位)。

(1) 写入过程

AT24C 系列 EEPROM 芯片的固定地址部分为 1010;可变的 3 位地址编码由 A2、A1、A0

引脚接高、低电平确定,形成一个7位的器件编码地址。

单片机进行写入操作时,首先发送该器件的7位地址码和写方向位0,发送完后释放SDA线并在SCL线上产生第9个时钟信号。被选中的存储器在确认是自己的地址后,在SDA线上产生一个应答信号作为响应,单片机收到应答后就可以传送数据了。写入n个字节的格式如图11.39所示。

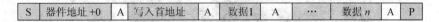

图 11.39 写入 n 个字节的格式

传送数据时,单片机首先发送一个字节的被写入器件的存储区的首地址。收到存储器的应答后,单片机就逐个发送各数据字节,但每发送一个字节都要等待应答。

AT24C系列器件片内地址在接收到每一个数据字节后自动加1,在芯片的字节限度内,只需输入首地址。在超过芯片的字节限度时,数据地址将返回到首地址,前面的数据将被覆盖。

当要写入的数据传送完后,单片机应发出终止信号以结束写入操作。

(2) 读出过程

单片机进行读操作,首先发送该器件的7位地址码和写方向位0("伪写":装入要读出器件存储区的首地址),发送完后释放SDA线并在SCL线上产生第9个时钟信号。被选中的存储器件在确认是自己的地址后,在SDA线上产生一个应答信号作为响应。

然后,单片机再发送一个字节的要读出器件的存储区首地址,收到存储器的应答后,单片机再重复一次起始信号并发出器件地址和读方向位1,收到器件应答后就可以读出数据字节。每读出一个字节,单片机都要回复应答信号。当最后一个字节数据读完后,单片机应返回一个"非应答"(高电平)信号,并发出终止信号以结束读出操作。

读出n个字节的数据格式如图11.40所示。

图 11.40 读出 n 个字节的数据格式

无论是写入还是读出,被操作在256字节以内时,一个字节(8位)的寻址范围即可满足要求。当容量大于256字节时,采用占用器件引脚地址(A0、A1、A2)的办法,将引脚地址作为页地址(占用的引脚地址线悬空)。当容量为512字节时(2页),A1、A2作为器件地址编码,A0引脚作为页码地址(悬空);当容量为1KB时(4页),A2作为器件地址编码,A0、A1引脚作为页码地址(悬空);当容量为2KB时(8页),A0、A1、A2引脚都作为页码地址(悬空);当容量在4KB以上时,存储单元地址字节将用两个字节表示。

2. 读/写 AT24C 系列存储器应用硬件原理图

本例中将分别介绍采用时序模拟 I^2C 总线和 TWI(I^2C)接口读/写 24C 系列存储器的应用设计。24C02芯片位于增强型 PIC 实验板 24CXX 插座上。该例程的功能为:分别向 24C02 芯片的 01H 地址写入数据 55H,即十进制的数字 85;02H 地址写入数据 AAH,即十进制的数字 170,然后用读取函数读出 02H 地址中的数值,并显示在数码管上,读出 02H 地址中的值为

170。实验演示图如图 11.41 所示。

图 11.41　24C02 实验演示图

硬件原理图如图 11.42 所示。

3. 软件流程图

软件流程图如图 11.43 所示。

4. 软件代码

```
/****************************************************/
/*杭州晶控电子有限公司                              */
/*http://www.hificat.com                            */
/*24C02 测试程序                                    */
/*目标器件:PIC16F877A                               */
/*晶振:4.0 MHz                                      */
/*编译环境:MPLAB V7.51                              */
/****************************************************/

/****************************************************
```

第 11 章 单片机高级应用实例

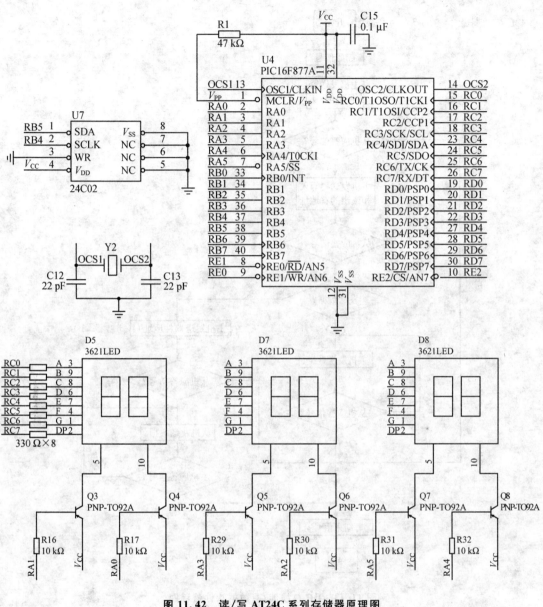

图 11.42 读/写 AT24C 系列存储器原理图

包含头文件
/***/
#include<pic.h>
/**
数据定义
***/
#define address   0xa
#define nop() asm("nop")
#define   OP_READ   0xa1   //器件地址以及读取操作
#define   OP_WRITE 0xa0   //器件地址以及写入操作
/***

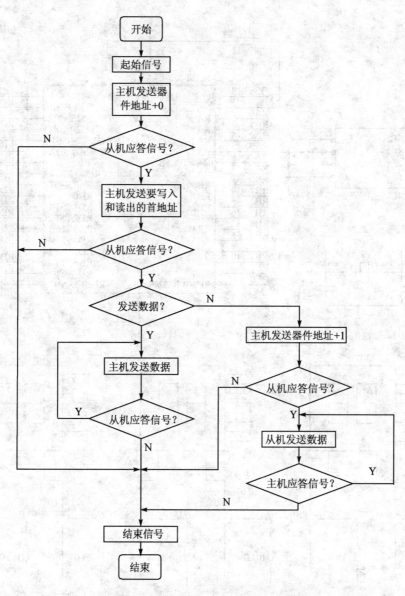

图 11.43 I²C 总线读/写数据软件流程图

端口定义

/***/
#define SCL RB4
#define SDA RB5
#define SCLIO TRISB4
#define SDAIO TRISB5
/**
共阴 LED 段码表
***/
const char
table[] = {0xC0,0xF9,0xA4,0xB0,0x99,0x92,0x82,0xF8,0x80,0x90,0x88,0x83,0xC6,0xA1,0x86,0x8E};

```
/************************************************************
函数功能:延时子程序
入口参数:
出口参数:
*************************************************************/
void delay()
{
    int i;
    for(i = 0;i<100;i++)
        {;}
}
/************************************************************
函数功能:开始信号
入口参数:
出口参数:
*************************************************************/
void start()
{
    SDA = 1;
    nop();
    SCL = 1;
    nop();nop();nop();nop();nop();
    SDA = 0;
    nop();nop();nop();nop();nop();
    SCL = 0;
    nop();nop();
}
/************************************************************
函数功能:停止信号
入口参数:
出口参数:
*************************************************************/
void stop()
{
    SDA = 0;
    nop();
    SCL = 1;
    nop();nop();nop();nop();nop();
    SDA = 1;
    nop();nop();nop();nop();
}
/************************************************************
函数功能:读取数据
入口参数:
出口参数:read_data
```

```c
*********************************************************/
unsigned char shin()
{
    unsigned char i,read_data;
    for(i = 0;i<8;i++)
    {   nop();nop();nop();
        SCL = 1;
        nop();nop();
        read_data << = 1;
        if(SDA == 1)
            read_data = read_data + 1;
        nop();
        SCL = 0;
    }
    return(read_data);
}
/*************************************************************
函数功能:向 EEPROM 写数据
入口参数:write_data
出口参数:ack_bit
*************************************************************/
bit shout(unsigned char write_data)
{
    unsigned char i;
    unsigned char ack_bit;
    for(i = 0; i < 8; i++)
    {
        if(write_data&0x80)
            SDA = 1;
        else
            SDA = 0;
        nop();
        SCL = 1;
        nop();nop();nop();nop();nop();
        SCL = 0;
        nop();
        write_data << = 1;
    }
    nop();nop();
    SDA = 1;
    nop();nop();
    SCL = 1;
    nop();nop();nop();
    ack_bit = SDA;              //读取应答
    SCL = 0;
```

```c
    nop();nop();
    return ack_bit;                          //返回AT24Cxx应答位
}
/***********************************************************
函数功能:向指定地址写数据
入口参数:addr,write_data
出口参数:
***********************************************************/
void write_byte(unsigned char addr, unsigned char write_data)
{
    start();
    shout(OP_WRITE);
    shout(addr);
    SDAIO = 0;                               //在写入数据前SDA应设置为输出
    shout(write_data);
    stop();
    delay();
}
/***********************************************************
函数功能:向指定地址读数据
入口参数:random_addr
出口参数:read_data
***********************************************************/
unsigned char read_random(unsigned char random_addr)
{   unsigned char read_data;
    start();
    shout(OP_WRITE);
    shout(random_addr);
    start();
    shout(OP_READ);
    SDAIO = 1;                               //读取数据前SDA应设置为输入
    read_data = shin();
    stop();
    return(read_data);
}
/***********************************************************
函数功能:显示子程序
入口参数:k
出口参数:
***********************************************************/
void display(unsigned char k)
{

    TRISA = 0X00;                            //设置A口全为输出
    PORTC = table[k/1000];                   //显示千位
```

```c
    PORTA = 0xEF;
    delay();
    PORTC = table[k/100 % 10];              //显示百位
    PORTA = 0xDF;
    delay();

    PORTC = table[k/10 % 10];               //显示十位
    PORTA = 0xFB;
    delay();
    PORTC = table[k % 10];                  //显示个位
    PORTA = 0xF7;
    delay();
}
/*************************************************************
函数功能:主程序
入口参数:
出口参数:
**************************************************************/
void main()
{
    unsigned char eepromdata;
    TRISB = 0X00;
    OPTION& = ~(1 << 7);                    //设置 RB 口内部上拉电阻有效
    TRISC = 0X00;
    PORTB = 0X00;
    PORTC = 0xff;
    TRISA = 0X00;

    eepromdata = 0;
    write_byte(0x01,0x55);                  //向 01H 地址写入 55H(85)的数据
    delay();
    write_byte(0x02,0xAA);                  //向 02H 地址写入 AAH(170)的数据
    delay();
    eepromdata = read_random(0x02);         //读取其中一个地址内的数据来验证
    while(1)
    {
        display(eepromdata);
    }
}
```

11.4 93CXX 系列存储器应用实例

11.3 节介绍了 I²C 总线结构的存储器 24CXX 的应用,在一般的存储器件中 SPI 结构的存储器也用得比较广泛,本节就来介绍 SPI 总线结构的存储器 93CXX 的应用。

11.4.1 SPI 总线简介

1. SPI 总线基本概念

串行外设接口(SPI,Serial Peripheral Interface) 总线是 Freescale(原 Motorola)公司推出的一种同步串行接口技术,允许 MCU 与各种外围设备以串行方式进行通信、数据交换。外围设备包括 Flash、RAM、A/D 转换器、网络控制器、MCU 等。SPI 是一种高速的、全双工、同步的通信总线,并且在芯片的引脚上只占用 4 根线,节约了芯片的引脚,同时为 PCB 在布局上节省空间,提供方便。正是出于这种简单易用的特性,现在越来越多的芯片集成了这种通信协议。

SPI 工作模式有两种:主模式和从模式。SPI 是一种允许一个主设备启动一个从设备的同步通信的协议,用来完成数据的交换。也就是说,SPI 是一种规定好的通信方式。这种通信方式的优点是占用端口较少,一般 4 根就够基本通信了(不算电源线),同时传输速度也很高。一般来说主设备要有 SPI 控制器(也可用模拟方式)就可以与基于 SPI 的芯片通信了。

2. SPI 总线系统结构

SPI 系统可直接与各个厂家生产的多种标准外围器件直接接口,一般使用 4 条线:串行时钟线(SCK)、主机输入/从机输出数据线 MISO(DO)、主机输出/从机输入数据线 MOSI(DI) 和低电平有效的从机选择线 CS。MISO 和 MOSI 用于串行接收和发送数据,先为 MSB(高位),后为 LSB(低位)。在 SPI 设置为主机方式时,MISO 是主机数据输入线,MOSI 是主机数据输出线。SCK 用于提供时钟脉冲将数据逐位的传送。SPI 总线器件间传送数据框图如图 11.44 所示。

3. SPI 总线的接口特性

利用 SPI 总线可在软件的控制下构成各种系统,如 1 个主 MCU 和几个从 MCU、几个从 MCU 相互连接构成多主机系统(分布式系统)、1 个主 MCU 和 1 个或几个从 I/O 设备所构成的各种系统等。在大多数应用场合,可使用 1 个 MCU 作为主控机来控制数据,并向 1 个或几个从外围器件传送该数据。从器件只有在主机发命令时才能接收或发送数据。数据的传输格式是高位(MSB)在前,低位(LSB)在后。

当一个主控机通过 SPI 与几种不同的串行 I/O 芯片相连时,必须使用每片的允许控制端,这可通过 MCU 的 I/O 端口输出线来实现。但应特别注意这些串行 I/O 芯片的输入/输出特性。首先是输入芯片的串行数据输出是否有三态控制端。平时未选中芯片时,输出端应处于高阻态。若没有三态控制端,则应外加三态门;否则 MCU 的 MISO 端只能连接 1 个输入芯片。其次是输出芯片的串行数据输入是否有允许控制端。因为只有在此芯片允许时,SCK 脉冲才把串行数据移入该芯片;在禁止时,SCK 对芯片无影响。若没有允许控制端,则应在外围用门电路对 SCK 进行控制,然后再加到芯片的时钟输入端;当然,也可以只在 SPI 总线上连接 1 个芯片,而不再连接其他输入或输出芯片。

4. SPI 总线的数据传输

SPI 是一个环形总线结构,其时序其实很简单,主要是在 SCK 的控制下,两个双向移位寄

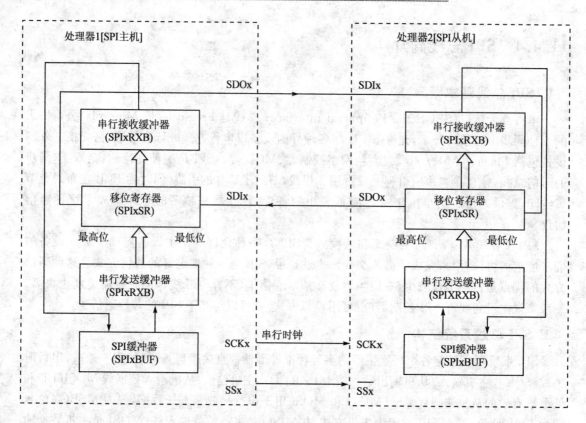

图 11.44 SPI 总线器件间传送数据框图

存器进行数据交换。SPI 数据传输原理很简单,它需要至少 4 根线,事实上 3 根也可以。这 4 根线是所有基于 SPI 的设备共有的,它们是 SDI(数据输入)、SDO(数据输出)、SCK(时钟)、CS(片选)。

  CS 控制芯片是否被选中,也就是说只有片选信号为预先规定的使能信号时(高电位或低电位),对此芯片的操作才有效。这就使在同一总线上连接多个 SPI 设备成为可能。在 SPI 方式下数据是逐位传输的,这就是 SCK 时钟线存在的原因,由 SCK 提供时钟脉冲,SDI、SDO 基于此脉冲完成数据传输。数据输出通过 SDO 线,数据在时钟上升沿或下降沿时改变,在紧接着的下降沿或上升沿被读取。完成一位数据传输,输入也使用同样原理。这样,在至少 8 次时钟信号的改变(上沿和下沿为一次)后,就可以完成 8 位数据的传输。假设 8 位寄存器内装的是待发送的数据 10101010,上升沿发送、下降沿接收、高位先发送,那么第 1 个上升沿来的时候,数据将会是高位数据 SDO=1;下降沿到来的时候,SDI 上的电平将被存到寄存器中去,那么这时寄存器=0101010SDI,这样在 8 个时钟脉冲以后,两个寄存器的内容互相交换一次。这样就完成了一个 SPI 时序。下面举一个实例来说明其数据传送过程。

  假设主机和从机初始化就绪,并且主机的 sbuff=AAH,从机的 sbuff=55H,下面将分步对 SPI 的 8 个时钟周期的数据情况演示一遍(表 11.9 中"上"表示上升沿,"下"表示下降沿)。

  这样就完成了两个 8 位寄存器的交换,SDI、SDO 是相对于主机而言的。其中 CS 引脚作为主机的时候,从机可以把它拉低被动选为从机;作为从机的时候,可以作为片选脚用。根据以上分析,一个完整的传送周期是 16 位,即两个字节,因为,首先主机要发送命令过去,然后从机根据主机的命令准备数据,主机在下一个 8 位时钟周期才把数据读回来。这样的传输方式有一个优点,与普通的串行通信不同,普通的串行通信一次连续传送至少 8 位数据;而 SPI 允许数据一位一位的传送,甚至允许暂停,因为 SCK 时钟线由主控设备控制,当没有时钟跳变时,从设备不采集或传送数据。也就是说,主设备通过对 SCK 时钟线的控制可以完成对通信的控制。SPI 还是一个数据交换协议,因为 SPI 的数据输入和输出线独立,所以允许同时完成数据的输入和输出。

表 11.9 脉冲与数据变化对应表

脉冲序号	主机缓存	从机缓存	SDI	SDO	脉冲序号	主机缓存	从机缓存	SDI	SDO
0	10101010	01010101	0	0	5 上	0100101x	1011010x	0	1
1 上	0101010x	1010101x	0	1	5 下	01001010	10110101	0	1
1 下	01010100	10101011	0	1	6 上	1001010x	0110101x	1	0
2 上	1010100x	0101011x	1	0	6 下	10010101	01101010	1	0
2 下	10101001	01010110	1	0	7 上	0010101x	1101010x	0	1
3 上	0101001x	1010110x	0	1	7 下	00101010	11010101	0	1
3 下	01010010	10101101	0	1	8 上	0101010x	1010101x	1	0
4 上	1010010x	0101101x	1	0	8 下	01010101	10101010	1	0
4 下	10100101	01011010	1	0					

对于不带 SPI 串行总线接口的单片机来说,可以使用软件来模拟 SPI 的操作,包括串行时钟、数据输入和数据输出,如可以定义 3 个普通 I/O 口来模拟 SPI 器件的 SCK、MISO、MOSI。对于不同的串行接口外围芯片,它们的时钟时序是不同的。对于在 SCK 的上升沿输入(接收)数据和在下降沿输出(发送)数据的器件,一般应将其串行时钟输出口的初始状态设置为 1,而在允许接口后再置为 0。这样,MCU 在输出 1 位 SCK 时钟的同时,将使接口芯片串行左移,从而输出 1 位数据至单片机的模拟 MISO 线,此后再置 SCK 为 1,使单片机从模拟的 MOSI 线输出 1 位数据(先为高位)至串行接口芯片。至此,模拟 1 位数据输入、输出便宣告完成。此后再置 SCK 为 0,模拟下 1 位数据的输入输出……,依此循环 8 次,即可完成 1 次通过 SPI 总线传输 8 位数据的操作。对于在 SCK 的下降沿输入数据和上升沿输出数据的器件,则应取串行时钟输出的初始状态为 0,即在接口芯片允许时,先置 SCK 为 1,以便外围接口芯片输出 1 位数据(MCU 接收 1 位数据),之后再置时钟为 0,使外围接口芯片接收 1 位数据(MCU 发送 1 位数据),从而完成 1 位数据的传送。

11.4.2 93C46 存储器的软、硬件设计

下面就以目前单片机系统中广泛应用的 SPI 接口的数据存储器 93C46 为例,介绍 SPI 器件的基本应用。

1. 93C46 串行存储器简介

93C46 是 1 Kb 串行 EEPROM 储存器。每一个储存器都可以通过 DI/DO 引脚写入或读

出。它的存储容量为1024位,内部为128×8位或64×16位。93C46为串行三线SPI操作芯片,在时钟时序的同步下接收数据口的指令。指令码为9位十进制码,具有7个指令:读、清除、写、写使能、写禁止、芯片清除及芯片写入。该芯片擦写时间快,有擦写使能保护,可靠性高,擦写次数可达100万次。93C46的引脚功能图如图11.45所示,其指令格式选择如表11.10所列。

CS:芯片选择。
SCK:时钟。
DI:串行数据输入。
DO:串行数据输出。
V_{SS}:接地。
NC:空脚(应用时不用接任何电路)。
V_{CC}:电源。

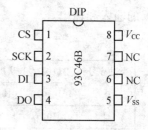

图11.45　93C46的引脚图

表11.10　93C46串行EEPROM指令格式选择表

指令	起始位	操作数	地址		数据	
			64×16	128×8	64×16	128×8
读(READ)	1	10	A5～A0	A6～A0		
清除(ERASE)	1	11	A5～A0	A6～A0		
写(WRITE)	1	01	A5～A0	A6～A0	D15～D0	D7～D0
写使能(EWEN)	1	00	11xxxx	11xxxxx		
写禁止(EWDS)	1	00	00xxxx	00xxxxx		
芯片清除(ERAL)	1	00	10xxxx	10xxxxx		
芯片写入(WRAL)	1	00	01xxxx	01xxxxx	D15～D0	D7～D0

指令说明:

① 读(READ):当下达10xxxxxx指令后,地址(xxxxxxxx)的数据在SCK=1时由DO输出。

② 写(WRITE):在写入数据前,必须先下达写使能(EWEN)指令,然后再下达01xxxxxx指令。当SCK=1时,会把数据码写入指定地址(xxxxxxxx);而DO=0时,表示还在进行写操作,写入结束后DO会转为高电平。写入动作完成后,必须再下达写禁止(EWDS)命令。

③ 清除(ERASE):下达清除指令11xxxxxx后会将地址(xxxxxxxx)的数据清除。

④ 写使能(EWEN):下达0011xxxx指令后,才可以进行写(WRITE)操作。

⑤ 写禁止(EWDS):下达0000xxxx指令后,才可重复进行写入(WRITE)操作。

⑥ 芯片清除(ERAL):下达0010xxxx指令后,全部禁止。

⑦ 芯片写入(WRAL):下达0001xxxx指令后,全部写入0。

2. 程序功能

本例用来实现对93C46存储器的读/写操作,并验证数据是否正确。93C46芯片位于增强型PIC实验板93CXX插座上,本程序先分别向02H和03H两个地址写入55H和AAH,然后读其中一个地址,并将读到的数据显示出来验证是否正确。程序默认是读03H地址内的数据,读者也可以修改地址数据来读其他地址数据。图 11.46 是 93C46 实验演示图。

图 11.46　93C46 实验演示图

3. 硬件原理图

图 11.47 为 93C46 实验的硬件原理图。

4. 软件流程图

图 11.48 为软件流程图。

5. 软件代码

```
/***************************************************************/
/* 杭州晶控电子有限公司                                          */
/* http://www.hificat.com                                        */
/* 93C46 测试程序                                                */
/* 目标器件:PIC16F877A                                           */
/* 晶振:4.0 MHz                                                  */
/* 编译环境:MPLAB V7.51                                          */
```

PIC®单片机快速入门

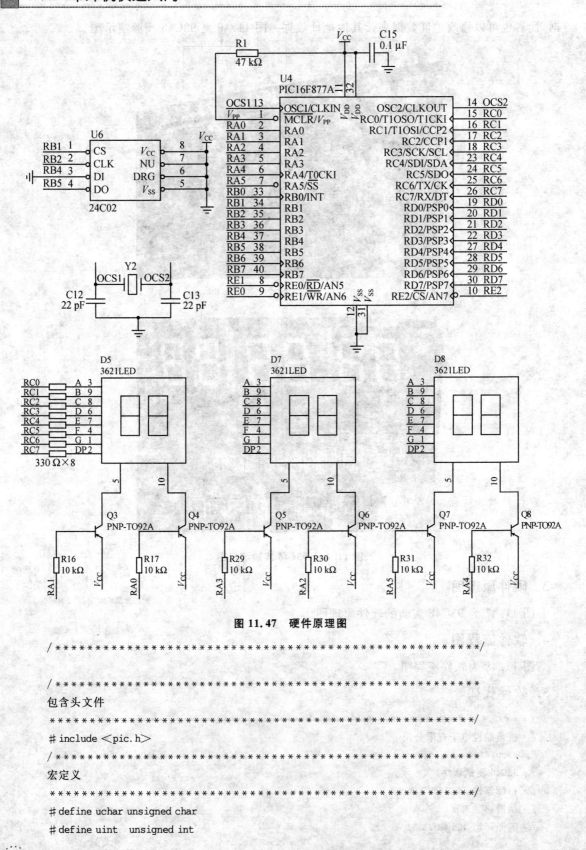

图 11.47 硬件原理图

```
/**************************************************/

/*************************************************
包含头文件
*************************************************/
#include <pic.h>
/*************************************************
宏定义
*************************************************/
#define uchar unsigned char
#define uint  unsigned int
```

第 11 章 单片机高级应用实例

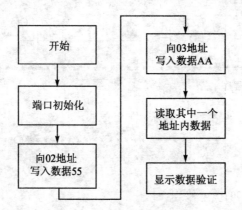

图 11.48　软件流程图

```
/***************************************************************
端口操作定义
***************************************************************/
#define testbit(var,bit1)   ((var)&(1 << (bit1)))        //检测某位的值
#define setbit(var,bit1)    ((var)|=(1 << (bit1)))       //置位
#define clrbit(var,bit1)    ((var)&=~(1 << (bit1)))      //清零
/***************************************************************
端口定义
***************************************************************/
#define CS RB1
#define SK RB2
#define DI RB4
#define DO RB5
/***************************************************************
共阴 LED 段码表
***************************************************************/
unsigned char TABLE[] = {0xc0,0xf9,0xa4,0xb0,0x99,0x92,0x82,0xf8,0x80,0x90}; //0~9 的显示代码
/***************************************************************
全局变量定义及初始化
***************************************************************/
uchar temp = 0,InData = 0;
uint  result = 0;
/***************************************************************
函数功能:数码管延时子程序
入口参数:
出口参数:
***************************************************************/
void delay(char x,char y)
{
    char z;
    do{
        z = y;
```

```
        do{;}while( -- z);
    }while( -- x);
}
/****************************************************
函数功能:数码管显示子程序
入口参数:x
出口参数:
****************************************************/
void display(int x)
{
    PORTC = TABLE[x/1000];
    PORTA = 0xEF;
    delay(10,70);
    PORTC = TABLE[x/100 % 10];
    PORTA = 0xDF;
    delay(10,70);
    PORTC = TABLE[x/10 % 10];
    PORTA = 0xFB;
    delay(10,70);
    PORTC = TABLE[x % 10];
    PORTA = 0xF7;
    delay(10,70);
}
/****************************************************
函数功能:写入数据使能子程序
入口参数:
出口参数:
****************************************************/
void Ewen(void)
{
    CS = 0;
    SK = 0;
    CS = 1;
    InData = 0x98;                          //写使能指令 10011xxxx
    for(temp = 9;temp! = 0;temp -- )
    {
        DI = (testbit(InData,7)? 1:0);
        SK = 1;
        SK = 0;
        InData << = 1;
    }
    CS = 0;
}
/****************************************************
函数功能:写入数据禁止子程序
```

入口参数:
出口参数:
***/
```
void Ewds(void)                      //擦除/写禁止
{
    CS = 0;
    SK = 0;
    CS = 1;
    InData = 0x80;                   //写禁止指令 10000xxxx
    for(temp = 9;temp! = 0;temp -- )
    {
        DI = (testbit(InData,7))? 1:0;
        SK = 1;
        SK = 0;
        InData << = 1;
    }
    CS = 0;
}
```
/***
函数功能:数据清除子程序
入口参数:
出口参数:
***/
```
void Erase(uchar address)
{
    Ewen();
    SK = 0;
    DI = 1;                          //起始位 1
    CS = 0;
    CS = 1;
    SK = 1;
    SK = 0;                          //起始位结束
    address |= 0xc0;
    for(temp = 8;temp! = 0;temp -- )  //写入 8 位清除指令
    {
        DI = testbit(address,7)? 1:0;
        SK = 1;
        SK = 0;
        address << = 1;
    }
    CS = 0;
    DO = 1;
    CS = 1;
    SK = 1;
    while(DO == 0)                   //检测写入是否结束
```

```c
    {
        SK = 0;
        SK = 1;
    }
    SK = 0;
    CS = 0;
    Ewds();
}
/*************************************************************
函数功能:芯片写入子程序
入口参数:
出口参数:
**************************************************************/
void Wral(uint _InData)
{
    uchar address = 0x88;                   //芯片写入指令 10001xxxx
    Ewen();
    CS = 0;
    SK = 0;
    CS = 1;

    for(temp = 9;temp! = 0;temp-- )         //写入芯片写入指令
    {
        DI = testbit(address,7)? 1:0;
        SK = 1;
        SK = 0;
        address << = 1;
    }
    for(temp = 16;temp! = 0;temp-- )        //写入 16 位数据码,全为 0
    {
        DI = testbit(_InData,15)? 1:0;
        SK = 1;
        SK = 0;
        _InData << = 1;
    }
    CS = 0;
    DO = 1;
    CS = 1;
    SK = 1;
    while(DO == 0)                          //检测写入是否结束
    {
        SK = 0;
        SK = 1;
    }
    SK = 0;
```

```c
    CS = 0;
    Ewds();
}
/************************************************************
函数功能:芯片清除子程序
入口参数:
出口参数:
*************************************************************/
void Eral(void)
{
    Ewen();
    CS = 0;
    SK = 0;
    CS = 1;
    InData = 0x90;                          //清除指令 10010xxxx
    for(temp = 9;temp! = 0;temp -- )        //写入清除指令
    {
        DI = testbit(InData,7)? 1;0;
        SK = 1;
        SK = 0;
        InData << = 1;
    }
    CS = 0;
    DO = 1;
    CS = 1;
    SK = 1;
    while(DO == 0)                          //检测写入是否结束
    {
        SK = 0;
        SK = 1;
    }
    SK = 0;
    CS = 0;
    Ewds();
}
/************************************************************
函数功能:读出某地址数据子程序
入口参数:address
出口参数:result
*************************************************************/
uint Read(uchar address)                    //读
{
    Ewen();
    SK = 0;
    DI = 1;                                 //起始位 1
```

```c
    CS = 0;
    CS = 1;
    SK = 1;
    SK = 0;                                     //起始位结束
    address = address&0x3f|0x80;                //位7置1,位6清零
    for(temp = 8;temp! = 0;temp -- )
    {
        DI = testbit(address,7)? 1:0;           //写入8位地址码
        SK = 1;
        SK = 0;
        address << = 1;
    }
    DO = 1;                                     //写入结束
    for(temp = 16;temp! = 0;temp -- )           //读出16位数据码
    {
        SK = 1;
        result = (result << 1)|DO;
        SK = 0;
    }
    CS = 0;
    Ewds();
    return(result);
}
/************************************************************
函数功能:写入数据子程序
入口参数:address,_InData
出口参数:
************************************************************/
void Write(uchar address,uint _InData)
{
    Ewen();
    SK = 0;
    DI = 1;                                     //起始位1
    CS = 0;
    CS = 1;
    SK = 1;
    SK = 0;                                     //起始位结束
    address = address&0x3f|0x40;                //位7清零;位6置1
    for(temp = 8;temp! = 0;temp -- )            //写入8位地址码
    {
        DI = testbit(address,7)? 1:0;
        SK = 1;
        SK = 0;
        address << = 1;
    }
```

```c
    for(temp = 16;temp! = 0;temp -- )          //写入16位数据码
    {
        DI = testbit(_InData,15)? 1:0;
        SK = 1;
        SK = 0;
        _InData << = 1;
    }
    CS = 0;
    DO = 1;
    CS = 1;
    SK = 1;
    while(DO == 0)                              //检测写入是否结束,写入结束后 DO 为高电平
    {
        SK = 0;
        SK = 1;
    }
    SK = 0;
    CS = 0;
    Ewds();
}
/************************************************************
函数功能:主程序
入口参数:
出口参数:
************************************************************/
void main(void)
{   uint n;
    TRISB = 0;
    setbit(TRISB,5);
    clrbit(TRISB,6);

    ADCON1 = 0x07;                              //设置 A 口为普通数字口
    TRISA = 0x00;                               //设置 A 口方向为输出
    TRISC = 0x00;                               //设置 C 口方向为输出
    Write(0x02,85);                             //向 02H 地址写入 55H(85)
    Write(0x03,170);                            //向 03H 地址写入 AAH(170)

    while(1)
    {
        n = Read(0x03);                         //读取其中一个地址内数据验证
        display(n);                             //显示数据
    }
}
```

11.5 DS1302 时钟芯片应用实例

在很多单片机系统中都要求带有实时时钟电路,如最常见的数字钟、钟控设备、数据记录仪表。这些仪表往往需要采集带时标的数据,同时一般它们也会有一些需要保存起来的重要数据,有了这些数据,便于用户后期对数据进行观察、分析。本节就介绍市面上常见的时钟芯片 DS1302 的应用。DS1302 是美国 DALLAS 公司推出的一款高性能、低功耗、带内部 RAM 的实时时钟芯片(RTC),也就是一种能够为单片机系统提供日期和时间的芯片。

11.5.1 实时时钟简介

实时时钟芯片的主要功能是完成年、月、周、日、时、分、秒的计时,通过外部接口为单片机系统提供日历和时钟。一个最基本的实时时钟芯片通常会具有如下的一些部件:电源电路、时钟信号产生电路、实时时钟、数据存储器、通信接口电路、控制逻辑电路等,如图 10.49 所示,同时大部分的 RTC 还会提供一些额外的 RAM。

如果直接利用单片机的定时器,是不是也可以用软件自己来写时钟、日历程序?是的,但是会有几个问题,首先为了使时钟不至于停止,就得在停电时给单片机供电,而相对 RTC 来说,单片机的功耗高很多,电池往往无法长时间工作;其次单片机计时的准确度比较差,通常很难达到需要的精度。因此,目前 RTC 的使用已经十分广泛。

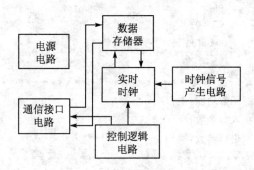

图 11.49 RTC 的基本组成

由于在需要 RTC 的场合一般不允许时钟停止,所以即使在单片机系统停电的时候,RTC 也必须能正常工作。因此一般都需要电池供电,同时考虑到电池使用寿命,所以有不少 RTC 把电源电路设计成能够根据主电源电压自动切换的形式。自动切换 RTC 使用主电源或备用电池,即当断电的时候,后备电池能够自动给 RTC 供电,而像 DS1302 还增加了电池充电电路,用来对可充锂电池充电。

综上所述,RTC 电路的主要特点是功耗低,精度高。那么,RTC 在使用过程中是如何控制精度的呢?一般,RTC 都使用 32 768 Hz 的晶振,本身误差小(5~20 PPM),同时很多设备在生产过程中对这个频率进行过校准。主要方法就是改变从晶振引脚到地的两个电容值的大小,通过测试 RTC 输出秒信号的频率,把电容改成合适的数值,使精度控制在合理的范围内。当然目前也有些时钟芯片在片内内置了电容阵列,可以自动调整。影响精度的另外一个原因,就是温度,因此有很多产品在采用无内置温补电路的时候,会使用软件对计时进行温度补偿。当然,现在也有些 RTC 内置了温度补偿,甚至还可以为系统提供环境温度值。

最常用的 RTC 有 DS1302 和 DS12887 等,当然还有很多其他的同类产品。下面按功能不同对几个比较常见的 RTC 给以简单的比较,如表 11.11 所列。

表 11.11　一些常用 RTC 的功能比较

RTC 型号	生产商	接口方式	晶振内置	补偿方式	温度补偿	电池内置	充电电路	报警输出
DS12887	DALLAS	并行	是	无	无	是	有	有
DS1302	DALLAS	串行	否	无	无	否	有	无
DS3231	DALLAS	串行	是	硬件	有	否	无	有
RX8025	EPSON	串行	是	软件	无	否	无	有
PCF8563	NXP	串行	否	无	无	否	无	有

11.5.2　DS1302 时钟芯片简介

DS1302 是 DALLAS 公司推出的涓流充电时钟芯片，内含一个实时时钟/日历和 31 字节静态 RAM，可以通过串行接口与单片机进行通信。实时时钟/日历电路提供秒、分、时、日、星期、月、年的信息，每个月的天数和闰年的天数可自动调整，时钟操作可通过 AM/PM 标志位决定采用 24 或 12 小时时间格式。DS1302 与单片机之间能简单地采用同步串行的方式进行通信，仅需三根 I/O 线：复位(RST)、I/O 数据线、串行时钟(SCLK)。时钟/RAM 的读/写数据以 1 字节或多达 31 字节的字符组方式通信。DS1302 工作时功耗很低，保持数据和时钟信息时，功耗小于 1 mW。DS1302 主要性能如下：

- 实时时钟具有能计算 2100 年之前的秒、分、时、日、星期、月、年的能力及闰年调整的能力。
- 31×8 位暂存数据存储 RAM。
- 串行 I/O 口方式，引脚数量少。
- 宽电压工作范围：2.0～5.5 V。
- 工作电流：2.0 V 时小于 300 nA。
- 读/写时钟或 RAM 数据时，有两种传送方式：单字节传送和多字节传送。
- 8 脚 DIP 封装或 SOIC 封装。

1. DS1302 的内部结构

DS1302 的外部引脚功能说明如图 11.50 所示。

X1,X2：32.768 kHz 晶振引脚。

GND：地。

RST：复位。

I/O：数据输入/输出。

SCLK：串行时钟。

V_{CC1}：电池引脚。

V_{CC2}：主电源引脚。

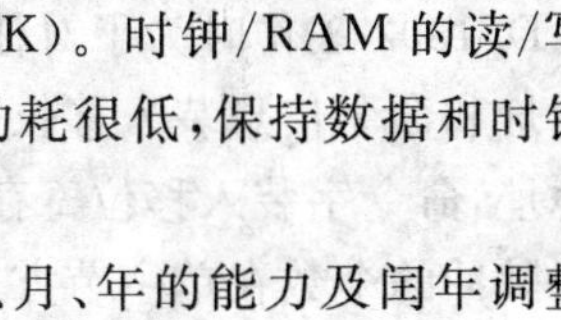

图 11.50　DS1302 封装图

DS1302 的内部结构如图 11.51 所示，主要组成部分为：输入移位寄存器、命令与控制逻辑、振荡电路与分频器、实时时钟以及 RAM。虽然数据分成两种，但是对单片机的程序而言，其实是一样的，就是对特定的地址进行读/写操作。

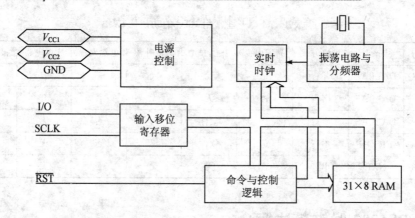

图 11.51 DS1302 的内部结构图

DS1302 含充电电路,可以对作为后备电源的可充电电池充电,并可选择充电使能和串入的二极管数目,以调节电池充电电压。不过目前对我们而言,最需要熟悉的是与时钟相关部分的功能,对于其他参数请参阅数据手册。

2. DS1302 的工作原理

DS1302 工作时为了对任何数据传送进行初始化,需要将复位脚(RST)置为高电平且将 8 位地址和命令信息装入移位寄存器。数据在时钟(SCLK)的上升沿串行输入,前 8 位指定访问地址,命令字装入移位寄存器,在之后的时钟周期,读操作时输出数据,写操作时输入数据。时钟脉冲的个数在单字节方式下为 8+8(8 位地址+8 位数据),在多字节方式下为 8+最多可达 248 的数据。

3. DS1302 的寄存器和控制命令

对 DS1302 的操作就是对其内部寄存器的操作,DS1302 内部共有 12 个寄存器,其中有 7 个寄存器与日历、时钟相关,存放的数据位为 BCD 码形式。此外,DS1302 还有年份寄存器、控制寄存器、充电寄存器、时钟突发寄存器及与 RAM 相关的寄存器等。时钟突发寄存器可一次性顺序读/写除充电寄存器以外的寄存器。日历、时间寄存器与控制字对照表如表 11.12 所列。

表 11.12 日历、时钟寄存器与控制字对照表

寄存器名称	7	6	5	4	3	2	1	0
	1	RAM/CK	A4	A3	A2	A1	A0	RD/W
秒寄存器	1	0	0	0	0	0	0	0/1
分寄存器	1	0	0	0	0	0	1	0/1
小时寄存器	1	0	0	0	0	1	0	0/1
日寄存器	1	0	0	0	0	1	1	0/1
月寄存器	1	0	0	0	1	0	0	0/1
星期寄存器	1	0	0	0	1	0	1	0/1
年寄存器	1	0	0	0	1	1	0	0/1
写保护寄存器	1	0	0	0	1	1	1	0/1
慢充电寄存器	1	0	0	1	0	0	0	0/1
时钟突发寄存器	1	0	1	1	1	1	1	0/1

最后一位 RD/W 为 0 时表示进行写操作,为 1 时表示读操作。
DS1302 内部主要寄存器如表 11.13 所列。

表 11.13 DS14302 内部主要寄存器分布表

寄存器名称	命令字		取值范围	各位内容							
	写	读		7	6	5	4	3	2	1	0
秒寄存器	80H	81H	00～59	CH	10SEC			SEC			
分寄存器	82H	83H	00～59	0	10MIN			MIN			
小时寄存器	84H	85H	01～12 或 00～23	12/24	0	A	HR	HR			
日期寄存器	86H	87H	01～28,29～31	0	0	10DATE		DATE			
月份寄存器	88H	89H	01～12	0	0	0	10M	MONTH			
周寄存器	8AH	8BH	01～07	0	0	0	0	0	DAY		
年份寄存器	8CH	8DH	00～99	10YEAR				YEAR			

DS1302 内部的 RAM 分为两类,一类是单个 RAM 单元,共 31 个,每个单元为一个 8 位的字节,其命令控制字为 C0H～FDH,其中奇数为读操作,偶数为写操作;另一类为突发方式下的 RAM,此方式下可一次性读/写所有 RAM 的 31 个字节,命令控制字为 FEH(写)、FFH(读)。

我们现在已经知道了控制寄存器和 RAM 的逻辑地址,接着就需要知道如何通过外部接口来访问这些资源。单片机是通过简单的同步串行总线与 DS1302 通信的,每次通信都必须由单片机发起,无论是读还是写操作,单片机都必须先向 DS1302 写入一个命令帧。这个帧的格式如图 11.52 所示,最高位 7 固定为 1,位 6 决定操作是针对 RAM 还是时钟寄存器,接着的 5 位是 RAM 或时钟寄存器在 DS1302 的内部地址,最后一位表示这次操作是读操作或是写操作。

物理上,DS1302 的通信接口由 3 条线组成,即 RST、SCLK 和 I/O。其中 RST 从低电平变成高电平启动一次数据传输过程,SCLK 是时钟线,I/O 是数据线。具体的读/写时序参考图 11.52,但是请注意,无论是哪种同步通信类型的串行接口,都是对时钟信号敏感的,而且一般数据写入有效是在上升沿,读出有效是在下降沿(DS1302 正是如此的,但是在芯片手册里没有明确说明)。如果不是特别确定,则把程序设计成这样:平时 SCLK 保持低电平,在时钟变动前设置数据,在时钟变动后读取数据,即数据操作总是在 SCLK 保持为低电平的时候,相邻的操作之间间隔有一个上升沿和一个下降沿。

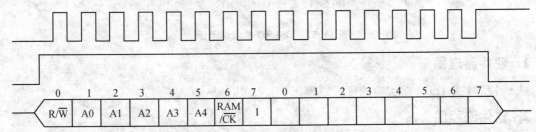

图 11.52 DS1302 的命令字结构和读/写时序

11.5.3 DS1302 的软、硬件设计

本例将实现对 DS1302 的读/写操作,将时钟数据在 LED 上显示出来,如图 11.53(a)所示,当前时间为 12:31:00,如图 11.53(b)所示,当前时间为 12:30:36。

(a) 数码管显示当前时间为12:31:00

(b) 数码管显示当前时间为12:30:36

图 11.53 DS1302 实验演示图

1. 硬件原理图

图 11.54 为 DS1302 实验的硬件原理图。

2. 软件流程图

图 11.55 为软件流程图。

第 11 章　单片机高级应用实例

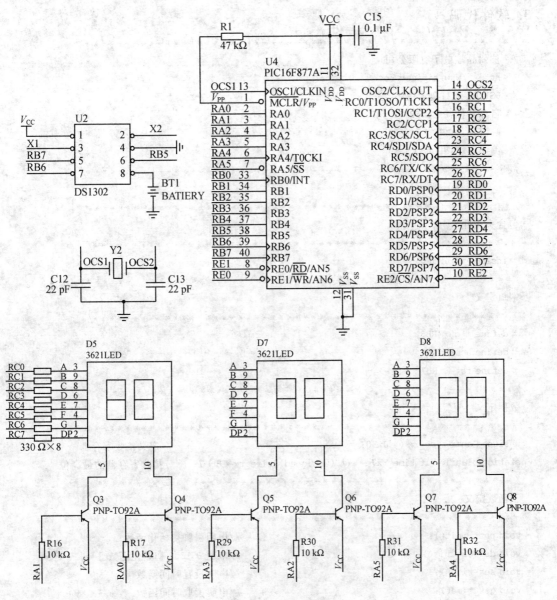

图 11.54　硬件原理图

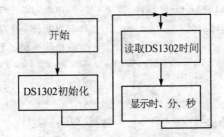

图 11.55　软件流程图

3. 软件代码

```
/***************************************************************/
/* 杭州晶控电子有限公司                                          */
/* http://www.hificat.com                                        */
/* DS1302 读写演示程序                                           */
/* 目标器件:PIC16F877A                                           */
/* 晶振:4.0 MHz                                                  */
/* 编译环境:MPLAB V7.51                                          */
/***************************************************************/


/***************************************************************
包含头文件
***************************************************************/
#include<pic.h>                /
/***************************************************************
端口定义
***************************************************************/
#define i_o      RB5
#define sclk     RB6
#define rst      RB7
/***************************************************************
数据定义
***************************************************************/
unsigned char time_rx @ 0x30;                          //定义接收寄存器
static volatile bit time_rx7   @ (unsigned)&time_rx*8+7;   //接收寄存器的最高位
/***************************************************************
子函数定义
***************************************************************/
void port_init();                       //申明引脚初始化函数
void ds1302_init();                     //申明 DS1302 初始化函数
void set_time();                        //申明设置时间函数
void get_time();                        //申明读取时间函数
void display();                         //申明显示函数
void time_write_1(unsigned char time_tx);  //申明写一个字节函数
unsigned char  time_read_1();           //申明读一个字节函数
void delay();                           //申明延时函数
/***************************************************************
时间和日期存放表
***************************************************************/
const char table[] = {0x00,0x30,0x12,0x8,0x3,0x06,0x06,0x00};
char table1[7];
/***************************************************************
共阴 LED 段码表
***************************************************************/
```

```c
const char table2[] = {0xC0,0xF9,0xA4,0xB0,0x99,0x92,0x82,0xF8,0x80,0x90,0x88,0x83,0xC6,
0xA1,0x86,0x8E};
```
/**
函数功能:主程序
入口参数:
出口参数:
**/
```c
void main()
{
    port_init();                          //调用引脚初始化函数
    TRISC = 0x00;
    ds1302_init();                        //调用 DS1302 初始化函数
    set_time();                           //调用设置时间函数
    while(1)
    {
        get_time();                       //调用取时间函数
        display();                        //调用显示函数
    }
}
```
/**
函数功能:DS1302 初始化函数子程序
入口参数:
出口参数:
**/
```c
void ds1302_init()
{
    sclk = 0;                             //拉低时钟信号
    rst = 0;                              //复位 DS1302
    rst = 1;                              //使能 DS1302
    time_write_1(0x8e);                   //发控制命令
    time_write_1(0);                      //允许写 DS1302
    rst = 0;                              //复位
}
```
/**
函数功能:设置时间函数子程序
入口参数:
出口参数:
**/
```c
void set_time()
{
    int i;                                //定义循环变量
    rst = 1;                              //使能 DS1302
    time_write_1(0xbe);                   //时钟多字节写命令
    for(i = 0;i<8;i++)                    //连续写 8 个字节数据
    {
```

```c
            time_write_1(table[i]);              //调用写一个字节函数
            delay();
        }
        rst = 0;                                  //复位
    }
    /***********************************************************
    函数功能:读取时间函数子程序
    入口参数:
    出口参数:
    ***********************************************************/
    void get_time()
    {
        int i;                                    //设置循环变量
        rst = 1;                                  //使能 DS1302
        time_write_1(0xbf);                       //发送多字节读取命令
        for(i = 0;i<7;i++)                        //连续读取 7 个字节数据
        {
            table1[i] = time_read_1();            //调用读取 1 个字节数据的函数
            delay();
        }
        rst = 0;                                  //复位 DS1302
    }
    /***********************************************************
    函数功能:写一个字节数据函数子主程序
    入口参数:
    出口参数:
    ***********************************************************/
    void time_write_1(unsigned char time_tx)
    {
        int j;                                    //设置循环变量
        for(j = 0;j<8;j++)                        //连续写 8 位
        {
            i_o = 0;                              //先设置数据为 0
            sclk = 0;                             //时钟信号拉低
            if(time_tx&0x01)                      //判断待发送的数据位是 0 或 1
            {
                i_o = 1;                          //待发送数据位是 1
            }
            time_tx = time_tx >> 1;               //待发送的数据右移 1 位
            sclk = 1;                             //拉高时钟信号
        }
        sclk = 0;                                 //写完一个字节,拉低时钟信号
    }
    /***********************************************************
    函数功能:读一个字节函数子程序
```

入口参数：
出口参数：
**/

```c
unsigned char time_read_1()
{
    int j;                          //设置循环变量
    TRISB5 = 1;                     //设置数据口方向为输入
    for(j = 0;j<8;j++)              //连续读取8位
    {
        sclk = 0;                   //拉低时钟信号
        time_rx = time_rx >> 1;     //接收寄存器右移1位
        time_rx7 = i_o;             //把接收到的数据放到接收寄存器的最高位
        sclk = 1;                   //拉高时钟信号
    }
    TRISB5 = 0;                     //恢复数据口方向为输出
    sclk = 0;                       //拉低时钟信号
    return(time_rx);                //返回读取到的数据
}
```

/***

函数功能：初始化子程序
入口参数：
出口参数：
**/

```c
void port_init()
{
    TRISA = 0x00;                   //设置A口全输出
    TRISC = 0x00;                   //设置C口全输出
    TRISB = 0x00;
}
```

/***

函数功能：显示子程序
入口参数：k
出口参数：
**/

```c
void display()
{
    int i;                          //定义查表变量
    i = table1[0]&0x0f;             //求秒的个位
    PORTC = table2[i];              //送C口显示
    PORTA = 0xFD;                   //点亮秒的个位
    delay();                        //延长一段时间，保证亮度
    i = table1[0]&0xf0;             //求秒的十位
    i = i >> 4;                     //右移4位
    PORTC = table2[i];              //送C口显示
    PORTA = 0xFE;                   //点亮秒的十位
```

```c
        delay();                              //延长一段时间,保证亮度

        i = table1[1]&0x0f;                   //求分的个位
        PORTC = table2[i]&0x7f;               //送 C 口显示,并显示小数点
        PORTA = 0xF7;                         //点亮分的个位
        delay();                              //延时一定时间,保证亮度
        i = table1[1]&0xf0;                   //求分的十位
        i = i >> 4;
        PORTC = table2[i];                    //送 C 口显示
        PORTA = 0xFB;                         //点亮分的十位
        delay();                              //延长一段时间,保证亮度

        i = table1[2]&0x0f;                   //求时的个位
        PORTC = table2[i]&0x7f;               //送 C 口显示,并加上小数点
        PORTA = 0xDF;                         //点亮时的个位
        delay();                              //延时一定时间,保证亮度
        i = table1[2]&0xf0;                   //求时的十位
        i = i >> 4;
        PORTC = table2[i];                    //送 C 口显示
        PORTA = 0xEF;                         //点亮时的十位
        delay();                              //延长一段时间,保证亮度
}
/*************************************************************
函数功能:延时子程序
入口参数:
出口参数:
*************************************************************/
void    delay()                               //延时程序
{
    int i;                                    //定义整形变量
    for(i = 100;i -- ;);                      //延时
}
```

11.6 A/D 转换应用实例

PIC16F877A 片内自带 8 通道 10 位 ADC,可以方便地采集外部模拟电压。ADC 部分相关内容已在第 2 章进行介绍,读者可根据第 2 章内容进行片内 ADC 的数据采集功能实验。

相信读者通过第 2 章相关内容的复习后,接下来就可以对 PIC16F877A 片内的 ADC 进行操作了。

首先,将增强型 PIC 实验板上的"AD_IN"J12 跳线设置成"ON"状态,即允许使用增强型 PIC 实验板上的"R50"——10 kΩ 电位器进行模拟调压输入给 PIC16F877A 芯片的 RA0 口,如图 11.56(a)所示;用螺丝刀调整电位器 R50 分压后获得不同的电压值给 PIC16F877A 的

A/D 输入通道,如图 11.56(b)所示;可以看到如图 11.56(c)所示,当前电压值为 4.926 V;这时可以转动螺丝刀,数码管上将实时显示当前的电压值,如图 11.56(d),调整电压为 4.223 V。

(a) 将增强型PIC实验板上的"AD_IN"J12跳线设置成"ON"状态

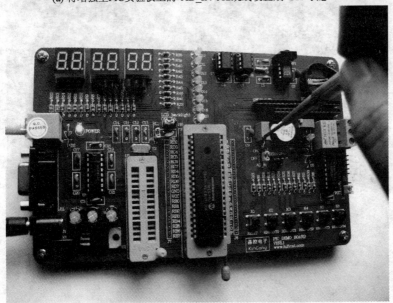

(b) 螺丝刀调整电位器R50分压后获得不同的电压

图 11.56 ADC 实验演示图

PIC® 单片机快速入门

(c) 当前电压值为4.926 V

(d) 当前电压值为4.223 V

图 11.56　ADC 实验演示图(续)

1. 硬件原理图

图 11.57 为 ADC 实验原理图。

2. 程序设计

```
/***************************************************************/
/* 杭州晶控电子有限公司                                          */
/* http://www.hificat.com                                        */
```

第 11 章 单片机高级应用实例

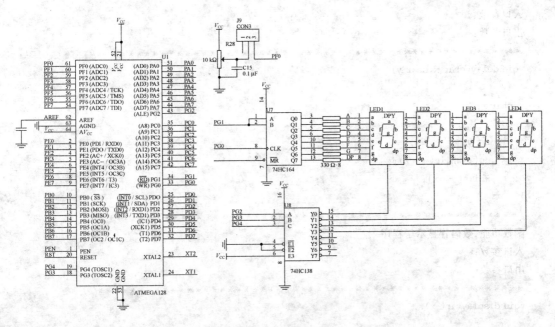

图 11.57 ADC 实验原理图

```
/* 内部 ADC 测试演示程序                                              */
/* 目标器件:PIC16F877A                                               */
/* 晶振:4.0 MHz                                                    */
/* 编译环境:MPLAB V7.51                                             */
/******************************************************/

/******************************************************
包含头文件
******************************************************/
#include<pic.h>
/******************************************************
共阴 LED 段码表
******************************************************/
const char TABLE[] = {0xc0,0xf9,0xa4,0xb0,0x99,0x92,0x82,0xF8,0x80,0x90};
/******************************************************
函数功能:数码管延时子程序
入口参数:
出口参数:
******************************************************/
void    DELAY()
{
    int i;                      //定义整形变量
    for(i = 200;i -- ;);        //延时
}
/******************************************************
函数功能:数码管延时子程序
```

入口参数:
出口参数:
**/

```c
void delay(char x,char y)
{
    char z;
    do{
        z = y;
        do{;}while( -- z);
    }while( -- x);
}
/***************************************************************
函数功能:数码管显示子程序
入口参数:x
出口参数:
****************************************************************/
void display(int x)
{
    int   ad1,ad2,ad3,ad4;        //定义4个A/D转换临时变量
    float temp;
    temp = x * 5.0/1024;          //暂存A/D转换的结果
    ad1 = (int)temp;
    ad2 = ((int)(temp * 10) - ad1 * 10);
    ad3 = ((int)(temp * 100) - ad1 * 100 - ad2 * 10);
    ad4 = ((int)(temp * 1000) - ad1 * 1000 - ad2 * 100 - ad3 * 10);
    PORTC = TABLE[ad1]&0X7F;      //查表得个位及小数点显示的代码
    PORTA = 0xEF;
    delay(10,70);
    PORTC = TABLE[ad2];           //查表得小数点后第1位显示的代码
    PORTA = 0xDF;
    delay(10,70);
    PORTC = TABLE[ad3];           //查表得小数点后第2位显示的代码
    PORTA = 0xFB;
    delay(10,70);
    PORTC = TABLE[ad4];           //查表得小数点后第3位显示的代码
    PORTA = 0xF7;
    delay(10,70);                 //延时一定时间,保证显示亮度
}
/***************************************************************
函数功能:初始化函数子程序
入口参数:
出口参数:
****************************************************************/
void   init()
{
```

```
    PORTA = 0xFF;
    PORTC = 0xFF;                    //熄灭所有显示
    TRISA = 0x01;                    //设置 RA0 为输入,其他为输出
    TRISC = 0x00;                    //设置 C 口全为输出
    ADCON1 = 0x8E;                   //转换结果左对齐,RA0 做模拟输入口,其他做普通 I/O
    ADCON0 = 0x41;                   //系统时钟 $f_{osc}$/8,选择 RA0 通道,允许 ADC 工作
    DELAY();                         //保证采样延时
}
/*****************************************************
函数功能:主程序
入口参数:
出口参数:
*****************************************************/
void  main()
{
    int result = 0x00;
    while(1)                         //死循环
    {
    int i;
    result = 0x00;                   //转换结果清 0
    for(i = 5;i>0;i--)
    {
        init();                      //调用初始化函数
        ADGO = 0X1;                  //开启转换过程
        while(ADGO);                 //等待转换完成
        result = result + ADRESL + ADRESH * 256;
                                     //累计转换结果
    }
    result = result/5;               //求 5 次结果的平均值
    display(result);                 //调用显示函数
    }
}
```

11.7　1602 字符型 LCD 应用实例

在日常生活中,我们对液晶显示器并不陌生。液晶显示模块已作为很多电子产品的通用器件,如在计算器、万用表、电子表及很多家用电子产品中都可以看到,显示的主要是数字、专用符号和图形。在单片机的人机交流界面中,一般的输出方式有以下 3 种:发光管、LED 数码管及液晶显示器。发光管和 LED 数码管比较常用,软、硬件都比较简单,在前面章节已经介绍过,在此不作介绍,本节重点介绍字符型液晶显示器的应用。

在单片机系统中应用晶液显示器作为输出器件有以下一些优点。

(1) 显示质量高

由于液晶显示器每一个点在收到信号后就一直保持色彩和亮度,恒定发光,不像阴极射线

管显示器(CRT)那样需要不断刷新亮点。因此,液晶显示器画质高且不会闪烁。

(2) 数字式接口

液晶显示器都是数字式的,与单片机系统的接口更加简单可靠,操作更加方便。

(3) 体积小、重量轻

液晶显示器通过显示屏上的电极控制液晶分子状态来达到显示的目的,在质量上比相同显示面积的传统显示器要轻得多。

(4) 功耗低

相对而言,液晶显示器的功耗主要消耗在其内部的电极和驱动 IC 上,因而耗电量比其他显示器要少得多。

11.7.1 液晶显示简介

1. 液晶显示器原理

液晶显示器的原理是利用液晶的物理特性,通过电压对其显示区域进行控制,有电就有显示,这样就可以显示出图形。液晶显示器具有厚度薄、适用于大规模集成电路直接驱动和易于实现全彩色显示的特点,目前已经被广泛应用在便携式计算机、数字摄像机、PDA 移动通信工具等众多领域。

2. 液晶显示器的分类

液晶显示器的分类方法有很多种,通常可按其显示方式分为段式、字符式、点阵式等。除了黑白显示外,液晶显示器还有多灰度、彩色显示等。根据驱动方式可以分为静态驱动(Static)、单纯矩阵驱动(Simple Matrix)和主动矩阵驱动(Active Matrix)3 种。

3. 液晶显示器各种图形的显示原理

(1) 线段的显示

点阵图形式液晶由 M×N 个显示单元组成,假设 LCD 显示屏有 64 行,每行有 128 列,每 8 列对应 1 字节的 8 位,即每行由 16 字节,共 16×8＝128 个点组成,屏上 64×16 个显示单元与显示 RAM 区 1024 字节相对应,每一字节的内容和显示屏上相应位置的亮暗对应。例如屏的第 1 行的亮暗由 RAM 区 000H～00FH 的 16 字节内容决定,当(000H)＝FFH 时,则屏幕的左上角显示一条短亮线,长度为 8 个点;当(3FFH)＝FFH 时,则屏幕的右下角显示一条短亮线;当(000H)＝FFH,(001H)＝00H,(002H)＝00H,…,(00EH)＝00H,(00FH)＝00H 时,则在屏幕的顶部显示一条由 8 段亮线和 8 条暗线组成的虚线。这就是 LCD 显示的基本原理。

(2) 字符的显示

用 LCD 显示一个字符时比较复杂,因为一个字符由 6×8 或 8×8 点阵组成,既要找到和显示屏幕上某几个位置对应的显示 RAM 区的 8 字节,还要使每字节的不同位为 1,其他的为 0,为 1 的点亮,为 0 的不亮。这样一来就组成某个字符。但对于内带字符发生器的控制器来说,显示字符就比较简单了,可以让控制器工作在文本方式,根据在 LCD 上开始显示的行列号及每行的列数找出显示 RAM 对应的地址,设立光标,在此给出该字符对应的代码即可。

(3) 汉字的显示

汉字的显示一般采用图形的方式，事先从计算机中提取要显示的汉字的点阵码（一般用字模提取软件），每个汉字占 32 字节，分左右两半，各占 16 字节，左边为 1、3、5 等奇数，右边为 2、4、6 等偶数。根据在 LCD 上开始显示的行列号及每行的列数可找出显示 RAM 对应的地址，设立光标，送上要显示的汉字的第 1 个字节，光标位置加 1，送第 2 个字节，换行按列对齐，送第 3 个字节……直到 32 字节显示完就可以在 LCD 上得到一个完整的汉字。

11.7.2 1602 字符型 LCD 简介

字符型液晶显示模块是一种专门用于显示字母、数字、符号等的点阵式 LCD，目前常用的有 16×1、16×2、20×2 和 40×2 等模块。下面以长沙太阳人电子有限公司的 1602 字符型液晶显示器为例，介绍其用法。一般 1602 字符型液晶显示器实物如图 11.58 所示。

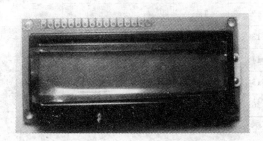

图 11.58　1602 字符型液晶显示器实物图

1. 1602 字符型 LCD 的基本参数及引脚功能

1602 字符型 LCD 分为带背光和不带背光两种，其控制器大部分为 HD44780。带背光的比不带背光的厚，是否带背光在应用中并无差别，两者尺寸差别如图 11.59 所示。

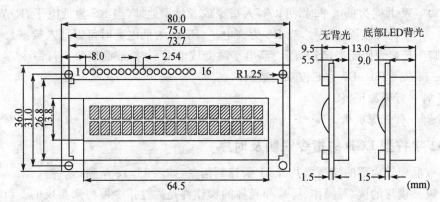

图 11.59　1602 字符型 LCD 尺寸图

2. 1602 字符型 LCD 主要技术参数

显示容量：　　　　　16×2 个字符

芯片工作电压：　　　4.5～5.5 V

工作电流：　　　　　2.0 mA(5.0 V)
模块最佳工作电压：　5.0 V
字符尺寸：　　　　　2.95 mm×4.35 mm(W×H)

3. 引脚功能说明

1602字符型LCD采用标准的14脚(无背光)或16脚(带背光)接口,各引脚接口说明如表11.14所列。

表11.14　引脚接口说明表

编号	符号	引脚说明	编号	符号	引脚说明
1	V_{SS}	电源地	9	D2	数据
2	V_{DD}	电源正极	10	D3	数据
3	VL	液晶显示偏压	11	D4	数据
4	RS	数据/命令选择	12	D5	数据
5	R/W	读/写选择	13	D6	数据
6	E	使能信号	14	D7	数据
7	D0	数据	15	BLA	背光源正极
8	D1	数据	16	BLK	背光源负极

第1脚　V_{SS}为地电源。

第2脚　V_{DD}接5 V正电源。

第3脚　VL为液晶显示器对比度调整端,接正电源时对比度最弱,接地时对比度最高。对比度过高时会产生"鬼影",使用时可以通过一个10 kΩ的电位器调整对比度。

第4脚　RS为数据/命令选择,高电平时选择数据寄存器,低电平时选择指令寄存器。

第5脚　R/W为读/写信号线,高电平时进行读操作,低电平时进行写操作。当RS和R/W共同为低电平时,可以写入指令或者显示地址,当RS为低电平、R/W为高电平时可以读忙信号,当RS为高电平、R/W为低电平时可以写入数据。

第6脚　E端为使能端,当E端由高电平跳变成低电平时,液晶模块执行命令。

第7~14脚　D0~D7为8位双向数据线。

第15脚　背光源正极。

第16脚　背光源负极。

4. 1602字符型LCD的指令说明及时序

1602液晶模块内部的控制器共有11条控制指令,如表11.15所列。

1602液晶模块的读/写操作、屏幕和光标的操作都是通过指令编程来实现的。(说明:1为高电平,0为低电平。)

指令1　清显示,指令码01H,光标复位到地址00H位置。

指令2　光标复位,光标返回到地址00H。

指令3　光标和显示模式设置。I/D:光标移动方向,高电平右移,低电平左移。S:屏幕上所有文字是否左移或者右移。高电平表示有效,低电平则无效。

第11章 单片机高级应用实例

表 11.15 控制指令表

序号	指令	RS	R/W	D7	D6	D5	D4	D3	D2	D1	D0
1	清显示	0	0	0	0	0	0	0	0	0	1
2	光标返回	0	0	0	0	0	0	0	0	1	X
3	置输入模式	0	0	0	0	0	0	0	1	I/D	S
4	显示开/关控制	0	0	0	0	0	0	1	D	C	B
5	光标或字符移位	0	0	0	0	0	1	S/C	R/L	X	X
6	置功能	0	0	0	0	1	DL	N	F	X	X
7	置字符发生存贮器地址	0	0	0	1	字符发生存储器地址					
8	置数据存储器地址	0	0	1	显示数据存储器地址						
9	读忙标志或地址	0	1	BF	计数器地址						
10	写数到 CGRAM 或 DDRAM	1	0	要写的数据内容							
11	从 CGRAM 或 DDRAM 读数	1	1	读出的数据内容							

指令 4 显示开关控制。D:控制整体显示的开与关,高电平表示开显示,低电平表示关显示。C:控制光标的开与关,高电平表示有光标,低电平表示无光标。B:控制光标是否闪烁,高电平闪烁,低电平不闪烁。

指令 5 光标或显示移位 S/C:高电平时移动显示的文字,低电平时移动光标。

指令 6 功能设置命令。DL:高电平时为 4 位总线,低电平时为 8 位总线。N:低电平时为单行显示,高电平时双行显示。F:低电平时显示 5×7 的点阵字符,高电平显示 5×10 的点阵字符。

指令 7 字符发生器 RAM 地址设置。

指令 8 DDRAM 地址设置。

指令 9 读忙信号和光标地址。BF:为忙标志位,高电平表示忙,此时模块不能接收命令或者数据,如果为低电平表示不忙。

指令 10 写数据。

指令 11 读数据。

与 HD44780 相兼容的芯片时序如表 11.16 所列。

表 11.16 基本操作时序表

操作	状态1	描述1	状态2	描述2
读状态	输入	RS=L,R/W=H,E=H	输出	D0~D7=状态字
写指令	输入	RS=L,R/W=L,D0~D7=指令码,E=高脉冲	输出	无
读数据	输入	RS=H,R/W=H,E=H	输出	D0~D7=数据
写数据	输入	RS=H,R/W=L,D0~D7=数据,E=高脉冲	输出	无

读/写操作时序如图 11.60 和 11.61 所示。

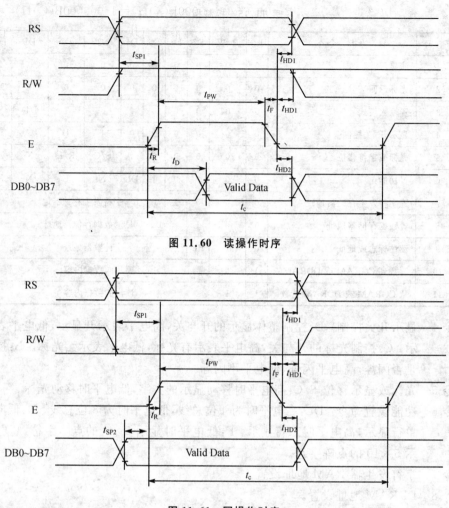

图 11.60　读操作时序

图 11.61　写操作时序

5. 1602 字符型 LCD 的 RAM 地址映射及标准字库表

液晶显示模块是一个慢显示器件，所以在执行每条指令之前一定要确认模块的忙标志为低电平，表示不忙，否则此指令失效。要显示字符时要先输入显示字符地址，也就是告诉模块在哪里显示字符。图 11.62 是 1602 的内部显示地址。

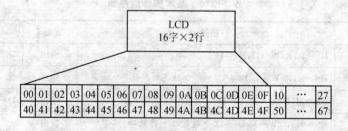

图 11.62　1602 字符型 LCD 内部显示地址

例如，第 2 行第 1 个字符的地址是 40H，那么是否直接写入 40H 就可以将光标定位在第 2 行第 1 个字符的位置呢？这样不行，因为写入显示地址时要求最高位 D7 恒定为高电平 1，所以实际写入的数据应该是 01000000B(40H)+10000000B(80H)=11000000B(C0H)。

在对液晶模块的初始化中,要先设置显示模式,在液晶模块显示字符时光标是自动右移的,无需人工干预。每次输入指令前都要判断液晶模块是否处于忙的状态。

1602 液晶模块内部的字符发生存储器(CGROM)已经存储了 160 个不同的点阵字符图形,如图 11.17 所列。这些字符有:阿拉伯数字、英文字母的大小写、常用的符号和日文假名等。每一个字符都有一个固定的代码,比如大写英文字母 A 的代码是 01000001B(41H),显示时模块把地址 41H 中的点阵字符图形显示出来,这样就能看到字母 A。

表 11.17 CGROM 和 CGRAM 中字符代码与字符图形对应关系

低位	高位												
	0000	0010	0011	0100	0101	0110	0111	1010	1011	1100	1101	1110	1111
×××0000	CGRAM(1)		0	ə	P	\	p		一	タ	三	a	P
×××0001	(2)	!	1	A	Q	a	q	。	ア	チ	ム	ä	q
×××0010	(3)	"	2	B	R	b	r	「	イ	川	メ	β	θ
×××0011	(4)	#	3	C	S	c	s	」	ウ	ラ	モ	c	∞
×××0100	(5)	$	4	D	T	d	t	、	エ	ト	セ	μ	Ω
×××0101	(6)	%	5	E	U	e	u	·	オ	ナ	ユ	B	0
×××0110	(7)	&	6	F	V	f	v	ヲ	カ	ニ	ヨ	ρ	Σ
×××0111	(8)	>	7	G	W	g	w	ァ	キ	ヌ	ラ	g	π
×××1000	(1)	(	8	H	X	h	x	ィ	ク	ネ	リ	∫	X
×××1001	(2)	)	9	I	Y	i	y	ゥ	ケ	ノ	ル	-1	y
×××1010	(3)	*	:	J	Z	j	z	ェ	コ	レ	j	千
×××1011	(4)	+	;	K	[	k	{	ォ	サ	ヒ	x	万
×××1100	(5)	フ	<	L	¥	l			セ	シ	フ	ワ	℃	A
×××1101	(6)	-	=	M	]	m	}	ュ	ス	ヘ	ン	モ	÷
×××1110	(7)	.	>	N	^	n	→	ョ	セ	ホ	ハ	ñ	
×××1111	(8)	/	?	O	_	o	←	ッ	ソ	マ	ロ	Ö	

6. 1602 字符型 LCD 的一般初始化(复位)过程

延时 15 ms。

写指令 38H(不检测忙信号)。

延时 5 ms。

写指令 38H(不检测忙信号)。

延时 5 ms。

写指令 38H(不检测忙信号)。

以后每次写指令、读/写数据操作均需要检测忙信号。

写指令 38H：显示模式设置。

写指令 08H：显示关闭。

写指令 01H：显示清屏。

写指令 06H：显示光标移动设置。

写指令 0CH：显示开及光标设置。

11.7.3　1602 字符型 LCD 的软、硬件设计

在 1602 字符型 LCD 第 1 行显示网站名：www.hificat.com；在第 2 行显示联系电话：0571—85956028。实验演示图如图 11.63 所示。

图 11.63　1602 字符型 LCD 实验演示图

1. 硬件原理图

1602 液晶显示模块可以与单片机 PIC16F877A 直接连接，电路如图 11.64 所示。

2. 软件流程图

图 11.65 为软件流程图。

第 11 章 单片机高级应用实例

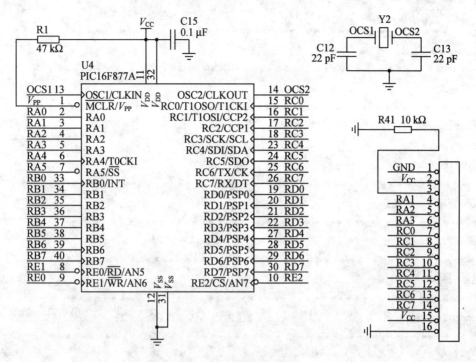

图 11.64 硬件原理图

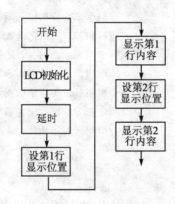

图 11.65 软件流程图

3. 软件代码

```
/***********************************************************/
/* 杭州晶控电子有限公司                                      */
/* http://www.hificat.com                                    */
/* 1602LCD 测试程序                                          */
/* 目标器件:PIC16F877A                                       */
/* 晶振:4.0 MHz                                              */
/* 编译环境:MPLAB V7.51                                      */
/***********************************************************/


/***********************************************************
```

包含头文件
***/

```c
#include<pic.h>
/**************************************************
端口定义
**************************************************/
#define rs RA1
#define rw RA2
#define e  RA3
/**************************************************
显示公司 web 地址
**************************************************/
const char web[ ] = {'w','w','w','.','h','i','f','i','c','a','t','.','c','o','m'};
/**************************************************
显示公司电话号码
**************************************************/
const char tel[ ] = {'0','5','7','1','-','8','5','9','5','6','0','2','8'};
/**************************************************
子函数定义
**************************************************/
void init();                    //申明 I/O 口初始化函数
void lcd_init();                //申明 LCD 初始化函数
void write_web();               //申明显示公司 web 地址函数
void write_tel();               //申明显示公司 tel 函数
void write(char x);             //申明显示 1 字节数据函数
void lcd_enable();              //申明 LCD 显示设置函数
void delay();                   //申明延时函数
/**************************************************
函数功能:主程序
入口参数:
出口参数:
**************************************************/
void main()
{
    init();                     //调用 I/O 口初始化函数
    lcd_init();                 //调用 LCD 初始化函数
    write_web();                //调用显示公司 web 地址函数
    PORTC = 0xC0;               //设置第 2 行显示地址
    lcd_enable();               //调用 LCD 显示设置函数
    write_tel();                //调用显示公司 tel 函数
    while(1)
    {
    }
```

}
/**
函数功能:I/O 口初始化函数
入口参数:
出口参数:
**/

```c
void init()
{
    ADCON1 = 0x07;              //设置 A 口为普通 I/O 口
    TRISA = 0x00;               //设置 A 口为输出
    TRISC = 0x00;               //设置 C 口为输出
}
```

/**
函数功能:LCD 初始化函数
入口参数:
出口参数:
**/

```c
void lcd_init()
{
    PORTC = 0x01;               //清除显示
    lcd_enable();
    PORTC = 0x38;               //8 位 2 行 5×7 点阵
    lcd_enable();
    PORTC = 0x0c;               //显示开,光标关
    lcd_enable();
    PORTC = 0x06;
    lcd_enable();
    PORTC = 0x80;
    lcd_enable();
}
```

/**
函数功能:显示公司 web 地址
入口参数:
出口参数:
**/

```c
void write_web()
{
    int i;
    for(i = 0;i<0x0f;i++)       //一共 16 字节数据
    {
        write(web[i]);          //查表获取数据并调用写一个字节数据函数送 LCD 显示
    }
}
```

```c
/***********************************************************
函数功能:显示公司 tel 函数
入口参数:
出口参数:
***********************************************************/
void write_tel()
{
    int i;
    for(i = 0;i<0x0d;i ++ )           //一共显示 16 字节数据
    {
        write(tel[i]);                //查表获取数据并调用写一个字节数据函数送 LCD 显示
    }
}
/***********************************************************
函数功能:写一个字节数据函数
入口参数:
出口参数:
***********************************************************/
void write(char x)
{
    PORTC = x;                        //待显示数据送 PORTC 口
    rs = 1;                           //该字节数据为数据,而不是命令
    rw = 0;                           //此次操作为写,而不是读
    e = 0;                            //拉低使能信号
    delay();                          //保持使能信号为低一段时间
    e = 1;                            //拉高使能信号,建立 LCD 操作所需要的上升沿
}
/***********************************************************
函数功能:LCD 显示设置函数
入口参数:
出口参数:
***********************************************************/
void lcd_enable()
{
    rs = 0;                           //该字节数据为命令,而不是数据
    rw = 0;                           //此次操作为写,而不是读
    e = 0;                            //拉低使能信号
    delay();                          //保持使能信号为低一段时间
    e = 1;                            //拉高使能信号,建立 LCD 操作所需要的上升沿
}
/***********************************************************
函数功能:延时函数
入口参数:
```

出口参数：
**/

```
void delay()
{
    int i;
    for(i = 0;i<50;i++);
}
```

11.8 12864 点阵型 LCD 应用实例

通过 11.7 节的学习后，可以实现数字和字母的显示，但在现场应用中除了数字和字母外还要显示汉字。因为字符型 LCD 无法将汉字显示出来，所以在显示汉字的场合一般都用点阵型 LCD。目前常用的点阵型 LCD 有 122×32、128×64、240×320 等。本节重点介绍 128×64 点阵显示屏的基本应用。128×64 点阵显示屏有 3 种控制器，分别是 KS0107(KS0108)、T6963C 和 ST7920。3 种控制器主要区别是：KS0107(KS0108)不带任何字库，T6963C 带 ASCII 码，ST7920 带国标二级字库(8 000 多个汉字)。本节以不带字库的 KS0107(KS0108)控制器 LCD 为例，介绍汉字的基本显示方法。

11.8.1 点阵 LCD 的显示原理

字符型和点阵型 LCD 的主要区别是：字符型 LCD 只能显示数字和字母符号，所需存储空间有限，所以一般都把基本字库表固化在自带的 ROM 里；而不带汉字库的点阵显示屏则不同，每个字符和汉字都要用户自己取模。

下面简单介绍一下显示字符和显示汉字的区别。

在数字电路中，所有的数据都是以 0 和 1 保存的，对 LCD 控制器进行不同的数据操作，可以得到不同的结果。对于显示英文操作，由于英文字母种类很少，只需要 8 位（一个字节）即可。而对于中文，常用却有 6 000 以上，于是 DOS 前辈想了一个办法，就是将 ASCII 表高 128 个很少用到的数值以两个为一组来表示汉字，即汉字的内码；而剩下的低 128 位则留给英文字符使用，即英文的内码。

那么，得到了汉字的内码后，还仅是一组数字，那又如何在屏幕上去显示呢？这就涉及到文字的字模，字模虽然也是一组数字，但它的意义却与数字的意义有了根本的变化。它是用数字的各位信息来记载英文或汉字的形状，如英文的 A 在字模的记载方式如图 11.66 所示，而中文的"你"在字模中的记载却如图 11.67 所示。

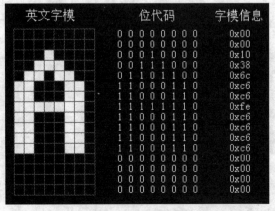

图 11.66 A 字模图

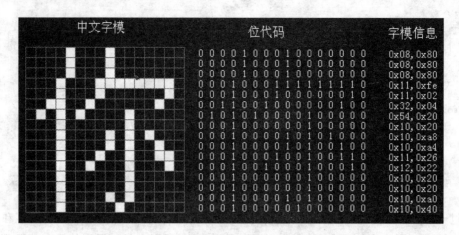

图 11.67 "你"字模图

11.8.2 12864 点阵型 LCD 简介

12864 是一种图形点阵液晶显示器,它主要由行驱动器/列驱动器及 128×64 全点阵液晶显示器组成,可完成图形显示,也可以显示 8×4 个(16×16 点阵)汉字。主要技术参数和性能如下:

① 电源 V_{DD} 为+5 V,模块内自带−10 V 负电压,用于 LCD 的驱动电压。
② 显示内容:128(列)×64(行)点。
③ 全屏幕点阵。
④ 7 种指令。
⑤ 与 CPU 接口采用 8 位数据总线并行输入/输出和 8 条控制线。
⑥ 占空比 1/64。
⑦ 工作温度:−20~+60 ℃;存储温度:−30~+70 ℃。

1. 12864 点阵型 LCD 的外形结构及引脚说明

12864 点阵型 LCD 的外形尺寸图如图 11.68 所示,引脚说明如表 11.18 所列。

表 11.18　12864 点阵型 LCD 的引脚说明

引脚号	引脚名称	LEVER	引脚功能描述
1	V_{SS}	0	电源地
2	V_{DD}	+5.0 V	电源电压
3	V0	—	液晶显示器驱动电压
4	D/I(RS)	H/L	D/I="H",表示 DB7~DB0 为显示数据 D/I="L",表示 DB7~DB0 为显示指令数据
5	R/W	H/L	R/W="H",E="H",数据被读到 DB7~DB0 R/W="L",E="H→L",数据被写到 IR 或 DR

续表 11.18

引脚号	引脚名称	LEVER	引脚功能描述
6	E	H/L	R/W="L",E 信号下降沿锁存 DB7~DB0 R/W="H",E="H",DDRAM 数据读到 DB7~DB0
7	DB0	H/L	数据线
8	DB1	H/L	数据线
9	DB2	H/L	数据线
10	DB3	H/L	数据线
11	DB4	H/L	数据线
12	DB5	H/L	数据线
13	DB6	H/L	数据线
14	DB7	H/L	数据线
15	CS1	H/L	"H:"选择芯片(右半屏)信号
16	CS2	H/L	"H:"选择芯片(左半屏)信号
17	RET	H/L	复位信号,低电平复位
18	V_{OUT}	−10 V	LCD 驱动负电压
19	LED+	—	LED 背光板电源
20	LED−	—	LED 背光板电源

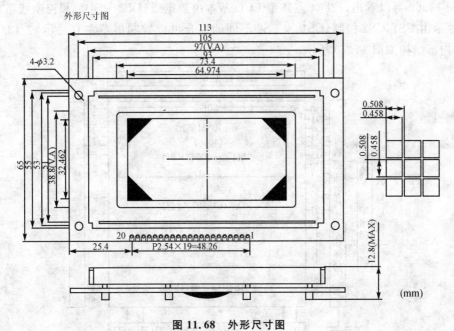

图 11.68 外形尺寸图

2. 12864 点阵型 LCD 的内部模块结构

在此介绍的液晶显示模块均是使用 KS0108B 及其兼容控制驱动器(如 HD61202)作为列驱动器,同时使用 KS0107B 及其兼容驱动器(如 HD61203)作为行驱动器的液晶模块。由于

KS0107B(或 HD61203)不与单片机发生联系,只要提供电源就能产生行驱动信号和各种同步信号,比较简单,在此就不作介绍。图 11.69 是 12864 的内部逻辑电路图,12864 共有两片 KS0108B 或兼容控制驱动器和一片 HD61203 或兼容驱动器。

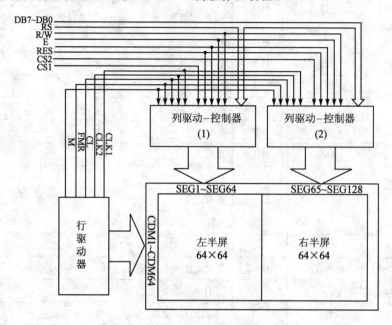

图 11.69　内部逻辑电路图

从图 11.69 可以看出,12864 点阵型 LCD 基本由数据线(DB0~DB7)和控制线组成,左右半屏的显示由 CS1、CS2 控制(CS1 和 CS2 不同的组合可以控制屏幕左右显示)。12864 点阵型 LCD 内部结构如图 11.70 所示。

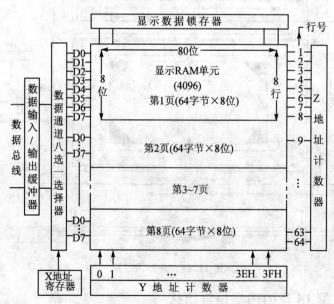

图 11.70　内部结构

在使用 12864 点阵型 LCD 前,必须了解以下功能器件才能进行编程。

(1) 指令寄存器(IR)

IR 用于寄存指令码,与数据寄存器数据相对应。当 D/I＝0 时,在 E 信号下降沿作用下,指令码写入 IR。

(2) 数据寄存器(DR)

DR 是用于寄存数据的,与指令寄存器寄存指令相对应。当 D/I＝1 时,在下降沿作用下,图形显示数据写入 DR,或在 E 信号高电平作用下由 DR 读到 DB7～DB0 数据总线。DR 和 DDRAM 之间的数据传输是模块内部自动执行的。

(3) 忙标志(BF)

BF 标志提供内部工作情况。

BF＝1 时,表示模块在内部操作,此时模块不接受外部指令和数据;BF＝0 时,模块为准备状态,随时可接受外部指令和数据。

利用 STATUS READ 指令,可以将 BF 读到 DB7 总线,从而检验模块的工作状态。

(4) 显示控制触发器(DFF)

此触发器是用于模块屏幕显示开和关的控制。

DFF＝1 为开显示(DISPLAY OFF),DDRAM 的内容就显示在屏幕上;DFF＝0 为关显示(DISPLAY OFF)。

DDF 的状态是指令 DISPLAY ON/OFF 和 RST 信号控制。

(5) XY 地址计数器

XY 地址计数器是一个 9 位计数器,其高 3 位为 X 地址计数器,低 6 位为 Y 地址计数器。XY 地址计数器实际上是作为 DDRAM 的地址指针,X 地址计数器为 DDRAM 的页指针,Y 地址计数器为 DDRAM 的 Y 地址指针。

X 地址计数器是没有记数功能的,只能用指令设置。

Y 地址计数器具有循环记数功能,各显示数据写入后,Y 地址自动加 1,Y 地址指针范围 0～63。

(6) 显示数据 RAM(DDRAM)

DDRAM 存储图形显示数据。数据为 1 表示显示选择,数据为 0 表示显示非选择。

(7) Z 地址计数器

Z 地址计数器是一个 6 位计数器,此计数器具备循环记数功能,用于显示行扫描同步。当一行扫描完成,此地址计数器自动加 1,指向下一行扫描数据,RST 复位后 Z 地址计数器为 0。

Z 地址计数器可以用指令 DISPLAY START LINE 预置。因此,显示屏幕的起始行就由此指令控制,即 DDRAM 的数据从哪一行开始显示在屏幕的第一行。

此模块的 DDRAM 共 64 行,屏幕可以循环滚动显示 64 行。

3. 12864 点阵型 LCD 的指令系统及时序

该类液晶显示模块(即 KS0108B 及其兼容控制驱动器)的指令系统比较简单,总共只有 7 种,其指令表如表 11.19 所列。

表 11.19　12864 点阵型 LCD 指令表

指令名称	控制信号		控制代码							
	R/W	RS	DB7	DB6	DB5	DB4	DB3	DB2	DB1	DB0
显示开关	0	0	0	0	1	1	1	1	1	1/0
显示起始行设置	0	0	1	1	x	x	x	x	x	x
页设置	0	0	1	0	1	1	1	x	x	x
列地址设置	0	0	0	1	x	x	x	x	x	x
读状态	1	0	BUSY	0	ON/OFF	RST	0	0	0	0
写数据	0	1	写数据							
读数据	1	1	读数据							

各功能指令分别介绍如下。

(1) 显示开/关指令

R/W	RS	DB7	DB6	DB5	DB4	DB3	DB2	DB1	DB0
0	0	0	0	1	1	1	1	1	1/0

当 DB0＝1 时，LCD 显示 RAM 中的内容；DB0＝0 时，关闭显示。

(2) 显示起始行(ROW)设置指令

R/W	RS	DB7	DB6	DB5	DB4	DB3	DB2	DB1	DB0
0	0	1	1	显示起始行(0~63)					

该指令设置了对应液晶屏最上一行的显示 RAM 的行号，有规律地改变显示起始行，可以使 LCD 实现显示滚屏的效果。

(3) 页(PAGE)设置指令

R/W	RS	DB7	DB6	DB5	DB4	DB3	DB2	DB1	DB0
0	0	1	0	1	1	1	页号(0~7)		

显示 RAM 共 64 行，分 8 页，每页 8 行。

(4) 列地址(Y Address)设置指令

R/W	RS	DB7	DB6	DB5	DB4	DB3	DB2	DB1	DB0
0	0	0	1	显示列地址(0~63)					

设置了页地址和列地址，就唯一确定了显示 RAM 中的一个单元，这样单片机就可以用读/写指令读出该单元中的内容或向该单元写进一个字节数据。

(5) 读状态指令

R/W	RS	DB7	DB6	DB5	DB4	DB3	DB2	DB1	DB0
1	0	BUSY	0	ON/OFF	REST	0	0	0	0

该指令用来查询液晶显示模块内部控制器的状态，各参量含义如下：

BUSY　　　1 为内部在工作　　　0 为正常状态
ON/OFF　　1 为显示关闭　　　　0 为显示打开
RESET　　 1 为复位状态　　　　0 为正常状态

在 BUSY 和 RESET 状态时，除读状态指令外，其他指令均不对液晶显示模块产生作用。在对液晶显示模块操作之前要查询 BUSY 状态，以确定是否可以对液晶显示模块进行操作。

(6) 写数据指令

R/W	RS	DB7	DB6	DB5	DB4	DB3	DB2	DB1	DB0
0	1				写数据				

(7) 读数据指令

R/W	RS	DB7	DB6	DB5	DB4	DB3	DB2	DB1	DB0
1	1				读显示数据				

读/写数据指令每执行完一次读/写操作，列地址就自动增 1。必须注意的是，进行读操作之前，必须有一次空读操作，紧接着再读才会读出所要读的单元中的数据。

LCD 基本读/写操作时序如图 11.71 所示。

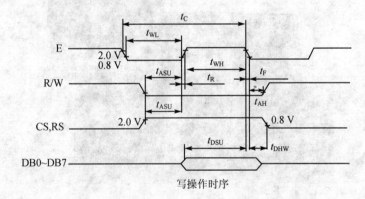

写操作时序

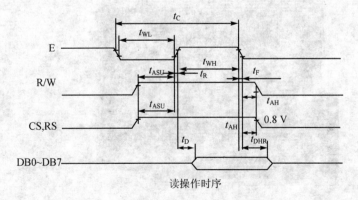

读操作时序

图 11.71　读/写操作时序

11.8.3 12864 点阵型 LCD 软、硬件设计

通过以上学习,现在就来实际应用 12864 点阵型 LCD 进行软、硬件设计。本实例将在 LCD 上显示如图 11.72 所示内容。

	欢	迎	使	用			
	单	片	机	开	发	板	
当	前	状	态	:	运	行	中	…
w	w	w	.	h	i	f	i	c	a	t	.	c	o	m

图 11.72　模拟显示效果图

实验演示图如图 11.73 所示。

图 11.73　128×64LCD 实验演示图

第11章 单片机高级应用实例

1. 硬件原理图

图 11.74 为 128×64 LCD 实验的硬件原理图。

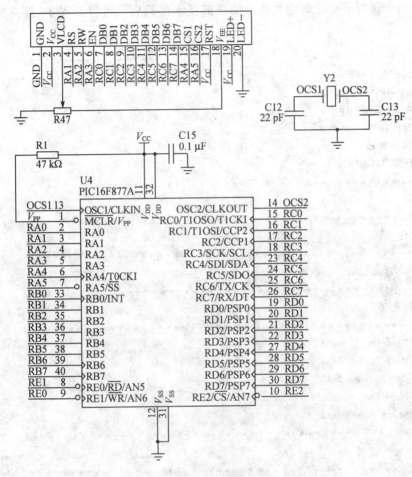

图 11.74 硬件原理图

2. 软件流程图

图 11.75 为软件流程图。

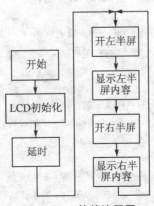

图 11.75 软件流程图

3. 软件代码

在编写软件代码之前必须先掌握汉字取模的方法。目前点阵 LCD 的取模软件有很多,读者可以到网上自行下载。取完要显示的全部汉字代码后就可以编程了,最终的软件代码如下。

```c
/***************************************************************/
/* 杭州晶控电子有限公司                                         */
/* http://www.hificat.com                                       */
/* 12864 LCD 演示程序                                           */
/* 目标器件:PIC16F877A                                          */
/* 晶振:4.0 MHz                                                 */
/* 编译环境:MPLAB V7.51                                         */
/***************************************************************/

/***************************************************************
  包含头文件
****************************************************************/
#include <pic.h>
/***************************************************************
  LCD 命令字定义
****************************************************************/
#define Disp_On     0x3f
#define Disp_Off    0x3e
#define Col_Add     0x40
#define Page_Add    0xb8
#define Start_Line  0xc0
/***************************************************************
  端口定义
****************************************************************/
#define Mcs     RA4         //左半屏使能,MCS=1,左半屏显示
#define Scs     RA5         //右半屏使能,SCS=1,右半屏显示
#define Enable  RA3         //使能
#define Di      RA1         //数据/命令选择
#define RW      RA2         //读/写信号
/********************************字模表**************************/
/********************************www.hificat.com*****************/
const unsigned char h[] = {
/* --  文字:  h   -- */
/* --  宋体12;此字体下对应的点阵为:宽×高=8×16   -- */
0x08,0xF8,0x00,0x80,0x80,0x80,0x00,0x00,0x20,0x3F,0x21,0x00,0x00,0x20,0x3F,0x20,};
const unsigned char w[] = {
/* --  文字:  w   -- */
/* --  宋体12;此字体下对应的点阵为:宽×高=8×16   -- */
0x80,0x80,0x00,0x80,0x00,0x80,0x80,0x80,0x0F,0x30,0x0C,0x03,0x0C,0x30,0x0F,0x00,};
const unsigned char i[] = {
```

/*-- 文字: i   -- */
/*-- 宋体12; 此字体下对应的点阵为:宽×高=8×16   -- */
0x00,0x80,0x98,0x98,0x00,0x00,0x00,0x00,0x00,0x20,0x20,0x3F,0x20,0x20,0x00,0x00,};
const unsigned char f[] = {
/*-- 文字: f   -- */
/*-- 宋体12; 此字体下对应的点阵为:宽×高=8×16   -- */
0x00,0x80,0x80,0xF0,0x88,0x88,0x88,0x18,0x00,0x20,0x20,0x3F,0x20,0x20,0x00,0x00,};
const unsigned char c[] = {
/*-- 文字: c   -- */
/*-- 宋体12; 此字体下对应的点阵为:宽×高=8×16   -- */
0x00,0x00,0x00,0x80,0x80,0x80,0x00,0x00,0x00,0x0E,0x11,0x20,0x20,0x20,0x11,0x00,};
const unsigned char a[] = {
/*-- 文字: a   -- */
/*-- 宋体12; 此字体下对应的点阵为:宽×高=8×16   -- */
0x00,0x00,0x80,0x80,0x80,0x80,0x00,0x00,0x00,0x19,0x24,0x22,0x22,0x22,0x3F,0x20,};
const unsigned char t[] = {
/*-- 文字: t   -- */
/*-- 宋体12; 此字体下对应的点阵为:宽×高=8×16   -- */
0x00,0x80,0x80,0xE0,0x80,0x80,0x00,0x00,0x00,0x00,0x00,0x1F,0x20,0x20,0x00,0x00,};
const unsigned char o[] = {
/*-- 文字: o   -- */
/*-- 宋体12; 此字体下对应的点阵为:宽×高=8×16   -- */
0x00,0x00,0x80,0x80,0x80,0x80,0x00,0x00,0x00,0x1F,0x20,0x20,0x20,0x20,0x1F,0x00,};
const unsigned char m[] = {
/*-- 文字: m   -- */
/*-- 宋体12; 此字体下对应的点阵为:宽×高=8×16   -- */
0x80,0x80,0x80,0x80,0x80,0x80,0x80,0x00,0x20,0x3F,0x20,0x00,0x3F,0x20,0x00,0x3F,};
const unsigned char dian[] = {
/*-- 文字: .   -- */
/*-- 宋体12; 此字体下对应的点阵为:宽×高=8×16   -- */
0x00,0x00,0x00,0x00,0x00,0x00,0x00,0x00,0x00,0x30,0x30,0x00,0x00,0x00,0x00,0x00,};
/***********************欢迎使用***********************/
const unsigned char huan[] = {
/*-- 文字: 欢   -- */
/*-- 宋体12; 此字体下对应的点阵为:宽×高=16×16   -- */
0x14,0x24,0x44,0x84,0x64,0x1C,0x20,0x18,0x0F,0xE8,0x08,0x08,0x28,0x18,0x08,0x00,
0x20,0x10,0x4C,0x43,0x43,0x2C,0x20,0x10,0x0C,0x03,0x06,0x18,0x30,0x60,0x20,0x00,};
const unsigned char yun2[] = {
/*-- 文字: 迎   -- */
/*-- 宋体12; 此字体下对应的点阵为:宽×高=16×16   -- */
0x40,0x41,0xCE,0x04,0x00,0xFC,0x04,0x02,0x02,0xFC,0x04,0x04,0x04,0xFC,0x00,0x00,
0x40,0x20,0x1F,0x20,0x40,0x47,0x42,0x41,0x40,0x5F,0x40,0x42,0x44,0x43,0x40,0x00,};
const unsigned char shi[] = {
/*-- 文字: 使   -- */
/*-- 宋体12; 此字体下对应的点阵为:宽×高=16×16   -- */

0x40,0x20,0xF0,0x1C,0x07,0xF2,0x94,0x94,0x94,0xFF,0x94,0x94,0x94,0xF4,0x04,0x00,
0x00,0x00,0x7F,0x00,0x40,0x41,0x22,0x14,0x0C,0x13,0x10,0x30,0x20,0x61,0x20,0x00,};
const unsigned char yong[] = {
/*-- 文字： 用 --*/
/*-- 宋体12；此字体下对应的点阵为：宽×高=16×16 --*/
0x00,0x00,0x00,0xFE,0x22,0x22,0x22,0x22,0xFE,0x22,0x22,0x22,0x22,0xFE,0x00,0x00,
0x80,0x40,0x30,0x0F,0x02,0x02,0x02,0x02,0xFF,0x02,0x02,0x42,0x82,0x7F,0x00,0x00,};
/***********************单片机开发板************************/
const unsigned char dan[] = {
/*-- 文字： 单 --*/
/*-- 宋体12；此字体下对应的点阵为：宽×高=16×16 --*/
0x00,0x00,0xF8,0x28,0x29,0x2E,0x2A,0xF8,0x28,0x2C,0x2B,0x2A,0xF8,0x00,0x00,0x00,
0x08,0x08,0x0B,0x09,0x09,0x09,0x09,0xFF,0x09,0x09,0x09,0x09,0x0B,0x08,0x08,0x00,};
const unsigned char pian[] = {
//*-- 文字： 片 --*/
/*-- 宋体12；此字体下对应的点阵为：宽×高=16×16 --*/
0x00,0x00,0x00,0xFE,0x10,0x10,0x10,0x10,0x10,0x1F,0x10,0x10,0x10,0x18,0x10,0x00,
0x80,0x40,0x30,0x0F,0x01,0x01,0x01,0x01,0x01,0x01,0x01,0xFF,0x00,0x00,0x00,0x00,};
const unsigned char ji[] = {
/*-- 文字： 机 --*/
/*-- 宋体12；此字体下对应的点阵为：宽×高=16×16 --*/
0x08,0x08,0xC8,0xFF,0x48,0x88,0x08,0x00,0xFE,0x02,0x02,0x02,0xFE,0x00,0x00,0x00,
0x04,0x03,0x00,0xFF,0x00,0x41,0x30,0x0C,0x03,0x00,0x00,0x00,0x3F,0x40,0x78,0x00,};
const unsigned char kai[] = {
/*-- 文字： 开 --*/
/*-- 宋体12；此字体下对应的点阵为：宽×高=16×16 --*/
0x40,0x42,0x42,0x42,0x42,0xFE,0x42,0x42,0x42,0x42,0xFE,0x42,0x42,0x42,0x42,0x00,
0x00,0x40,0x20,0x10,0x0C,0x03,0x00,0x00,0x00,0x00,0x7F,0x00,0x00,0x00,0x00,0x00,};
const unsigned char fa[] = {
/*-- 文字： 发 --*/
/*-- 宋体12；此字体下对应的点阵为：宽×高=16×16 --*/
0x00,0x10,0x3E,0x10,0x10,0xF0,0x9F,0x90,0x90,0x92,0x94,0x1C,0x10,0x10,0x10,0x00,
0x40,0x20,0x10,0x88,0x87,0x41,0x46,0x28,0x10,0x28,0x27,0x40,0xC0,0x40,0x00,0x00,};
const unsigned char ban[] = {
/*-- 文字： 板 --*/
/*-- 宋体12；此字体下对应的点阵为：宽×高=16×16 --*/
0x10,0x10,0xD0,0xFF,0x50,0x90,0x00,0xFE,0x62,0xA2,0x22,0x21,0xA1,0x61,0x00,0x00,
0x04,0x03,0x00,0x7F,0x00,0x11,0x0E,0x41,0x20,0x11,0x0A,0x0E,0x31,0x60,0x20,0x00,};
const unsigned char dang[] = {
/*-- 文字： 当 --*/
/*-- 宋体12；此字体下对应的点阵为：宽x高=16x16 --*/
0x00,0x00,0x40,0x42,0x5C,0x48,0x40,0x40,0x7F,0x40,0x50,0x4E,0x44,0xC0,0x00,0x00,
0x00,0x00,0x20,0x22,0x22,0x22,0x22,0x22,0x22,0x22,0x22,0x22,0x22,0x7F,0x00,0x00,};
const unsigned char qian[] = {
/*-- 文字： 前 --*/

第11章 单片机高级应用实例

```
/*--  宋体12；  此字体下对应的点阵为：宽×高 = 16×16     --*/
0x08,0x08,0xE8,0xA8,0xA9,0xAE,0xEA,0x08,0x08,0xC8,0x0C,0x0B,0xEA,0x08,0x08,0x00,
0x00,0x00,0x7F,0x04,0x24,0x44,0x3F,0x00,0x00,0x1F,0x40,0x80,0x7F,0x00,0x00,0x00,};
const unsigned char zhuang[] = {
/*--  文字：  状  --*/
/*--  宋体12；  此字体下对应的点阵为：宽×高 = 16×16     --*/
0x08,0x30,0x00,0xFF,0x20,0x20,0x20,0x20,0xFF,0x20,0xE1,0x26,0x2C,0x20,0x20,0x00,
0x04,0x02,0x01,0xFF,0x40,0x20,0x18,0x07,0x00,0x00,0x03,0x0C,0x30,0x60,0x20,0x00,};
const unsigned char tai1[] = {
/*--  文字：  态  --*/
/*--  宋体12；  此字体下对应的点阵为：宽×高 = 16×16     --*/
0x00,0x04,0x04,0x04,0x84,0x44,0x34,0x4F,0x94,0x24,0x44,0x84,0x84,0x04,0x00,0x00,
0x00,0x60,0x39,0x01,0x00,0x3C,0x40,0x42,0x4C,0x40,0x40,0x70,0x04,0x09,0x31,0x00,};
const unsigned char yun[] = {
/*--  文字：  运  --*/
/*--  宋体12；  此字体下对应的点阵为：宽×高 = 16×16     --*/
0x40,0x41,0xCE,0x04,0x00,0x20,0x22,0xA2,0x62,0x22,0xA2,0x22,0x22,0x22,0x20,0x00,
0x40,0x20,0x1F,0x20,0x28,0x4C,0x4A,0x49,0x48,0x4C,0x44,0x45,0x5E,0x4C,0x40,0x00,};
const unsigned char xing[] = {
/*--  文字：  行  --*/
/*--  宋体12；  此字体下对应的点阵为：宽×高 = 16×16     --*/
0x10,0x08,0x84,0xC6,0x73,0x22,0x40,0x44,0x44,0x44,0xC4,0x44,0x44,0x44,0x40,0x00,
0x02,0x01,0x00,0xFF,0x00,0x00,0x00,0x40,0x80,0x7F,0x00,0x00,0x00,0x00,0x00,0x00,};
const unsigned char zhong[] = {
/*--  文字：  中  --*/
/*--  宋体12；  此字体下对应的点阵为：宽×高 = 16×16     --*/
0x00,0x00,0xFC,0x08,0x08,0x08,0x08,0xFF,0x08,0x08,0x08,0x08,0xFC,0x08,0x00,0x00,
0x00,0x00,0x07,0x02,0x02,0x02,0x02,0xFF,0x02,0x02,0x02,0x02,0x07,0x00,0x00,0x00,};
const unsigned char maohao[] = {
/*--  文字：  :  --*/
/*--  宋体12；  此字体下对应的点阵为：宽×高 = 8×16     --*/
0x00,0x00,0x00,0xC0,0xC0,0x00,0x00,0x00,0x00,0x00,0x00,0x30,0x30,0x00,0x00,0x00,};
bit busy;
/***************************************************************
函数功能：延时程序
入口参数：t
出口参数：
***************************************************************/
void delay(unsigned int t)
{
    unsigned int i,j;
    for(i = 0;i<t;i++)
    for(j = 0;j<10;j++);
}
```

```c
void chk_busy()
{
    busy = 1;
    TRISC = 0xFF;
    Di = 0;
    RW = 1;
    while(busy)
        {
            NOP();
            NOP();
            NOP();
            Enable = 1;
            NOP();
            NOP();
            NOP();
            if(! RC7) busy = 0;
            NOP();
            NOP();
            NOP();
            Enable = 0;
        }
            Enable = 0;
    TRISC = 0x00;
}
/***************************************************
函数功能:写命令到LCD程序
入口参数:cmdcode
出口参数:
****************************************************/
void write_com(unsigned char cmdcode)
{
//  chk_busy();
    Di = 0;
    RW = 0;
    PORTC = cmdcode;
    delay(2);
    Enable = 1;
    delay(2);
    Enable = 0;
}
/***************************************************
函数功能:写数据到LCD程序
入口参数:Dispdata
出口参数:
****************************************************/
```

```c
void write_data(unsigned char Dispdata)
{
//    chk_busy();
    Di = 1;
    RW = 0;
    PORTC = Dispdata;
    delay(2);
    Enable = 1;
    delay(2);
    Enable = 0;
}
/*************************************************************
函数功能:清除 LCD 内存程序
入口参数:pag,col,hzk
出口参数:
*************************************************************/
void Clr_Scr()
{
    unsigned char j,k;
    Mcs = 1;Scs = 1;
    write_com(Page_Add + 0);
    write_com(Col_Add + 0);
    for(k = 0;k<8;k ++ )
        {
        write_com(Page_Add + k);
        for(j = 0;j<64;j ++ )write_data(0x00);
        }
}
/*************************************************************
函数功能:指定位置显示数字 16×16 程序
入口参数:pag,col,hzk
出口参数:
*************************************************************/
void hz_disp16(unsigned char pag,unsigned char col,const unsigned char * hzk)
{
    unsigned char j = 0,i = 0;
    for(j = 0;j<2;j ++ )
        {
        write_com(Page_Add + pag + j);
        write_com(Col_Add + col);
        for(i = 0;i<16;i ++ )
        write_data(hzk[16 * j + i]);
        }
}
/*************************************************************
```

函数功能:指定位置显示数字8×16程序
入口参数:pag,col,hzk
出口参数:
***/

```c
void hz_disp8(unsigned char pag,unsigned char col, const unsigned char * hzk)
{
    unsigned char j = 0,i = 0;
    for(j = 0;j<2;j++)
    {
        write_com(Page_Add + pag + j);
        write_com(Col_Add + col);
        for(i = 0;i<8;i++)
            write_data(hzk[8 * j + i]);
    }
}
```

/**

函数功能:LCD初始化程序
入口参数:
出口参数:
***/

```c
void init_lcd()
{
    delay(10);
    Mcs = 1;
    Scs = 1;
    delay(10);
    write_com(Disp_Off);
    write_com(Page_Add + 0);
    write_com(Start_Line + 0);
    write_com(Col_Add + 0);
    write_com(Disp_On);
}
```

/**

函数功能:主程序
入口参数:
出口参数:
***/

```c
void main(void)
{

    TRISA = 0x00;
    ADCON1 = 0x06;                    //设置A口为普通I/O口
    TRISC = 0x00;
    PORTA = 0xff;
    PORTC = 0x00;
```

```
    init_lcd();
    delay(5);
    Clr_Scr();
    delay(3);
    while(1)
    {
        Mcs = 1;Scs = 0;                    //左显示
        delay(2);
        //欢迎
        hz_disp16(0,32,huan);
        hz_disp16(0,48,yun2);
        //单片机
        hz_disp16(2,16,dan);
        hz_disp16(2,32,pian);
        hz_disp16(2,48,ji);
        //当前状态
        hz_disp16(4,0,dang);
        hz_disp16(4,16,qian);
        hz_disp16(4,32,zhuang);
        hz_disp16(4,48,tai1);
        //网址:www.hifi
        hz_disp8(6,0,w);
        hz_disp8(6,8,w);
        hz_disp8(6,16,w);
        hz_disp8(6,24,dian);
        hz_disp8(6,32,h);
        hz_disp8(6,40,i);
        hz_disp8(6,48,f);
        hz_disp8(6,56,i);

        Mcs = 0;Scs = 1;                    //右显示
        //使用
        hz_disp16(0,0,shi);
        hz_disp16(0,16,yong);
        //开发板
        hz_disp16(2,0,kai);
        hz_disp16(2,16,fa);
        hz_disp16(2,32,ban);
        //运行中
        hz_disp8(4,0,maohao);
        hz_disp16(4,8,yun);
        hz_disp16(4,24,xing);
        hz_disp16(4,40,zhong);
        //网址:cat.com
        hz_disp8(6,0,c);
```

```
            hz_disp8(6,8,a);
            hz_disp8(6,16,t);
            hz_disp8(6,24,dian);
            hz_disp8(6,32,c);
            hz_disp8(6,40,o);
            hz_disp8(6,48,m);
            delay(2);
        }
    }
```

11.9 红外遥控软件解码应用实例

11.9.1 红外遥控概述

红外遥控是一种无线、非接触式的远程控制技术,因其具有体积小、功耗低、抗干扰能力强、成本低、易于实现等优点,已被广泛应用于各类家电和电子产品中,如电视机、VCD/DVD机、空调、手机、便携式计算机等。如图 11.76 所示的是一些常见红外遥控器实物图。

图 11.76 一些红外遥控器实物图

目前生产红外遥控器件的厂家有很多,不同厂家生产的产品也需要采用不同的代码或者编码,所以目前实际使用的编码方法非常多,常见的有 30 种以上,其中最常见的有 3010、6121、7461、9012 等。一般现在的一些单功能编码芯片还是用数字电路实现的,但是多功能的则大多用 4 或 8 位单片机实现。通常不同的家用电器的红外遥控采用不同的编码芯片,以此来避免不同电器的遥控干扰问题。

1. 红外线

红外线又称红外光波。在电磁波谱中,光波的波长范围为 0.01～1000 μm。根据波长的不同可分为可见光和不可见光。波长为 0.38～0.76 μm 的光波可为可见光,依次为红、橙、黄、绿、青、蓝、紫 7 种颜色。光波为 0.01～0.38 μm 的光波为紫外光(线),波长为 0.76～1000 μm 的光波为红外光(线)。光的波长分布如图 11.77 所示。

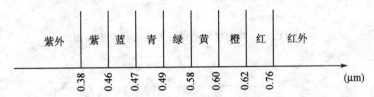

图 11.77 光的波长分布图

红外光按波长范围分为近红外、中红外、远红外、极红外 4 类。红外遥控是利用近红外光传送遥控指令的,波长为 0.76～1.5 μm。用近红外光作为遥控光源,是因为目前红外发射器件(红外发光管)与红外接收器件(光敏二极管、三极管及光电池)的发光与受光峰值波长一般为 0.8～0.94 μm,在近红外光波段内,二者的光谱正好重合,能够很好的匹配,可以获得较高的传输效率和可靠性。

2. 红外遥控原理

红外遥控系统一般由红外发射装置和红外接收设备两大部分组成,如图 11.78 所示。红外发射装置由键盘电路、红外编码芯片、电源和红外发射电路组成。红外接收设备由红外接收电路、红外解码芯片、电源和应用电路组成。

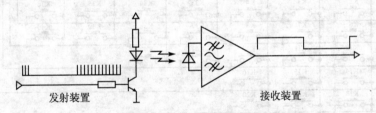

图 11.78 红外遥控系统组成

通常为了使信号能更好地被发送端传输,将基带二进制信号调制为脉冲串信号,通过红外发射管发射。常用的两种方法是:通过脉冲宽度来实现信号调制的脉宽调制(PWM)和通过脉冲串之间的时间间隔来实现信号调制的脉时调制(PPM)。

(1) 红外信号的产生

前面已经提到红外线的波长范围为 0.76～1.5 μm,而且用近红外作为遥控光源,不过在红外遥控中,通常使用的波长是 0.94 μm,用来产生这种信号的器件是红外发光二极管。由于使用的材料不同于普通发光二极管,因而在红外发光二极管两端施加一定电压时,它发出的是红外线而不是可见光。如图 11.79 所示就是两种常见的红外发光二极管实物图。

红外发光二极管一般有黑色、深蓝、透明 3 种颜色。判断红外发光二极管好坏的办法与判断普通二极管一样,用万用表电阻档量一下红外发光二极管的正、反向电阻即可。红外发光二极管的驱动电路很简单,如图 11.80 所示是一个成品遥控器的原理图,可以看出,红外发光二极管的驱动电路主要就是一个 NPN 型三极管,再辅以简单的外围器件即可。

 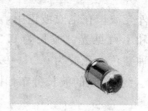

图 11.79 两种常见的红外发光二极管实物图

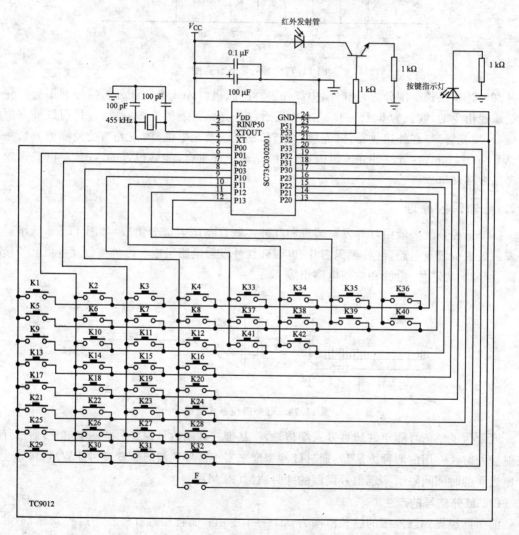

图 11.80 某成品遥控器电路原理图

(2) 红外信号的接收

用来接收红外信号的器件也是一种二极管,同可见光光敏二极管相比,其特点就是对红外信号敏感。如图 11.81 所示左边 3 个图片给出的就是 3 种常见的红外接收二极管的外形。它们最重要的特性就是,当处在反向偏置状态时,反向电流随着收到的红外信号强度的增强而上升。根据这一特性就可以得到如图 11.81 最右边所示的一个简单的信号接收电路。

第 11 章 单片机高级应用实例

图 11.81 3 种常见的红外接收二极管实物图和简单接收电路

在图 11.81 最右边的接收电路里,红外接收二极管反向偏置直接串在三极管基极和电源正端之间,这样在三极管的集电极就可以产生一个反相变化的信号。由于红外发光二极管的发射功率一般都较小(100 mW 左右),而且接收管的灵敏度也很有限,所以如果要在三极管集电极产生满足逻辑电平条件的信号,那么这个接收电路的实际工作距离只有 10~20 cm 左右(信号由普通红外遥控器产生),这显然不能满足实际使用要求。为了增加接收距离,一般要增加高增益放大电路,然而增益的增加会使接收电路更容易受到干扰,所以也必须有相应的防干扰电路。实际应用中,这样的接收电路已经很成熟,比如以前电视机的红外遥控接收电路里常用的红外接收专用集成放大电路 CX20106A,如图 11.82 所示。

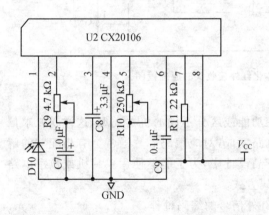

图 11.82 CX20106A 的原理图和简单的实物图

CX20106A 在一个电路里集成了前置放大、限幅放大、带通滤波、波形整形等电路,实际使用的时候可以调整放大倍数、带通滤波的中心频率等参数。因为抗干扰的需要,整个电路需要封装在一个金属屏蔽盒里,因而结构比较复杂,体积也不小。

最近几年不论是业余制作还是正式产品,大多都采用一体化红外接收头。一体化接收头是把上面所有的电路都集成在一个封装里,体积更小,可靠性更高。一体化红外接收头的封装有两种:一种采用铁皮屏蔽;另一种是塑料封装,均只有三只引脚,即电源正(V_{DD})、电源负(GND)和数据输出(VO 或 OUT)。每种封装又分大小两种,小的如图 11.83 左边所示,大的如图 11.83 右边所示。红外接收头的引脚排列因型号不同而不尽相同,可参考厂家的使用说明。一体化红外接收头不需要复杂的调试和外壳屏蔽,使用起来如同一只三极管,非常方便,但在使用时注意成品红外接收头的载波频率。红外遥控最常用的载波频率为 38 kHz,这是由发射端使用的 455 kHz 晶振决定的,不过也有一些遥控系统采用 36 kHz、40 kHz、56 kHz 等。

图 11.83　两种常见的红外接收二极管实物图

一体化红外接收头的封装是固定的,所以能够接收的频率也是固定的,增益的调整也不再通过外部电路实现,而是在内部使用了增益自动控制(AGC)电路。图 11.84 是 TSOP173X 系列一体化红外接收头的原理框图。

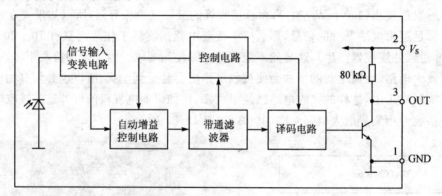

图 11.84　TSOP173X 系列一体化红外接收头的原理框图

(3) 红外信号的编码和解码

在同一个遥控电路中通常要实现不同的遥控功能或区分不同的机器类型,这样就要求信号要按一定的编码传送。编码会由编码芯片或电路完成,对应编码芯片通常会有相配对的解码芯片或包含解码模块的应用芯片。在实际的产品设计中,为了能够使用单片机或数字电路去制定解码方案,需要了解所使用编码芯片的编码方式。

下面,通过分析两种典型的编码方式来说明红外信号的编码过程。

早期的红外遥控中,发射的红外信号是不经过调制的,比如一种现在仍在使用的 IRT1250 芯片的编码,编码方式见图 11.85。这种编码用前后两个脉冲之间的时间长度来编码 0 和 1,而在 10 μs 的信号发射期间,红外发光二极管是一直处于导通状态的。使用后发现,因为红外发光二极管长时间大电流工作,导致使用寿命不长,所以这种编码方式在所加电压和导通时间之间需要找合适的平衡点。因此,无载波调制的编码一般都将红外发光二极管的导通时间控制得比较小,由此带来的缺点就是遥控距离近,而且容易受到干扰,使用起来效果不好,这样后来就采用了调制和解调技术。

红外遥控发射器是一种脉冲编码调制器。它在发射遥控指令时,把二进制数调制成一系列的脉冲串信号后发射出去。常用的调制方法有脉冲宽度调制(PWM)和脉冲相位调制(PPM)两种,比如前面提到的 IRT1250 的编码方式就是一个很典型的脉冲宽度调制例子,下面分别以 uPD6121(PWM)和 SAA3010(PPM)的编码为例来介绍这两种编码的方法。

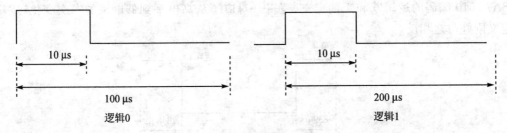

图 11.85　IRT1250 的编码

如图 11.86 所示的是一组按照 uDP6121 编码发射出去的一帧数据的波形。最左边的部分叫做引导码,后面的 0 和 1 编码在红外发光二极管工作期间并不是一直导通的,而是以 38 kHz 的频率间歇导通和截止,这就使得加在红外发光二极管上的瞬时电压可以增大,这样遥控距离就提高了很多;而且编码中 0 和 1 的高电平时间也可以变大,而不用担心红外发光二极管会连续工作带来的寿命问题;还有非常重要的一点,就是在采用了调制和解调之后,遥控器的抗干扰能力也有了大幅度提高。

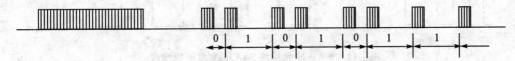

图 11.86　uDP6121 编码发射一帧数据的波形图

如图 11.87 所示的是 uPD6121 编码的逻辑 0 和逻辑 1 的定义。可以看到,uPD6121 的编码方式中,把低电平宽度为 1 个周期的信号定义为逻辑 0,低电平持续 3 个周期的定义为逻辑 1,这样通过对低电平宽度的区分就可以识别出 0 和 1,然后把遥控信号组成一个串行序列。

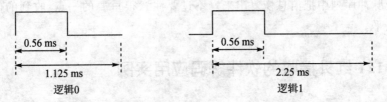

图 11.87　uPD6121 编码的逻辑 0 和 1 的定义

一帧完整的 uPD6121 的发射码有引导码、用户编码和键数据码 3 部分组成。引导码由一个 9 ms 高电平脉冲及 4.5 ms 的低电平脉冲组成;8 位用户编码,被连续发送 2 次;8 位的键数据码也被连续发送 2 次,第 1 次发送的是键数据码原码,第 2 次发送的是键数据码反码,这样就可以在接收端实现对数据的校验,具体发射码构成如图 11.88 所示。

图 11.88　一帧完整的 uPD6121 发射码构成

SAA3010(RC-5)格式的红外遥控信号是一种相位调制式脉冲编码。如图 11.89 所示的是 SAA3010 编码的逻辑 0 和 1 的定义,逻辑 0 对应了从高电平到低电平的一次变化,逻辑 1 的定义刚好与之相反。

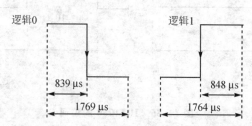

图 11.89　SAA3010 编码的逻辑 0 和 1 的定义

SAA3010 的数据格式如图 11.90 所示。SAA3010 的控制序列由 2 位启动位、1 位反转位、5 位系统编码、6 位按键数据编码构成,一帧数据共占 14 位。在第 1 次按下遥控按键后,SAA3010 芯片要经过 16 位的防抖动时间和 2 位的等待时间才会发送第 1 帧数据。

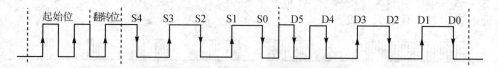

图 11.90　一帧完整的 SAA3010 发射码构成

前面已经说过,红外遥控的编码多种多样,不过用得最多的还是脉冲宽度调制方式,即比较类似于 uPD6121,只是有的 0 和 1 定义时高、低电平的宽度不同,也有的没有引导码,再或者就是没有反码,总之整个规则是一样的,所以在实际使用中,可以参考具体芯片的编码资料。

从遥控器传输过来的信号,经过接收电路处理以后,将在输出端输出一个脉冲序列,而解码就是从这个脉冲序列中把信息恢复出来。不过要注意很重要的一点:收到的信号是发射端信号的反相电平。

11.9.2　6121 红外接收的软件解码应用实例

根据上一小节对 uPD6121 解码的理论学习,接下来实际对 uPD6121 遥控器进行解码实验。需要准备的有增强型 PIC 实验板、28 键超薄型 6121 码红外线遥控器以及配套钮扣电池 CR2025,如图 11.91(a)所示。初次使用,请在红外线遥控器底部装上 CR2025 钮扣电池,然后给实验板上电,开始完成红外线解码。当按下遥控器上的数字键"1",实验板数码管显示"28 1F 01"字样,如图 11.91(b),其中"28 1F"为用户码,用来标识不同的遥控器身份;"01"为键码,即遥控器上每个按键通过预置不同的键码值来进行区别。同理,当按下遥控器上的数字键"2",实验板数码管显示"28 1F 02"字样;当按下遥控器上的数字键"3",实验板数码管显示"28 1F 03"字样。

1. 硬件原理设计

对 uDP6121 的解码可以只占用一个 I/O 口来实现,硬件原理图如图 11.92 所示。

第11章 单片机高级应用实例

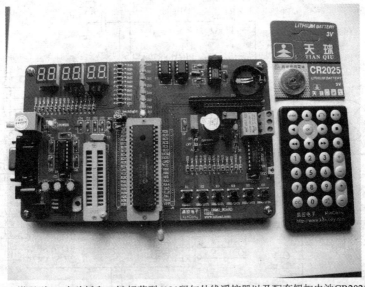

(a) 增强型PIC实验板和28键超薄型6121码红外线遥控器以及配套钮扣电池CR2025

(b) 按红外线遥控器数字键"1",数码管显示键码值

图11.91　6121红外遥控解码演示图

2. 软件流程图

整个过程可以分成2步,第1步是读取并判断引导码是否正确,如果不是则直接返回并初始化检测参数;第2步是读取后续数据,其中,检测过程中对0和1的判断必须是在开启计时之后,以减少因为程序执行而导致的测量时间长度上误差。具体解码流程如图11.93所示。

3. 软件代码

```
/*****************************************************/
/*杭州晶控电子有限公司                                 */
/*http://www.hificat.com                              */
/*6121红外线遥控解码程序                               */
/*目标器件:PIC16F877A                                 */
/*晶振:4.0 MHz                                        */
```

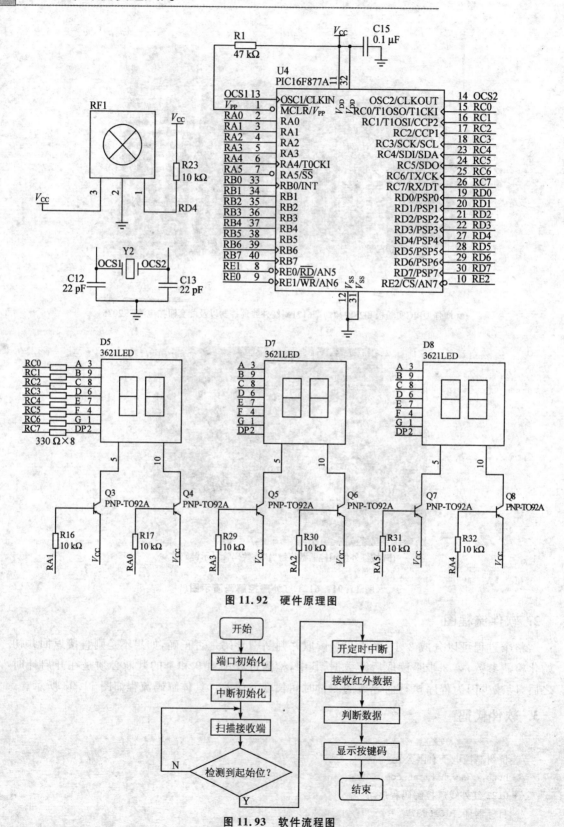

图 11.92　硬件原理图

图 11.93　软件流程图

第 11 章 单片机高级应用实例

```c
/* 编译环境:MPLAB V7.51                                          */
/***************************************************************/


/***************************************************************
包含头文件
***************************************************************/
#include<pic.h>
/***************************************************************
宏定义
***************************************************************/
#define uchar    unsigned char
#define uint     unsigned int
/***************************************************************
端口操作定义
***************************************************************/
#define bitset(var,bitno)((var)|=1<<(bitno))
#define bitclr(var,bitno)((var)&=~(1<<(bitno)))


union
{
struct {
        unsigned b0:1;
        unsigned b1:1;
        unsigned b2:1;
        unsigned b3:1;
        unsigned b4:1;
        unsigned b5:1;
        unsigned b6:1;
        unsigned b7:1;
        }oneBit;
        unsigned char allBits;
} myFlag;


union  Csr
{   unsigned  long  i;
    unsigned  char  Csra[4];
}myCsra;
/***************************************************************
变量定义
***************************************************************/
#define CNT2_1    myFlag.oneBit.b1
#define CNT2_2    myFlag.oneBit.b2
#define CNT2_3    myFlag.oneBit.b3
#define CNT2      myFlag.allBits
```

```c
    uchar   CNT0,CNT3,CNT4;             //用户临时寄存器1~4
    uint    CNT1;
    uchar   TABADD;                     //数码管显示码取码用寄存器
    uchar   CSR0;                       //遥控键码反码寄存器
    uchar   CSR1;                       //遥控器键码寄存器
    uchar   CSR2;                       //遥控器用户码高8位寄存器
    uchar   CSR3;                       //遥控器用户码低8位寄存器
    uchar   FLAGS2;                     //临时寄存器
    uchar   CSR2A;                      //遥控接收32位数据暂存寄存器
    uchar   DS1;

    static bit FLAGS;
    static bit Bitin;
/****************************************************
端口定义
****************************************************/
#define  RMT    RD4                     //遥控接收输入脚位地址(RD4)
#define  BITIN  7                       //遥控接收数据位位标志
/****************************************************
共阴LED段码表
****************************************************/
const uchar table[] = {0x0C0,0x0F9,0x0A4,0x0B0,0x99,0x92,0x82,0x0F8,0x80,0x90,0x88,0x83,
0x0C6,0x0a1,0x86,0x8e,}                 //分别表示{0,1,2,3,4,5,6,7,8,9,a,b,c,d,e,f,}
/****************************************************
函数功能:延时子程序
入口参数:
出口参数:
****************************************************/
void delay(char x,char y)
{
    char z;
    do{
        z = y;
        do{;}while(--z);
    }while(--x);
}
//其指令时间为:7+(3×(Y-1)+7)×(X-1),如果再加上函数调用的call指令、页面设定、传递参数
//花掉的7个指令,则是:14+(3×(Y-1)+7)×(X-1)。
/****************************************************
函数功能:初始化子程序
入口参数:
出口参数:
****************************************************/
void initial (void)
```

```c
{
        PORTA = 0;
        ADCON1 = 7;                     //设置 RA 口全部为普通数字 I/O 口
        TRISA = 0x00;
        TRISC = 0;                      //RC 口全部为输出
        PORTC = 0xFF;                   //先让数码管全部不显示
        TRISD| = 0x10;                  //将 RMT 设置为输入,其他所有 I/O 口设置为输出
}
/***********************************************************
函数功能:解码子程序
入口参数:
出口参数:
***********************************************************/
void    RCV()
{
  if(!RMT)
  {
            CNT1 = 640;
            CNT2 = 0;
        do {                            //先检测引导码的 9 ms 低电平
                                        //每一个循环 16 μs
            if(RMT)
             CNT2 = CNT2 ++ ;
            if(! RMT)
             CNT2 = 0;
            if(CNT2_2)                  //高电平大于 8×10 μs = 80 μs 则为有效高电平
              break;                    //否则是一些干扰信号 16×4 = 64 μs
        } while (CNT1 -- );             //低电平大于 4×256×10 μs = 10.24 ms 则是错误脉冲

     if(CNT2_2&&(0<CNT1)&&(CNT1<320))   //低电平小于 2×256×10 μs = 5.12 ms
  {                                     //320×16 = 5.12 ms 则是错误脉冲
            CNT1 = 480;
            CNT2 = 0;

                                        //每一个循环 16 μs

           do {
               if(!RMT)
                CNT2 = CNT2 ++ ;
               if (RMT)
                  CNT2 = 0;
               if(CNT2_2)
                 break;                 //RCV4,否则是一些干扰信号 16 μs×4 = 64 μs

           } while (CNT1 -- );
```

```
if(CNT2_2 && (0<CNT1)&&(CNT1<320))
    {                              //(480-320)×16 μs = 2.56 ms
        CNT3 = 32;                 //接收数据共 32 位,16 位用户码,8 位控制码加 8 位
                                   //控制码的反码
        do {
            CNT2 = 0;
            CNT0 = 86;             //低电平大于(256-170)×10 μs = 860 μs,错误
            CNT4 = 200;            //高电平大于(256-56)×10 μs = 2 ms,错误
            do {                   //每一个循环 10 μs
                if(RMT)
                    CNT2 = CNT2 ++ ;
                if(! RMT)
                    CNT2 = 0;
                if(CNT2_3)//高电平大于 8×10 μs = 80 μs 则为有效高电平
                    break;  //否则是一些干扰信号 16 μs × 4 = 64 μs
                            //低电平大于 860 μs 则是错误的
            } while (CNT0 -- );
            if((CNT0 == 0)||(CNT2_3 == 0))    break;

            CNT2 = 0;
            do {
                if(!RMT)
                    CNT2 = CNT2 ++ ;
                if(RMT)
                    CNT2 = 0;
                if(CNT2_3)         //低电平大于 10×8 μs = 80 μs 则是
                                   //有效低电平
                    break ;        //否则是一些干扰信号
                                   //16 μs × 4 = 64 μs
            } while (CNT4 -- );    //高电平大于(256-56)×
                                   //10 μs = 2 ms,错误

            if((CNT4 == 0)||(CNT2_3 == 0))    break;

            CNT0 = (86 - CNT0) + (200 - CNT4);
//减 CNT0 的值等于实际低电平计数值
//减 CNT4 的值等于实际高电平计数值
//将高低电平的计数加在一起并存入 CNT0,通过比较高低电平总的时间来确
//定是 1 还是 0
//总的值大于 255(即时间大于 255×10 μs = 2.55 ms)则错误
//总的时间小于 70×10 μs = 700 μs 则是错误的
            if(((70<CNT0)&&(CNT0<130))||((160<CNT0)&&
              (CNT0<230))) //130×10 μs = 1.3 ms
                {
```

```
                        if((70<CNT0)&&(CNT0<130))
                        //时间大于 1.3 ms 转去确定是否为 1

                        Bitin = 0;
                        //时间在 700 μs~1.3 ms 之间则是 0
                        else// if (160<CNT0<230)
                        //小于 160×10 μs = 1.6 ms,则错误
                        //大于 230×10 μs = 2.3 ms,则错误
                        Bitin = 1;
                        //时间在 1.6 ms~2.3 ms 之间则是 1
                        myCsra.i = myCsra.i >> 1;
                        //将每一位移入相应寄存器
                        if(Bitin)
                                bitset (myCsra.Csra[3],7);
                        else    bitclr (myCsra.Csra[3],7);
                        }
                    else  break;

            } while (CNT3 -- );        //是否接收完 32 位
            CSR3 = myCsra.Csra[0];
            CSR2 = myCsra.Csra[1];
            CSR1 = myCsra.Csra[2];
            CSR0 = myCsra.Csra[3];
            CSR2A = ~CSR0;             //比较键码的反码取反后是否等于键码
                                       //不等于则接收到的是错误的信息
                                       //将键码送显示

            }
        }
    }
}
/************************************************************
函数功能:显示子程序
入口参数:
出口参数:
************************************************************/
//数码管显示解码结果:高 4 位为用户码,低 2 位为按键码
void display()
    {
        int i;                         //定义查表变量
        i = CSR3&0x0f;
        PORTC = table[i];              //送 C 口显示
        PORTA = 0xEF;
        delay(5,70);                   //延长一段时间,保证亮度
```

```c
        i = CSR3 & 0xf0;
        i = i >> 4;                    //右移4位
        PORTC = table[i];              //送C口显示
        PORTA = 0xDF;
        delay(5,70);                   //延长一段时间,保证亮度

        i = CSR2 & 0x0f;
        PORTC = table[i];              //送C口显示
        PORTA = 0xFB;
        delay(5,70);                   //延长一段时间,保证亮度

        i = CSR2 & 0xf0;
        i = i >> 4;
        PORTC = table[i];              //送C口显示
        PORTA = 0xF7;
        delay(5,70);                   //延长一段时间,保证亮度

        i = DS1 & 0x0f;
        PORTC = table[i];              //送C口显示
        PORTA = 0xFD;
        delay(5,70);                   //延长一段时间,保证亮度

        i = DS1 & 0xf0;
        i = i >> 4;
        PORTC = table[i];              //送C口显示
        PORTA = 0xFE;
        delay(5,70);                   //延长一段时间,保证亮度
    }
/****************************************************
函数功能:主程序
入口参数:
出口参数:
****************************************************/
void main(void)
{
        initial();                     //系统初始化子程序
        while(1)
        {
            RCV();                     //遥控接收程序
            switch(CSR1)
            {
                case 0x22:DS1 = 0x00;break;
                case 0x26:DS1 = 0x01;break;
                case 0x19:DS1 = 0x02;break;
```

```
            case 0x10:DS1 = 0x03;break;
            case 0x27:DS1 = 0x04;break;
            case 0x20:DS1 = 0x05;break;
            case 0x11:DS1 = 0x06;break;
            case 0x28:DS1 = 0x07;break;
            case 0x21:DS1 = 0x08;break;
            case 0x12:DS1 = 0x09;break;
            default  :DS1 = 0x00;break;
        }
        display();                          //解码显示程序
    }
}
```

11.10 无线通信模块应用

11.10.1 无线通信概述

通过无线的方式进行数据通信称为无线通信。在有些实际应用场合,现场环境不允许系统间的通信采用传统有线通信方式,此时数据交换就是只能以无线通信的方式进行。在日常生活中常见的无线通信有:手机和无绳电话、汽车遥控锁、遥控门等。根据我国国家无线电管理委员会分配给我国的陆地移动通信频率范围以及各种其他因素的综合考虑,真正适合当前作陆地移动通信的有 150 MHz、230 MHz(数据传输用)、350 MHz、450 MHz 和 900 MHz 几个工作频段,其中 350 MHz 频段划规公安部门作公安专用,900 MHz 作为 GSM 公用移动通信频段,因此,实际留给常规无线电台可用的频率资源非常有限。

1. 无线通信模块原理与分类

无线通信的原理就是将数据加到载波上从而实现数据的传送。本节所介绍的无线收发模块包括两部分内容:编码/解码电路和高频电路。编码/解码电路主要负责对数据的编/解码,高频部分负责将前端处理好的数据发送出去。无线通信模拟按工作频段可以分为 350 MHz 和 459 MHz 等,按控制路数分可以分为单路、双路、三路等,无线接收模块按输出信号类型还可以分为锁存和非锁存。

2. 无线通信模块主要技术指标

本节选用了市面上常见的无线收发模块来介绍单片机与无线收发模块间的软、硬件接口。本实验选用了 YK200-4 型无线发送模块和带解码超再生接收模块,两者主要技术指标如下:

(1) YK200-4(200 m 桃木拨码四键遥控器)(见图 11.94)

产品名称: 200 m 4 键遥控器(桃木外壳)。
发射/接收距离: 200 m。
工作电压: DC 12 V(电池供电)。
尺寸: 58 mm×39 mm×14 mm。

工作频率：　　　　315 MHz、433 MHz。
工作电流：　　　　13 mA。
工作温度：　　　　-40～+60 ℃。
编码类型：　　　　固定码(板上焊盘跳接设置)。
编码方式：　　　　焊盘。

应用说明：与各类型带解码功能的接收模块联合使用，解码输出后进行相应控制，如采用单片机进行读取接收并解码数据，然后控制相应的灯或电源开关。

(2) 超再生解码接收板(见图 11.95)

图 11.94　拨码四键遥控器

图 11.95　超再生解码接收板

产品名称：　　　　带解码超再生接收模块。
工作电压：　　　　DC 5 V。
接收灵敏度：　　　-103 dBm。
尺寸：　　　　　　46 mm×20 mm。
工作频率：　　　　315 MHz、433 MHz。
工作电流：　　　　5 mA。
工作温度：　　　　-40～+60 ℃。
编码类型：　　　　固定码(板上焊盘跳接设置)。
产品说明：　　　　锁存(L4)，非锁存(M4)。

应用说明：与各类型遥控器配合使用，解码输出后进行相应控制，如采用单片机进行读取接收并解码数据，然后控制相应的灯或电源开关。

11.10.2　PT2262/2272 无线模块简介

目前，市场上出现了很多无线数据收发模块，如 PTR 2000、FB230 等。无线数据收发模块的性能优异，外围元器件少，设计、使用非常简单。无线收发模块一般在内部都集成了高频发

第 11 章 单片机高级应用实例

射、高频接收、PLL 合成、FSK 调制/解调、参数放大、功率放大等功能。

在无线遥控领域，PT2262/2272 是目前最常用的芯片之一，本小节就重点介绍这两个芯片的原理及相应模块的应用。无线发射模块的实物如图 11.96 所示，其中小的是 200 m 无线发射器，大的是 1 000 m 无线发射器。

1. PT2262/2272 工作原理

PT2262/2272 是台湾普城公司生产的一种 CMOS 工艺的低功耗、低价位通用编/解码电路，是目前在无线通信电路中作地址编码识别最常用的芯片之一。PT2262/2272 最多可有 12 位(A0～A11)三态(悬空、接高电平、接低电平)地址设定引脚，任意组合可提供 531 441 个地址码。PT2262 最多可有 6 位(D0～D5)数据端引脚，设定的地址码和数据码从 17 脚(Dout)串行输出，可用于无线遥控发射电路。

图 11.96　无线收发模块实物图

PT2262 和 PT2272 的引脚排列见图 11.97，它们的引脚功能见表 11.20 和表 11.21。对于编码器 PT2262，A0～A5 共 6 根线为地址线，而 A6～A11 共 6 根线可以作为地址线，也可以作为数据线，这要取决于配合使用的解码器。若解码器没有数据线，则 A6～A11 作为地址线使用，这种情况下，A0～A11 共 12 根地址线，每线都可以设置成 1、0、"开路" 3 种状态之一，因此共有编码数 $3^{12}=531\ 441$ 种；但若配对使用的解码器 A6～A11 是数据线，例如 PT2272，那么这时 PT2262 的 A6～A11 也作为数据线用，并只可设置为 1 和 0 两种状态之一，而地址线只剩下 A0～A5 共 6 根，编码数降为 $3^6=729$ 种。

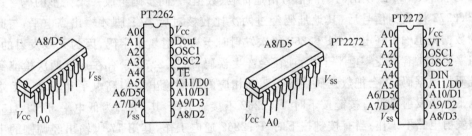

图 11.97　PT2262、PT2272 引脚排列图

表 11.20　编码电路 PT2262 引脚功能表

名 称	引 脚	说 明
D0～D5	7～8、10～13	数据输入端，有一个为 1 即有编码发出，内部下拉
V_{CC}	18	电源正端(＋)
V_{SS}	9	电源负端(－)
TE	14	编码启动端，用于多数据的编码发射，低电平有效
OSC1	16	振荡电阻输入端，与 OSC2 所接电阻决定振荡频率
OSC2	15	振荡电阻振荡器输出端
Dout	17	编码输出端(正常时为低电平)

表 11.21 解码电路 PT2272 脚管功能表

名 称	引 脚	说 明
A0～A11	1～8、10～13	地址引脚,用于进行地址编码,可置为 0、1、F(悬空),必须与 PT2262 一致,否则不解码
D0～D5	7～8、10～13	地址或数据引脚,当做为数据引脚时,只有在地址码与 PT2262 一致,数据引脚才能输出与 PT2262 数据端对应的高电平,否则输出为低电平。锁存型只有在接收到下一数据才能转换
V_{CC}	18	电源正端(+)
V_{SS}	9	电源负端(−)
Din	14	数据信号输入端,来自接收模块输出端
OSC1	16	振荡电阻输入端,与 OSC2 所接电阻决定振荡频率
OSC2	15	振荡电阻振荡器输出端
VT	17	解码有效。确认输出端(常低)解码有效变成高电平(瞬态)

该编/解码器的编码信号格式是:用 2 个周期的占空比为 1:3(即高电平宽度为 1,低电平宽度为 2,周期为 3)的波形来表示 0,用 2 个周期的占空比为 2:3(即高电平宽度为 2,低电平宽度为 1,周期为 3)的波形来表示 1,用 1 个周期的占空比为 1:3 的波形紧跟着 1 个周期的占空比为 2:3 的波形来表示"开路"。地址码和数据码都用宽度不同的脉冲来表示,两个窄脉冲表示 0;两个宽脉冲表示 1;一个窄脉冲和一个宽脉冲表示"F"也就是地址码的"悬空"。

编码芯片 PT2262 发出的编码信号由地址码、数据码、同步码组成一个完整的码字。解码芯片 PT2272 接收到信号后,其地址码经过两次比较核对后,VT 脚才输出高电平,与此同时相应的数据脚也输出高电平。PT2262 每次发射时至少发射 4 组字码,因为无线发射的特点,第 1 组字码非常容易受零电平干扰,往往会产生误码,所以 2272 只有在连续两次检测到相同的地址码加数据码,才会把数据码中的 1 驱动相应的数据输出端为高电平和驱动 VT 端同步为高电平。当发射机没有按键按下时,PT2262 不接通电源,其 17 脚为低电平,所以 315 MHz 的高频发射电路不工作;当有按键按下时,PT2262 通电工作,其第 17 脚输出经调制的串行数据信号。当 17 脚为高电平期间,315 MHz 的高频发射电路起振并发射等幅高频信号,当 17 脚为低平期间 315 MHz 的高频发射电路停止振荡,所以高频发射电路完全受控于 PT2262 的第 17 脚输出的数字信号,从而对高频电路完成幅度键控(ASK 调制),相当于调制度为 100% 的调幅。

PT2272 解码芯片用不同的后缀表示不同的功能,有 L4/M4/L6/M6 之分,其中 L 表示锁存输出,数据只要成功接收就能一直保持对应的电平状态,直到下次遥控数据发生变化时改变;M 表示非锁存输出,数据引脚输出的电平是瞬时的而且和发射端是否发射相对应,可以用于类似点动的控制;后缀的 6 和 4 表示有几路并行的控制通道,当采用 4 路并行数据时(PT2272-M4),对应的地址编码应该是 8 位,当采用 6 路的并行数据时(PT2272-M6),对应的地址编码应该是 6 位。

PT2262 和 PT2272 除地址编码必须完全一致外,振荡电阻还必须匹配,一般要求译码器振荡频率要高于编码器振荡频率的 2.5～8 倍,否则接收距离会变近甚至无法接收。随着技术的发展,市场上出现一批兼容芯片,在实际使用中只要对振荡电阻稍做改动就能配套使用。在具体的应用中,外接振荡电阻可根据需要进行适当的调节,阻值越大振荡频率越慢,编码的宽度越大,发码一帧的时间越长。市场上大部分产品都是用 2262/1.2 MΩ 或 2272/200 kΩ 组合的,少量产品用 2262/4.7 MΩ 或 2272/820 kΩ。

PT2262 编码电路与 PT2272 解码电路一般配对使用,PT2262 的特点是在其内部已经把编码信号调制在了一个较高的载频上。要把遥控编码信息用无线方式(红外线或无线电等)传送出去,必须有载体(载波),把编码信息"装载"在载体上(调制在载波上)才能传送出去,因此需要一个振荡电路和一个调制电路。PT2262 编码器内部已包含了这些电路,从 Dout 端送出的是调制好了的约 38 kHz 的高频已调波,因此使用起来非常方便,适用于红外线和超声波遥控电路。

2. 基于 PT2262 的无线编码模块

编码发射模块外形小巧、美观,与很多车辆防盗系统中的遥控器一样。根据功能的多少按键数也不一样,本节所用的发射模块为 A、B、C、D 四个按键。编码发射模块主要由 PT2262 编码 IC 和高频调制、功率放大电路组成。常用的编码发射模块实物图和原理框图如图 11.98 所示。

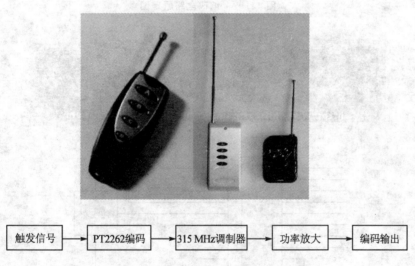

图 11.98 编码发射模块实物图与原理框图

其中编码部分电路由 PT2262 编码 IC 来组成,具体电路如图 11.99 所示。

3. 基于 PT2272 的无线解码模块

解码接收模块包括接收头和解码芯片 PT2272 两部分组成。接收头将收到的信号输入 PT2272 的 14 脚(Din),PT2272 再将收到的信号解码。解码接收模块实物图和电路原理图如图 11.100 所示。

4. 无线收发模块的地址码设定

在通常使用中,一般采用 8 位地址码和 4 位数据码。这时编码芯片 PT2262 和解码芯片 PT2272 的第 1~8 脚为地址设定脚,有 3 种状态可供选择:悬空、接正电源、接地,地址编码不重复度为 $3^8=6561$ 组,只有发射端 PT2262 和接收端 PT2272 的地址编码完全相同,才能配

PIC® 单片机快速入门

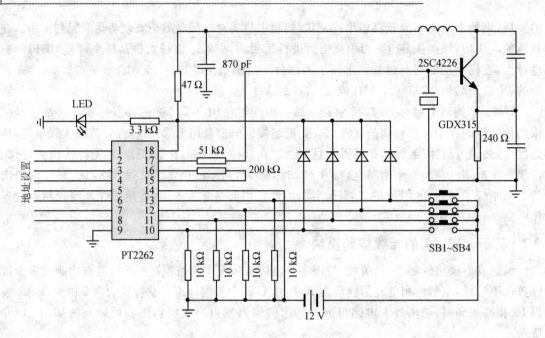

图 11.99 编码电路原理图

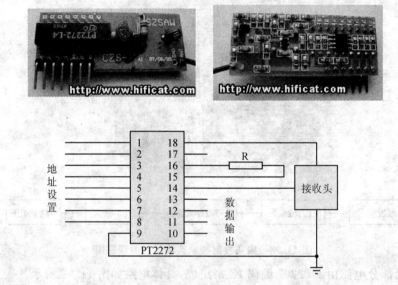

图 11.100 解码接收模块实物图和电路原理图

对使用。遥控模块的生产厂家为了便于生产管理,出厂时遥控模块的 PT2262 和 PT2272 的 8 位地址编码端全部悬空,这样用户可以很方便选择各种编码状态。用户如果想改变地址编码,只要将 PT2262 和 PT2272 的第 1～8 脚设置相同即可。例如将发射机的 PT2262 的第 2 脚接地,第 3 脚接正电源,其他引脚悬空,那么接收机的 PT2272 也只要第 2 脚接地,第 3 脚接正电源,其他引脚悬空就能实现配对接收。地址设置跳线如图 11.101 所示,用户可以在 PCB 板上直接将地址引脚(PCB 板中间 8 个过孔焊盘)与 L(低电平)或 H(高电平)相连,从而实现地址设置。PT2262 与 PT2272 地址设置要完全一样。当两者地址编码完全一致时,接收机对应的

D1~D4 端输出约 4 V 互锁高电平控制信号,同时 VT 端也输出解码有效高电平信号。

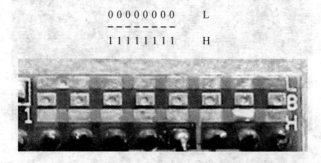

图 11.101　地址设置跳线图

无线接收模块有 7 个引出端,分别为 D3、D2、D1、D0、GND、VT、V_{CC},其中 D3~D0 是解码芯片 PT2272(SC2272)集成电路的输出脚,为 4 位数据锁存输出端,有信号时能输出 5 V 左右的高电平,驱动电流约 2 mA,与发射器上的 4 个按键一一相对应;GND 为接地端;VT 端为解码有效输出端;V_{CC} 为 5 V 供电端。

11.10.3　无线模块的软、硬件设计

在功能稍复杂的系统中,仅靠一对无线收发模块往往达不到要求,很多情况下都要借助于单片机扩展出更多的功能。本例通过一个简单的例子,实现单片机与无线接收模块的组合应用。

在发射模块上按下 A、B、C、D 四个键,接收模块将接收到的数据传送给单片机,在单片机上实现 LED 数码管显示。将无线接收模块插到增强型 PIC 实验板的扩展插座上,无线接收板的 D3 脚对应实验板上的 RD4,无线接收板的 D2 脚对应实验板上的 RD5,无线接收板的 D1 脚对应实验板上的 RD6,无线接收板的 D0 脚对应实验板上的 RD7。无线遥控器上的 A、B、C、D 键分别对应要显示的数字 1、2、3、4,即发射模块上按下 A 按键,对应单片机接收到后在 LED 数码管上显示 0001,按下 B 键显示 0002……。实验演示图见图 11.102。

首先,需要将无线接收模块插到增强型 PIC 实验板上去,实物如图 11.102(a)所示,连接时,请注意插孔位置,增强型 PIC 实验板上的 J7 和 J8 分别为用户扩展接口,我们将无线接收模块引脚连接到 J7 插孔处,千万注意对应顺序为无线接收板的 D3 脚对应实验板上的 RD4,无线接收板的 D2 脚对应实验板上的 RD5。无线接收模块上电程序运行后,数码管将发光有显示效果出现,如图 11.102(b)所示,此时,按下无线发射器的 A 键,数码管将显示 1,如图 11.102(c)所示;按下无线发射器的 B 键,数码管将显示 2;按下无线发射器的 C 键,数码管将显示 3;按下无线发射器的 D 键,数码管将显示 4。

1. 硬件原理图

图 11.103 为无线遥控实验的硬件原理图。

2. 软件流程图

图 11.104 为软件流程图。

(a) 准备与增强型PIC实验板连接的无线接收模块

(b) 上电后程序完成初始化

(c) 按无线发射器A键，数码管显示1

图 11.102　无线遥控实验演示图

第 11 章 单片机高级应用实例

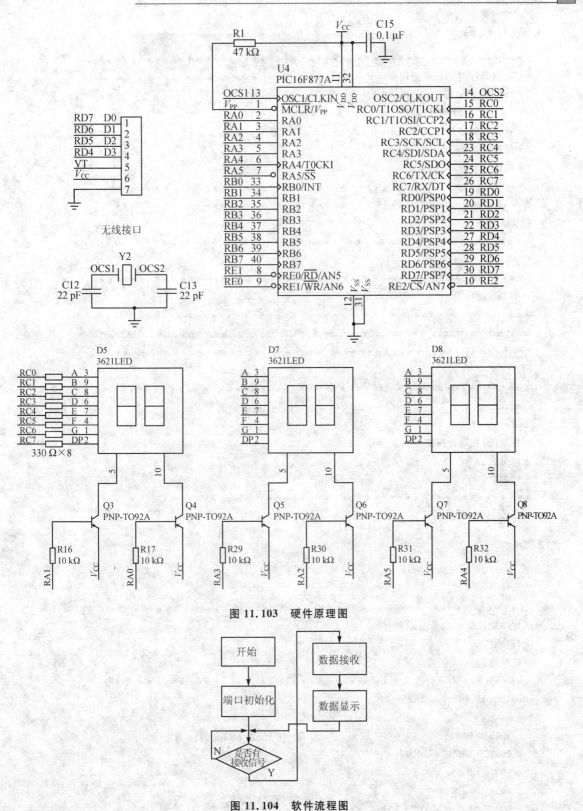

图 11.103 硬件原理图

图 11.104 软件流程图

3. 软件代码

```c
/****************************************************************/
/* 杭州晶控电子有限公司                                          */
/* http://www.hificat.com                                        */
/* 无线收发模块测试程序                                          */
/* 目标器件:PIC16F877A                                           */
/* 晶振:4.0 MHz                                                  */
/* 编译环境:MPLAB V7.51                                          */
/****************************************************************/
/****************************************************************
包含头文件
****************************************************************/
#include <pic.h>
/****************************************************************
共阳 LED 段码表
****************************************************************/
unsigned char table[] = {0xc0,0xf9,0xa4,0xb0,0x99,0x92,0x82,0xf8,0x80,0x90};
/****************************************************************
端口定义
****************************************************************/
char dat;                              //接收到的数据
/****************************************************************
函数功能:数码管扫描延时子程序
入口参数:
出口参数:
****************************************************************/
void delay(void)
{
    int k;
    for(k=0;k<400;k++);
}
/****************************************************************
函数功能:LED 数码管显示程序
入口参数:k
出口参数:
****************************************************************/
void display(unsigned char k)
{
    TRISA = 0X00;                      //设置 A 口全为输出
    PORTC = table[k/1000];             //显示千位
    PORTA = 0xEF;
    delay();
    PORTC = table[k/100%10];           //显示百位
    PORTA = 0xDF;
```

第 11 章 单片机高级应用实例

```c
        delay();

        PORTC = table[k/10 % 10];            //显示十位
        PORTA = 0xFB;
        delay();
        PORTC = table[k % 10];               //显示个位
        PORTA = 0xF7;
        delay();
}
/************************************************************
函数功能:主程序
入口参数:
出口参数:
*************************************************************/
void main(void)
{
    char datavalue;
    TRISA = 0X00;                //RA 置输出
    TRISC = 0X00;                //RC 置输出
    PORTC = 0xff;
    TRISD = 0xff;                //置输入状态
    while(1)
    {
        dat = (PORTD&0xf0);
        if(dat == 0x20)//A
        datavalue = 0x01;
        if(dat == 0x40)//B
        datavalue = 0x02;
        if(dat == 0x10)//C
        datavalue = 0x03;
        if(dat == 0x80)//d
        datavalue = 0x04;
        display(datavalue);          //将读到的数显示
        NOP();
    }
}
```

参考文献

[1] 徐玮,徐富军,沈建良.C51单片机高效入门[M].北京:机械工业出版社,2007.

[2] 徐玮,沈建良.单片机快速入门[M].北京:北京航空航天大学出版社,2008.

[3] 李学海.PIC单片机实践[M].北京:北京航空航天大学出版社,2004.

[4] 李学海.PIC单片机实用教程——基础篇[M].北京:北京航空航天大学出版社,2002.

[5] 李学海.PIC单片机实用教程——提高篇[M].北京:北京航空航天大学出版社,2002.

[6] 张明峰.PIC单片机入门与实战[M].北京:北京航空航天大学出版社,2004.

[7] 求是科技.单片机典型模块设计实例导航[M].北京:人民邮电出版社,2004.

[8] 张志良.单片机原理与控制技术[M].北京:机械工业出版社,2001.

[9] 胡同森,颜晖,董灵平,等.程序设计教程[M].杭州:浙江科学技术出版社,2000.

[10] 谭浩强,张基温,唐永炎.C语言程序设计教程[M].2版.北京:高等教育出版社,1998.

[11] 吴金戌,沈庆阳,郭庭吉.8051单片机实践与应用[M].北京:清华大学出版社,2002.

[12] 傅扬烈.单片机原理与应用教程[M].北京:电子工业出版社,2002.

[13] 周兴华.手把手教你学单片机[M].北京:北京航空航天大学出版社,2005.

[14] 张毅刚,彭喜源,谭晓韵,等.MCS-51单片机应用设计[M].哈尔滨:哈尔滨工业大学出版社,2003.

[15] 余永权.Flash单片机原理及应用[M].北京:电子工业出版社,1997.

[16] I. Scott MacKenzie. THE 8051 MICROCONTROLLER[M]. USA: Prentice-Hall. Inc.,1995.

[17] 郝建国.家用电器遥控系统集成电路大全[M].北京:人民邮电出版社,1996.

[18] 谭浩强.C程序设计[M].北京:清华大学出版社,1991.

[19] 马忠梅,籍顺心,张凯,等.单片机的C语言应用程序设计[M].3版.北京:北京航空航天大学出版社,2003.

[20] 周坚.单片机轻松入门[M].北京:北京航空航天大学出版社,2004.

[21] 赵亮,侯国锐.单片机C语言编程与实例[M].北京:人民邮电出版社,2003.